甜菜抗旱生理及分子基础研究

TIANCAI KANGHAN SHENGLI JI
FENZI JICHU YANJIU

李国龙　著

中国农业出版社
北　京

前 言 QIANYAN

甜菜是我国主要糖料作物之一，也是具有明显地区优势的重要经济作物。它既是制糖原料，又是营养丰富的饲料（茎叶），近年来也被作为新型能源原料加以开发利用。多年的甜菜种植实践证明，发展甜菜产业，对促进农业增效、农民增收、农村增绿及带动周边农区畜牧业发展、调整农村种植业结构均起到重要作用。近年来，随着淡水资源短缺现象日益严重以及全球极端气候现象频发，干旱已成为目前制约农业发展的一个全球性问题。根据世界气候变化系统预测，未来这种影响趋势将会持续，如不进行合理化治理，相关问题将会愈加严重。据粗略统计，干旱对主要农作物造成的损失在所有非生物胁迫中居首位，其危害约相当于其他非生物胁迫的总和。我国的甜菜种植区域主要集中在东北、西北和华北地区，降水分布不平衡、季节性差异大、灌溉条件差、土壤盐碱化面积大以及肥力贫瘠已日益成为这些地区的共同特点，干旱对甜菜的不良影响也呈逐年加重的趋势，现已成为制约我国甜菜生产发展的主要因素之一。合理轮作是甜菜获得优质、高产的重要保障，为了实现甜菜种植过程中的高效轮作，同时又避免与优势粮食作物争地，充分开发利用我国干旱、半干旱土地资源，发展旱作甜菜是今后扩大甜菜种植面积、促进我国甜菜产业可持续高质量发展和合理调整农民种植业结构的重要途径。

为此，在进入 21 世纪以来，科研人员对甜菜的研究开始从先前单纯地专注于产量、质量的提高逐步转移到提高抗逆性的领域上，提高甜菜耐旱性和降低其对水分亏缺的敏感度已成为当前甜菜育种的重要研究方向。然而，植物抗旱性是一个非常复杂的受多基因调控的数量性状，具有丰富的遗传背景和复杂的分子机理，植物抗旱机能的实现是一系列复杂而精准调控的生化反应过程。目前，基于对甜菜抗旱遗传机制的较少了解和种间差异的不明确，无法建立高效的选择方法，使得一段时间以来难以将甜菜抗旱性提高作为其育种的主要研究目标。因此，明确甜菜抗旱生理基础，阐明甜菜抗旱的分子机制，对加速甜菜抗旱育种进程，扩大甜菜种植范围，提高其生产潜力，扩大干旱、半干旱地区甜菜种植面积和促进区域经济发展意义重大。

鉴于此，本书基于本研究团队近年来的研究成果，以明确甜菜抗旱生理基础和分子机制为目标，介绍了我国水资源分布状况和甜菜种植现状，借助植物生理学、分子生物学、基因工程、转录组学、蛋白质组学等技术手段，对不同甜菜种质资源抗旱性进行了评价、开展了甜菜抗旱性生理鉴定、筛选了抗旱相关基因和蛋白并对部分功能进行了验证。

全书内容安排如下：第一章介绍我国水资源现状特点与发展趋势，并对我国农业需水进行了分析，提出了旱区农业发展的趋势和举措；第二章介绍作物抗旱性研究现状，以及农业节水的技术手段和调控措施；第三章介绍甜菜基本特性和我国甜菜发展概况；第四章介绍甜菜种质资源抗旱性鉴定评价方法及应用；第五章介绍活性氧代谢机制与甜菜抗旱性；第六章介绍不同基因型甜菜保水能力差异及渗透调节的生理机制，讨论在抗旱性中的作用并进行了展望；第七章介绍干旱胁迫下不同基因型甜菜光合作用的生理响应及其与抗旱性的关系；第八章介绍甜菜主要内源激素的抗旱生理调控机制；第九章介绍基于转录组测序技术对甜菜抗旱关键基因的挖掘与鉴定；第十章介绍甜菜部分抗旱相关基因在干旱胁迫下的表达模式；第十一章介绍甜菜 NAC 转录因子家族成员在甜菜抗旱性中的作用；第十二章介绍基于 iTRAQ 技术的甜菜干旱胁迫差异蛋白研究；第十三章对本书内容进行总结，提出下一步甜菜抗旱功能研究趋势与展望。

本书中温丽硕士参与了甜菜抗旱生理基础研究，徐晓阳硕士参与 NAC 转录因子基因鉴定与功能分析，赖淼硕士参与了蛋白质组学差异性分析研究，张少英老师对本书提出了宝贵意见和建议，在此表示诚挚谢意！此外，本书参考了国内外许多同行的论文、著作，引用了其中的观点、数据与结论，在此一并表示谢意。

本书的出版得到了国家自然科学基金项目"甜菜种质资源抗旱相关基因的发掘及功能分析（31360355）、基于蛋白质组学技术解析甜菜抗旱响应机制（31760414）"、内蒙古自然科学基金项目"干旱胁迫下甜菜蛋白质组学研究（2012MS0305）、甜菜 NAC 转录因子家族生物信息学分析及表达模式构建（2017MS0360）"资助，特此说明。

由于本人学术水平和时间的限制，加之相关研究领域进展迅速，书中差错和欠妥之处在所难免，恳请读者批评指正。

著　者
2020 年 10 月

目　录　MULU

第四篇　甜菜抗旱功能研究展望

CHAPTER 1 | 第一篇

水资源利用现状与作物抗旱性研究

第一章 我国水资源利用现状与农业需水分析

随着经济的发展和人口的增长，人类对水资源的需求不断增加，同时也存在对水资源的不合理开采和利用现象，水资源短缺、干旱已成为一个长期存在的世界性难题。据联合国环境计划署估计，全球目前有约35％的土地和20％的人口正在或即将受到干旱和沙漠化的威胁，沙漠化面积每年以多达600万 hm² 的速度递增。干旱对农业生产有着极其严重的影响，据估算全球由于水分亏缺造成减产与其他因素造成减产的总和持平。我国作为世界上人口最多的国家，同样也是受干旱影响最为严重的国家之一，有将近51％的国土面积属干旱、半干旱区域，即使在非干旱的华南主要农业区也经常出现季节性干旱和不均匀降水的现象，如2009年秋冬至2010年春季西南地区的特大重度干旱就是典型的实例。有效减轻或消除干旱威胁，合理发展节水灌溉无疑是一种有效的措施。然而，目前淡水资源短缺也已成为一个全球关注的焦点问题。世界上已有近50多个国家和地区缺水，约占全球陆地面积的60％，约20亿人用水紧张，10多亿人饮用水得不到良好供应。我国的人均水资源量只有2 300m³，仅为世界平均水平的1/4，被列为全球13个人均水资源贫乏国家之一，发展灌溉农业受到水资源不足的严重困扰。

由此可见，干旱、半干旱地区亟待解决水资源的利用问题。缓解干旱农业缺水矛盾，已成为当前和今后农业可持续发展必须解决的紧迫问题。解决水资源短缺的有效途径是加强水资源管理，通过水资源的合理配置提高水资源的利用效率。

第一节 我国水资源现状特点与发展趋向

水是生命之源，人类的生存与发展均离不开水资源。随着我国经济社会的不断发展和人民生活水平的不断提高，与世界其他国家一样，水资源问题在我国经济和社会发展中同样具有十分重要的地位，对我国这样的人口大国而言，保证充足的水资源供给已成为经济发展中的一个重要环节。

一、我国水资源现状特点

我国水资源现状具有以下几个方面的特点：

1. 水资源总量丰富，人均占有量少

从近年来的数据分析（图1-1）我国除2016年由于全国年降水量突破700mm使得我国水资源总量达到峰值32 466.4亿 m³ 以外，正常年份我国水资源总量总体稳定，基本维持在28 000亿 m³ 左右，水资源总量占全球水资源约6％，仅次于巴西、俄罗斯和加拿

大，位居世界第四位。而我国人均水资源量相对较低，从近年来的数据表明（图1-2），除2016年外，人均水资源量基本维持在2 000m³左右，不足世界平均水平的1/3，约为美国人均水资源量的1/5，在世界排名约120位，是全球13个人均水资源最贫乏的国家之一。

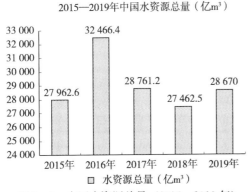

图1-1 中国水资源总量（2015—2019年）

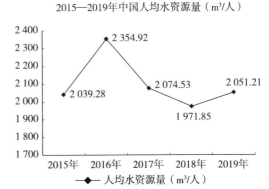

图1-2 中国人均水资源量（2015—2019年）

数据来源：国家统计局、智慧咨询整理。

2. 水资源分布不均衡

受地理、气候等条件的影响，我国水资源分布严重不均衡，东南部年降水量大，水源充沛，甚至还经常发生洪涝灾害；西北地区气候干旱，年降水量小，蒸发大，水资源严重匮乏，形势十分严峻。据统计，我国约有45%的国土处于干旱、半干旱、少水或缺水的地区。水资源分布不均衡不但造成了水资源的大量浪费，还严重制约着干旱少雨地区经济的健康发展。

3. 水资源使用量大，利用效率低

我国是一个水资源利用大国，但还不是水资源利用强国。我国农业用水在总用水量中所占比例较高，从《中国水资源公报》显示2015—2019年全国用水总量在5 900亿～6 100亿m³范围内波动（图1-3），其中农业用水在3 600亿～3 800亿m³之间（图1-4），

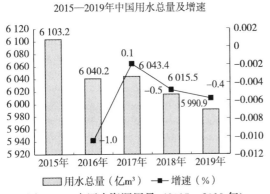

图1-3 中国水资源用量（2015—2019年）

数据来源：国家统计局、智慧咨询整理。

图1-4 中国农业用水量（2015—2019年）

占全国用水总量的 61％ 左右；在农业用水中灌溉区的水资源利用效率仅为 0.46，而灌溉水利用率较高的国家以色列为 0.87，澳大利亚 0.8，俄罗斯 0.78，美国 0.54。全球万美元 GDP 用水量平均水平约为 711m³，而中国为 1 197m³，是世界平均水平的 1.7 倍，高于巴西、俄罗斯等国，是美国的 3 倍，日本的 7.3 倍，以色列的 12 倍，德国的 12.3 倍。我国工业生产用水的重复利用率大部分城市为 30％～50％，远低于发达国家 75％～85％ 的平均水平。

4. 水资源污染严重

自改革开放以来，我国经济社会发展迅速，但却对生态环境造成了严重破坏，特别是水资源污染日趋严重，给经济社会的可持续发展造成了严重的不良影响。近年来，为了保护水资源，我国加大了对水污染的治理，特别是工业废水的治理，但污水处理和利用仍落后于世界先进水平。从长远发展来看，我国污水治理任重而道远，要想达到最佳的治水效果，还有很长的路要走。

二、我国水资源发展趋向

在新的历史时期，保护水资源，减少水资源污染，提高水资源利用效率是实现我国水资源可持续发展战略目标的重要内容。基于我国水资源的现状和基本特点，在借鉴国外成功经验的基础上，在未来的发展中，政府、社会及相关从业者要密切配合，做好水资源的保护与管理。

1. 优化水资源配置

优化水资源配置主要包括两个方面的内容，一是解决我国水资源分布不平衡，利用效率低的问题。我国南方地区水资源丰富，但北方地区缺水严重。为解决区域性水资源分布不平衡问题，应适当考虑区域调水。近年来，我国政府已经采取了一系列有效的措施，实现了水资源的优化配置，比如，为解决华北、西北等地用水问题，实施南水北调中线、西线和东线工程；为解决辽河中下游缺水问题，启动了"引松入辽"工程；为解决乌鲁木齐等地区缺水问题，开展新疆"南水北调工程"以及"引黄入晋""引黄入呼""引黄入岱海"等一系列优化水资源配置工程的规划和启动，不但实现了水资源的优化配置，还对区域经济的良性发展产生了十分深远的影响。二是要合理分配地表水和地下水、一次性水资源和可再生水资源。政府要加强对分配后水资源的管理，通过市场的调节作用提高水资源利用率，避免水资源浪费。

2. 实现水资源循环利用

过去很长一段时间，我国对水资源的利用采用了相对粗放的模式，造成了水资源的大量浪费。以牺牲资源为代价的经济发展模式虽然能够在短时期内取得可观的经济效益，但从长远发展来看不利于我国可持续高质量发展战略的要求。在今后的发展中，我国应逐步在全社会提倡水资源循环利用理念，加快相关技术的研发与推广，基于对废水进行二次处理、重复利用等手段，以期实现提高水资源利用效率的目的，从而逐步打破水资源匮乏的发展态势。

3. 加强水资源生态防治

从我国水资源整体发展情况来看，水污染仍然是威胁我国水资源可持续发展的重要因素，在未来的发展中，水资源生态防治仍然是相关从业者的首要任务。水资源生态防治，不仅包括水污染治理，还包括提高环境用水承载能力、水资源保护等多个方面。水资源生态防治是一个系统的工程，不仅依靠专业人员的努力，还需要全社会的密切配合。比如，高排污量企业要自觉地进行技术升级改造，最大限度地控制工业用水的排放量。政府要加大监督管理制度，防止污水排放超出环境承载能力等。

4. 倡导节约用水，推行节水灌溉

尽管我国水资源短缺的问题已日益突出，但水资源浪费现象依然十分严重。因此，解决好水的问题，必须高度重视节约用水。在全社会大力倡导节约用水，培养民众节约用水的意识；要通过行政、法律、经济、技术等手段多措并举，在农业、工业和城市生活等各个领域全面推行计划用水和节约用水。我国是农业大国，农业灌溉用水量所占比例较高。国家要把发展节水灌溉和节水农业作为节水工作的核心和重点，加大政策扶持力度，积极支持节水灌溉技术创新和研发，加强水利基础设施建设，在农业中大力推进节水灌溉。

第二节　我国农业需水分析与旱区农业发展

水是农业发展的命脉，我国几千年农耕文明的持续发展离不开水资源的供给。农作物的自然生长、农业的灌溉等农业生产活动都离不开水资源的供给，水资源的供给量关系着农业发展的质量。在拥有世界人口22%的中国，水资源占有量仅为6%，水资源短缺问题已日益显现，严重影响我国干旱、半干旱地区农业的发展和居民的生活。从我国目前的总体状况来看，在我国华北、西北省区的部分地区，由于历史和地理原因，导致严重缺水，有的地区年降水量只有300～400mm，而蒸发量却高达1 500～2 000mm。我国北方辽河、滦河、黄河、淮河4个流域人均水资源仅不到1 000m³，而华北地区人均水资源一度低于500m³，为世界上缺水最严重的地区之一。近50年来，我国的人口增加了近1.8倍，但我国的农业用水增加了近4倍，工业用水增加了20多倍，城市生活用水增加了近9倍。依据第二次全国农业普查公报数据显示，截至2016年末，全国耕地面积1.35亿hm²，其中灌溉耕地面积0.62亿hm²，约占总耕地面积的45.9%。我国目前14亿人口所需的粮食作物中，有70%来源于灌溉耕地，今后农业用水仍会维持相对较高的比例。同时，随着人口的增长和人民生活水平和质量的提高，城市和工业用水量也会日益增加。随着全球气候变暖，降水量减少，极端天气现象频发，使得部分河流干涸并引起地下水位下降，我国西北干旱、半干旱地区的缺水状况将更加严峻。

为此，准确高效分析农业需水状况，充分合理利用有限水资源，对我国干旱、半干旱地区农业的可持续高质量发展具有极其重要的战略意义。

一、农业需水预测

农业需水不仅包括农田、草场、林果地等灌溉需水，还要保证人畜等足够的饮水以及针对畜牧业、渔业等副业的用水，也就说农业需水就是农业相关不同类型需水量的一个总称，不仅反映区域中农业生产对水资源的要求，而且反映某个区域生态环境的需水要求。

1. 净灌溉需水量

净灌溉需水量就是我们通常所说的田间灌溉需水量，往往通过测算田间所要灌溉的额度完成计量。通过预测后，核算出灌区内包括干渠、支渠、斗渠、农渠和毛渠在内的各级渠道水的利用效率，求出渠系水利用系数，最终计算出灌溉所需用水总量。而田间灌溉额度则需要结合该地区主要作物的预计播种面积以及复种指数进行综合计算。确定农作物田间灌溉定额，完全可以把有关部门或研究单位的灌溉试验数据，作为基本依据。如果某些试验区的试验资料比较完整，就可以扣除有效降雨，通过彭曼公式计算农作物田间灌溉定额。田间灌溉额度可分为充分灌溉额度和非充分灌溉额度两种情形。当水资源富足时，按照充分计算；反之若对应匮乏的水资源，则不充分灌溉额度的作用更大。对于灌溉额度的估计，还要考虑不同节水措施的作用，例如考虑到渠灌、井灌和渠井灌溉，结合这三种不同的灌溉方式，就应对三种不同灌溉方式的灌溉用水利用率系数加以考虑，最后估算出三种类型各自的净灌溉需水量和毛灌溉需水量。

2. 林牧渔用水

林牧渔用水主要包括四种类型，其需水主体分别是草场、牲畜、林地和鱼塘。林牧渔需水有时可以忽略降雨频率的高低，更加简化计算条件，只需要获取当地实验资料或调查报告数据，大致计算出灌溉林地和草场灌溉的净灌溉定额。基于灌溉水源不同及灌溉方式的差别，林牧渔用水计算程序一是要计算水资源使用率系数，二是要进行草场与林地成长指标预测，最后计算得出相应净需水量和毛需水量。

3. 农业需水估算

区域农业需水（包括休闲地植物、人、畜需水）可依据以下经验公式作为计算参考：

$$E = \sum \alpha_i \times E_i [\eta + k(1 - \eta)]$$

式中，E 为区域农业需水，mm；E_i 为各种作物田间耗水量（包括休闲时耗水），mm；α_i 为各种作物比例；η 为土地利用系数；k 为耕地与非耕地蒸发量比，与地下水位、土壤含水量、水面及人畜需水有关。

二、我国农业用水现状及存在问题

依据水利部农村水利水电司 2019 年官方数据，截至 2018 年底，我国灌溉面积达到 0.73 亿 hm²，居世界第一，其中耕地灌溉面积 0.68 亿 hm²，占全国耕地总面积的 50.3%；我国农田有效灌溉面积由 1949 年的 0.16 亿 hm² 增加到目前的 0.68 亿 hm²，增长 325%。华北区灌溉面积 0.18 亿 hm²，其中节水灌溉面积约 213.33 万 hm²，高效节水灌溉面积近 60 万 hm²；西北区灌溉面积 0.13 亿 hm²，其中节水灌溉面积约 0.07 亿 hm²，高效节水灌溉面积约 466.67 万 hm²。全国农业用水量维持在 3 800 亿 m³ 左右，其中华北区域农业用水量在 330 亿 m³ 左右，西北区域农业用水量在 740 亿 m³ 左右。我国北方地区耕地面积占全国的 58%，水资源量仅占全国水资源量的 19%。目前，华北地区的地表水利用率已超过 65% 以上，地下水超采严重，华北地区地下水超采累计亏空 1 800 亿 m³ 左右，超采的面积达到了 18 万 km²。超采地下水导致了河湖水面的萎缩，甚至干涸。在华北地区的一些地方，有河皆干、有水皆污、地面沉降、海水入侵这样的生态环境问题非常突出。过渡的地下水开采还形成地下水漏斗区。目前，我国已形成区域地下水降落"漏斗"100 多个，面积超过 15 万 km²。其中，华北平原已成为世界最大的地下水降落漏斗区。与此同时，随着工业和城市的快速发展，污水排放量增加，生态环境脆弱，环境自净化能力降低，水质恶化严重。

三、我国旱区农业发展

我国西部与北部大部分地区属干旱半干旱气候，这里年均降水量不到 300mm，蒸发能力超过降水量 1 000mm 以上。目前，西部地区是我国贫困人口集中连片分布的主要地区，也是巩固拓展脱贫攻坚成果和全面推进乡村振兴的重点区域。西部地区作为传统的农牧业地区，最明显的优势就是农业资源丰富、发展潜力大，农民对土地的眷恋和心理依附感强，对土地、农业有着难以割舍的情结。然而，西北广大的干旱、半干旱地区是我国年降水量最少的地区，除新疆北部的准格尔盆地、甘肃河西走廊东段等山麓地带年降水量可达到 100～200mm 外，其余大部分地区年降水量均不超过 100mm，农业用水主要依靠由山区降水和冰雪消融形成的河川径流及其转化补给的地下水，地表水的引用率接近 60%；地下水开采量较少，仅集中在部分内陆河流域，但开采率很高，致使地下水位产生了不同程度的下降。其中，新疆乌鲁木齐周边的柴窝堡湖水位下降明显，湖区地下水位已降至 80m 以下；甘肃省石羊河下游地下水位年平均下降速度在 0.3m 左右；华北地区地下水位下降已使华北平原成为世界最大的地下水降落漏斗区。这些特点决定了西北地区农业的发展急需寻求新的切入点，要立足于该区农业资源特点和农村经济发展状况，大力提倡和发展节水农业，由传统的被动式生态环境改善、资源保护模式，向积极探索型农业可持续发展模式转变。自 2000 年以来，连续多个中央 1 号文件和中央水利工作会议，都要求把节水灌溉作为重大战略举措，我国政府还提出"要把节水灌溉作为一项革命性措施来抓"，多措并举促进我国西部旱区节水特色农业的高质量发展。

1. 创新多元化投入机制，提高农业科技水平

我国旱区节水农业发展离不开政府支持和先进农业科技的支撑。目前，我国绝大部分干旱、半干旱地区的农业发展还处于粗放阶段，缺乏高新科技的转化应用和落地生根。政府需要进一步加大对西部干旱等地区发展现代农业的政策支持，把农业的可持续发展和实现农业现代化作为农业发展的主攻方向和目标，加大对农业基础设施的投入，重视农业科技的研发，以科技进步和改革创新为动力，加快培育新型经营主体，着力推进绿色、高效、节水农业发展；同时，还应充分发挥市场在资源配置中的决定性作用，更好地发挥政府政策引导、宏观调控、公共服务等作用，切实履行好顶层设计、投入支持、执法监管等方面的职责。在有序推进包括西部大开发、"十三五"期间《西北旱区农牧业可持续发展规划（2016—2020 年)》等重大战略政策措施的同时，积极鼓励各类社会资源参与农业资源保护、环境治理和生态修复，着力调动农民、企业和社会各方面积极性。积极贯彻落实"一带一路"倡议，充分利用"亚投行""丝路基金"等资金渠道，鼓励引导金融资本、社会资本、工商资本投向农业资源利用、环境治理和生态保护等领域，构建多元化投入机制。

2. 发展节水型生态农业

节水型生态农业作为改善生态环境和提高土地生产力的结合点，借助于使两者同时实

现的现代农业技术，能有效地促进农业生态系统良性循环的建立，推动西部地区农业的可持续发展。首先，注重实施工程节水，合理利用地下水资源。配套和完善必要的机井设施，完善维修现有的水利设施，积极推广应用各项适用的节水新技术，因地制宜实施管道灌溉、滴灌、微灌等节水措施，推广农业综合开发节水经验。比如，在雨水集蓄利用方面，发展从水窖到旱井、蓄水池、塘坝等多种形式的各类雨水集蓄工程。以管道灌溉为主，杜绝大水漫灌，做到科学用水、节约用水。其次，大力发展农艺节水。通过对土壤增施有机肥，农作物秸秆直接还田，改进耕作制度，加大对农作物的科学田间管理；在旱区实施地膜覆盖、秸秆覆盖等措施，以减少土壤水分蒸发，改善土壤结构。同时，要积极引进和推广抗旱耐旱高产优质的农作物新品种，减少浇灌次数。并大力推广测土配方施肥、保护性耕作、节水精播、水肥一体等旱作节水农业综合配套技术。另外，加强节水管理体系构建也至关重要。创新节水机制，成立不同层次和不同行业的用水协会，发挥用水者的主体作用，提高全社会的节水意识，促进节水管理向良性方向发展。在此基础上，建立植被恢复体系，通过人工植被和自然植被的有机结合以及调动农民的积极性，使其成为生态建设的主体，最终建立生态环境良好的农村生态环境，实现旱区农业的可持续发展，这是节水型生态农业的另一个主要目标。

3. 发展节水农业潜力巨大

我国是世界上严重缺水的国家之一。水资源总量不足，时空分布不均，农田节水基础设施薄弱，水资源利用效率不高，已成为我国粮食生产的主要制约因素。全球一系列节水农业的典范已证实，大力发展节水农业是缓解我国水资源短缺的必由之路。以色列位于中东地区，从地理位置上看，以色列处于撒哈拉沙漠及戈壁沙漠之间，西连地中海，东环死海和约旦河，南部是沙漠，北部是高山。以色列气候干旱炎热，土地贫瘠，淡水资源严重匮乏。以色列全国淡水资源总量仅为 20 亿 m^3，人均占有量只有 $370m^3$，仅占世界人均水平的 1/27，是中国人均水平的 1/7。但以色列通过水资源的高效利用发展节水农业，在沙漠上开辟了绿洲，在贫瘠的土地上建立了温室，不仅解决了该国 500 万人的农产品供应，而且还成为世界上优质水果、花卉、蔬菜的主要出口国。目前，以色列农产品已占据 40% 的欧洲瓜果、蔬菜市场，并成为仅次于荷兰的欧洲第二大花卉供应国。而我国河西走廊地区，75 亿 m^3 水资源仅养活了 460 万人，而且还造成了中、下游和工农业用水矛盾日益突出，这不得不引起人们的深思。问题的关键是水资源浪费严重、水资源利用效率低。目前，先进国家的农田灌溉水有效利用率已达 50%～70%，以色列的水资源利用系数高达 90%，每立方米的农产品销售利润达 2.04 美元，而我国目前农田灌溉水有效利用率低于 50%，全国平均每立方米农业用水生产粮食 0.87kg，每千克粮食的耗水量是发达国家的 2～3 倍，旱区水资源利用效率更低。造成目前水资源利用效率低的主要原因，一是受"作物耗水与产量正相关"的观点影响，灌溉制度不合理，灌水次数多且定额高，进入农田的灌溉水大多消耗于地表蒸发和渗漏；二是在渠道输水过程中渗漏和蒸发耗失水分较多。为此，要从根本上解决缺水问题，必须大力发展旱作节水农业，提高水资源的利用效率。尤其在我国西部地区水资源严重缺乏的现状决定了西部地区必须坚持把旱作节水农业作为改善农业生产条件、建设生态农业的重大措施来实施。

多年来，西部各地区因地制宜，已在发展旱作节水农业方面积累了不少经验。今后旱作农业要从整地改土入手，以蓄水保墒、提高降水利用率为目标，注重抗旱新品种及其配套技术、生物（膜）覆盖技术、少耕、免耕保墒综合耕作和秸秆过腹还田技术以及管灌、喷灌、滴灌、渗灌和渠道防渗等多种形式的节水灌溉技术等一系列新型高效技术的推广应用，以农业节水、高产高效为中心，以提高农业用水效益为目标，确保水资源的良性循环和农业的可持续发展。我国西部地区种植特色瓜果和发展牧业有着得天独厚的条件，果木林草具有良好的生态效益，耗水相对较少，果品及畜产品的生产、运输、储藏、加工还会带动一大批相关产业的发展。发展西部节水农业，要立足于区域生态环境保护和农业可持续发展，以提高降水利用率和农田水分利用效益为核心，合理规划节水农业，调整农业产业结构，规范节水农业产业化技术体系，大力提升旱作节水农业技术装备水平，走短缺水资源的资金和技术替代的道路；同时，推广有利农田节水技术的政策，调动农民节水的积极性。总之，西北干旱区水资源的开发利用，与国内和世界干旱区的先进水平相比，还有很大的差距，也具备巨大的潜力，要从全面开发大西北的未来着眼，在挖掘节水潜力的同时，还必须重视开源，积极安排跨流域调水等相关工作。

随着经济全球化的不断深入，国内、国际市场对干旱区优势资源的需求日趋增大，其在全国的战略地位也将更加重要，特别是国家的产业政策向交通、能源等基础设施倾斜，以"稳定东部、发展西部"的石油开发战略和棉花种植业、棉纺工业重点西移的决策、巩固西部干旱地区脱贫攻坚成果以及为缩小东西部差距所采取的一系列措施，都会给包括广大西北干旱区在内的农业生产发展带来难得的机遇。

参考文献

董艳，章慧，张慧荟，等，2018. 西北旱区农业水土资源空间变异特征研究［J］. 干旱地区农业研究，36（2）：205 - 209.

冯淼，2019. 水资源开发利用状况分析及保护策略研究［J］. 珠江水运（2）：58 - 59.

高峰，2016. 水资源开发利用状况分析及保护策略研究［J］. 黑龙江水利科技，44（2）：5 - 7.

高秀清，2016. 我国水资源现状及高效节水型农业发展对策［J］. 南方农业（6）：233，236.

国家统计局农村社会经济调查司，2020. 中国农业统计资料 1949—2019［M］. 北京：中国统计出版社.

何宝银，刘学军，2008. 宁夏中南部旱区节水农业建设关键技术研究与应用［J］. 宁夏农林科技（6）：87 - 89.

贾金生，马静，杨朝晖，等，2012. 国际水资源利用效率追踪与比较［J］. 中国水利（5）：13 - 17.

康绍忠，霍再林，李万红，2016. 旱区农业高效用水及生态环境效应研究现状与展望［J］. 中国科学基金，30（3）：208 - 212.

李爱香，2016. 发展旱作农业和节水农业是干旱地区的出路［J］. 农业与技术，36（12）：15.

李长照，2015. 现代农业与生态节水的技术创新［J］. 黑龙江科技信息（29）：219.

李圣楠，2020. 我国农业用水供求问题探究［J］. 河北企业（6）：127 - 128.

刘立红，2016. 中国水资源利用效率研究［M］. 大连：辽宁师范大学出版社.

刘玉明，2020. 我国水资源现状及高效节水型农业发展对策［J］. 农业科技与信息（16）：80 - 81，83.

南纪琴，王景雷，秦安振，等，2017. 中国西北旱区农业水土资源利用情景潜力研究［J］. 自然资源学报，32（2）：292 - 300.

南雄雄，李惠军，王芳，2016. 以色列沙漠农业对我国西部旱区发展节水农业的启示［J］. 宁夏农林科技，57 (10)：58 - 60.

山仑，2014. 中国旱区农业持续发展的技术途径 [J]. 科技导报，32 (23)：1，3.

山仑，邓西平，康绍忠，2002. 我国半干旱地区农业用水现状及发展方向 [J]. 水利学报 (9)：27 - 31.

宋喜斌，2014. 以色列节水农业对中国发展生态农业的启示 [J]. 世界农业 (5)：56 - 58.

宋元珺，2018. 利用雨水资源发展旱作节水生态农业 [J]. 农业科技与信息 (14)：41 - 42，46.

田英，2018. 我国农业生态节水技术创新思考 [J]. 南方农业，12 (9)：80 - 81.

王浩，汪林，杨贵羽，等，2018. 我国农业水资源形势与高效利用战略举措 [J]. 中国工程科学，20 (5)：9 - 15.

王慧，2019. 我国水资源利用现状与节水灌溉发展对策思路总结 [J]. 智能城市，5 (13)：155 - 156.

闫敏，2007. 我国西部地区节水农业的现状与展望 [J]. 农业环境与发展 (4)：30 - 33.

杨宁，2014. 浅谈生态农业节水灌溉中滴灌技术的应用 [J]. 资源节约与环保 (10)：41，46.

叶云雪，2015. 我国农业用水及节水农业发展现状 [J]. 现代农业 (12)：75.

赵姜，龚晶，孟鹤，2016. 发达国家农业节水生态补偿的实践与经验启示 [J]. 中国农村水利水电 (10)：56 - 58.

张宝忠，彭致功，雷波，等，2018. 杜丽娟，王蕾，刘钰 . 我国典型作物用水特征及现代农业灌溉技术模式 [J]. 中国工程科学，20 (5)：77 - 83.

张青峰，张翔，田龙，2016. 区域农业水土资源利用分区指标体系建设方案—以西北旱区为例 [J]. 中国农业资源与区划，37 (9)：117 - 124.

张舒，2017. 我国水资源现状及发展趋向浅析 [J]. 城市建设理论研究，23：186.

张雅芳，2020. 全球主要农业生产国作物需水及缺水程度研究 [D]. 河北师范大学 .

中华人民共和国水利部，2020. 中国水资源公报 2019 [M]. 北京：中国水利水电出版社 .

中华人民共和国水利部，2019. 中国水资源公报 2018 [M]. 北京：中国水利水电出版社 .

第二章 作物抗旱性研究现状与农业节水调控

我国是一个水资源相对短缺的农业大国，人均水资源量基本维持在 2 000 m³ 左右，不足世界平均水平的 1/3，且水资源时空分布极为不均，季节间、年际间降水量很不平衡，水资源空间分布与人口及国民经济布局错位，区域性缺水问题突出。水资源紧缺已成为严重制约我国国民经济可持续发展的"瓶颈"。

我国是农业大国，农业用水在总用水量中所占比例最大，每年农业用水总量在 4 000 亿 m³ 左右，约占全国总用水量的 60%；其中农田灌溉用水量 3 600 亿～3 800 亿 m³，占农业用水量的 90%～95%。目前，我国农业用水的浪费现象相当严重，农业用水效率较低，特别是农田灌溉水的利用率不高。根据权威部门的预测结果，在不增加现有农田灌溉用水量的情况下，2030 年全国缺水将高达 1 300 亿～2 600 亿 m³，其中农业缺水 500 亿～700 亿 m³。据初步估算，若将农田灌溉水的利用率由目前的 45% 提高到发达国家的 70% 水平，则可节水 900 亿～950 亿 m³，如同时提高水的利用效率，农业节水后不仅可满足 7 亿 t 的食物生产用水，还能节约 400 亿～500 亿 m³ 的水量用于国民经济的其他重要行业，这无疑会对未来国家的经济持续发展和社会安全稳定做出重大贡献。

为此，我国农业要从旱地农业和传统粗放型的灌溉农业转变为旱地雨养农业和节水高效的现代灌溉农业，充分利用现代工业和现代科技的成果，建立现代管理制度，优化配置农业水资源，提高水利用效率；从战略角度，要转变观念，扭转以牺牲水资源为代价换取作物高产的局面，实行开源节流，发展节水农业是目前乃至长远可持续发展的战略。

第一节 作物抗旱性研究现状

干旱缺水是制约农业生产发展的主要障碍之一。我国华北、西北广大干旱、半干旱地区水资源匮乏，其他地区作物也常因周期性或难以预期的干旱而减产，所以建立农业节水体制势在必行，这也是全球同类地区农业持续发展的共同出路。在充分利用降水的基础上因势利导、趋利避害地缓解水分亏缺，实施农业与水利措施相结合；加强作物抗旱研究力度和合理开发利用水资源，提高水分利用效率，发展高产、优质、高效可持续农业，以促进我国农业高质量发展。

一、作物抗旱的概念、测定和评价方法

作物抗旱性是一种适应性反应，是作物在大气或土壤干旱条件下具有忍受干旱而受害

最小、减产最少的一种特征。

植物的抗旱性是由多基因控制的，也是多途径参与的。Levitt（1980）认为植物适应干旱的机理可分为 3 类：避旱、御旱和耐旱，其中又把御旱性和耐旱性统称为抗旱性。其对作物适应干旱的机理进行进一步分析之后指出：避旱、高水势下耐旱、低水势下耐旱是作物适应干旱的 3 种主要方式。避旱是通过调节生长发育进程避免干旱的影响；高水势下耐旱是通过减少失水或维持吸水达到的；低水势下耐旱途径是维持膨压或者是耐脱水或干化。其中，减少失水或耐干化的耐性都是以降低产量为代价的。对作物适应干旱机理解释有御旱、耐旱和高水分利用效率 3 种。御旱主要通过根系和调节气孔来维持体内的高水势，耐旱的主要机制是渗透调节，而高水分利用效率的作物和品种则能够在缺水条件下形成较高的产量。

抗旱性鉴定是按作物抗旱能力的大小进行鉴定评价的方法。但在测定植物对各种不利环境胁迫的抗性中，抗旱性的鉴定最为困难。目前，还没有一种方法能测出植物的各种抗旱性，这种状况也给抗旱育种带来了极大的困难。评价、测定作物的抗旱性，首先要给作物创造一个适当干旱胁迫的环境，然后再选择合理的指标来区分作物品种间抗旱性的差异。

1. 根据作物生长环境的不同，作物抗旱的研究方法不同

（1）田间测定法　将供试作物直接种在旱地上，以自然降水或灌水控制土壤水分，造成不同程度的干旱胁迫，使作物生长或产量受到影响，并以此评价作物的抗旱性。此法简便易行，又有产量结果，较受育种者的欢迎，但受环境条件（特别是降水量）的影响很大，每年结果难以重复，所需时间长、工作量大。

（2）干旱棚或温室法　在干旱棚或温室内通过控制土壤水分来测定作物的抗旱性已得到广泛应用。但干旱棚与大田环境条件的差异会造成一定试验误差，应用时要考虑误差。

（3）生长箱和人工气候室法　在控制温度、湿度和光照的生长箱或人工气候室中观测作物对干旱胁迫的反应，测定作物的抗旱性。该方法需要一定的设备，难以大批量进行，但试验结果可靠、可重复。

2. 根据对作物干旱处理的方法不同，作物抗旱的研究方法不同

（1）土壤干旱法　通过控制盆栽或大田栽培作物的土壤含水量而造成植株水分胁迫来测定作物的抗旱性，主要对作物不同生育阶段进行干旱处理，以全生育期不进行干旱处理的植株作为对照。

（2）大气干旱法　通过干燥的空气给植株施加干旱胁迫以测定作物抗旱性强弱，或在作物叶面施化学干燥剂，通过作物对干旱的反应来测定作物的抗旱性。比如：把水培植株的根系暴露在空气中不同时间，以造成不同强度的水分胁迫，根据植株的反应来测定抗旱性。

（3）高渗溶液法　先用沙培法或水培法培养一定苗龄的植株，然后转入高渗溶液中进行干旱处理，并结合测定一些指标来反映作物苗期的抗旱性，常用的渗透物质有聚乙二醇（PEG）、甘露醇和甘油。

3. 根据抗旱的研究方法不同，作物的抗旱性评价方法不同

（1）抗旱指数法　最初人们在进行作物抗旱性评价时通常利用抗旱系数（DC）和干

旱敏感指数（S）。

其中：

$$抗旱系数（DC）＝\frac{干旱胁迫下性状值}{对照性状值}×100$$

$$干旱敏感指数（S）＝\frac{1－干旱胁迫下性状值/对照性状值}{1－各组全部品种干旱胁迫下的性状平均值/对照性状平均值}$$

这 2 个指标有各自的缺陷，抗旱系数只能说明旱地品种的稳产性，不能反映高产性；而干旱敏感指数不能反映基因型产量的高低。随后，抗旱指数（DRI）在 1990 年被兰巨生等提出，抗旱指数同时考虑了环境差异和基因型差异对结果的影响，使农作物抗旱性鉴定的产量指标在生物学意义上有了实质性改进。虽然干旱胁迫下田间试验的产量常被当作最可靠的抗旱性综合指标而用于品种抗旱性的最终评价，但田间试验工作量大且费时，难以大批量进行。

抗旱指数（DRI）＝$(Y_a/Y_m)×(Y_a/Y_{ai})$，式中 Y_a 是某品种在胁迫下的产量，Y_m 是某品种对照区产量，Y_{ai} 是所有参试品种在胁迫下的平均产量。

(2) 直接比较法 即鉴定作物品种（品系）时，对材料进行多指标测定，如丙二醛、渗透调节物质和抗氧化系统等，然后用简单的人工挑选方式对每个指标进行甄别排位，确定抗旱能力强或弱的品种（品系），直接比较法同样不适于大批量鉴定。

(3) 隶属函数法 为了弥补单一指标带来的偏差，近年来多采用隶属函数法。即累加指定品种各指标的抗旱隶属值，求其平均值，根据各品种平均值大小确定抗旱性强弱。该方法使单个指标对评定抗旱性的局限性得到其他指标的弥补和缓解，从而使评定的结果与实际结果较为接近。

二、作物抗旱研究的现状

目前，有关干旱对植物产生危害和植物耐旱的机制还未完全明确，但经过多年的研究，已经在形态结构、生理生化、分子生物学方面取得了许多进展。目前，有关植物抗旱性研究已基本形成一种共识，就是发掘和探寻植物抗旱相关基因，并进一步明确这类基因的功能以及其所引起的信号转导途径，以期从分子生物学基础上阐明作物抗旱的机理，并通过基因工程手段提高植物的耐旱能力。

干旱是干旱、半干旱地区制约农业发展的主要障碍因子之一，提高农作物品种的抗旱性，培育优质抗逆新品种已成为抗逆农业研究领域的重大课题。然而，准确地对作物品种的抗旱性强弱进行鉴定和评价，是培育抗旱品种的必要前提和保障。干旱胁迫对植物造成的影响是非常广泛而深刻的。它不仅表现在不同生长发育阶段，同时也表现在具体的形态结构和生理生化过程中，如根叶形态结构、光合作用、呼吸作用、离子的吸收运输、物质转化、内源激素响应以及酶活性等，而且各种生理生化效应之间相互联系。

从 20 世纪初开始，人们就开始从植物对干旱胁迫的适应方式、气孔调节、代谢途径等方面系统地研究了干旱胁迫对植物生理生化过程的影响。从 20 世纪 80 年代开始，随着分子生物学和生物技术研究的兴起，植物抗旱性的研究方向逐步转入到从抗逆相关蛋白、信号转导以及基因调控等方面探讨植物对干旱胁迫的响应。但由于不同研究领域的研究者所关注的切入点不同，使得植物对干旱胁迫的研究还有很多问题尚待进一步阐明。比如，栽培育种工作者往往注重经济生产力的耐旱性和外观表现，而植物生理和生态工作者则强调生物学耐旱性和内在生理机制。

植物抗旱性是由多因素、多基因共同调控的错综复杂的综合过程，需要多学科交叉融合、多种技术手段综合应用，以期在理论研究方面有更多的突破。

1. 形态结构与植物抗旱性

植物作为生态系统的重要组成部分，无时无刻不在与环境进行着物质交换和能量交流，同时也经常受到复杂多变的生物或非生物逆境胁迫。在干旱胁迫下，植物可通过形态变化来限制水分的丧失和保持一定的吸水能力，维持体内较高的水势并使细胞中各种生理生化过程仍保持相对正常的状态，这种适应性变化属于形态学抗旱范畴。在形态适应中，细胞、器官、个体和群体等各个水平上都会出现相应的变化。植物适应干旱的结构多种多样，不同植物间存在差异，同一植物也因适应性不同而有所不同。植物的根和叶是土壤—作物—大气间水分循环过程中的关键部位，因此，植物抗旱性研究形态学范畴主要集中在干旱条件下叶片和根系对水分胁迫的响应及适应性。

（1）植物叶片结构与抗旱性　叶片形态是植物形态结构的重要组成部分，叶片形态不仅受基因控制，同时对环境变化具有极强的敏感性。植物叶片形态结构能反映环境因子的影响以及植物自身对环境的适应。叶片是植物外部形态对干旱胁迫最敏感的器官，在干旱胁迫下，叶片的形态结构会发生变化，其形态结构的改变与植物的耐旱性有着密切的关系。

叶片形态结构是早期对植物抗旱性研究最多的方面。干旱条件下叶片适应性的主要变化有利于保水和提高水分利用效率。因此，当在叶发育过程中受到干旱胁迫时，常使细胞增大受到抑制，叶面积比正常情况下小，以减少水分的过分散失；当叶片发育成熟后缺水会引发叶片发生萎蔫或卷曲运动等来缓解太阳直接辐射，防止叶温升高和水分亏缺，同时干旱胁迫也加速叶片衰老而脱落。一般认为正常生长状态下叶片较小，叶片薄，叶色淡绿，叶片与茎秆夹角小，而叶片具有较厚的角质层、表皮有附属物、栅栏组织发达、维管组织和导管发达、富含黏液细胞和含晶细胞等以及干旱时卷叶，有效分蘖多，茎秆较细、有弹性，植株萎蔫较轻等可以作为耐旱的叶片形态学评价指标。

（2）植物根系结构与抗旱性　根系是作物直接感受土壤水分信号并吸收土壤水分的器官，它对植物的耐旱功能具有至关重要的作用。土壤的干旱首先影响根系的生理活动和代谢，进而影响整个植株的生命活动能力。因此，有关植物根系发育、根群分布、不同生育期根系活力以及不同环境条件下的根系变化与植物抗旱性的关系一直是众多专家、学者长期以来努力研究探讨的内容。

植物受到干旱胁迫时，将较多的资源分配到根系上，根向深处生长，有利于从土壤中获得更多的水分和无机营养物质，使其在干旱环境中得以生存。因此，大部分的研究认为根系大、深、密是抗旱作物的基本特征，有利于植物抗旱性提高，特别是较多的深层根对于抗旱性更加重要。比如小麦根系的研究结果表明，根的数目较少，根总干重中等，但根系较长的品种抗旱性较强。最近的一些研究还发现，较大的根冠比可提高植物有效利用土壤中水分，保持水分平衡，有利于植物抗旱，但在干旱条件下过分庞大的根系会影响地上部分的生物学产量；在沙拐枣的幼苗期研究发现，增加根冠比是沙拐枣幼苗适应干旱的有效策略。另外，由于保水能力与失水速率呈反比，失水速率越大，说明保水能力越差。根系不同部位相比较，根基部保水能力最强，其次是根中部，根尖的保水能力最弱。不同类型的植物根系保水能力相比较，初生根基部、中部和根尖部分的保水能力均处于最弱水平。目前已经在水稻、玉米、小麦等主要粮食作物的研究中证实，不同品种间根系形态及解剖结构的差异也很大，抗旱型品种根系在平均根长、根粗、根系穿透力、不定根中柱及导管面积、根冠比等方面显著大于非抗旱品种。

现代科学技术的应用使人们在植物根系研究方面已取得了一系列的进展，但迄今为止，由于受到缺乏能够在不破坏根系自然生长状态下精确测定其生长状况的简便、可靠方法和高精度设备的局限，涉及植物根系各个方面的研究仍然是植物整体研究中相对薄弱的环节，有待进一步完善。

2. 水分状况与植物抗旱性

植物的抗旱性与植株的水分状况有关。深入了解植物组织内部的水分状况及潜在的忍耐能力对于掌握植物的受旱情况及节水灌溉有着重要的意义。叶片相对含水量、叶水势、压力势能够很好地反映出植株水分状况与萎蔫之间的平衡关系，因此通常作为植物的水分状况指标。

（1）叶水势 水势是表示植物水分状况或水分亏缺的一个直接指标，与土壤—植物—大气循环系统（SPAC）中水分运动规律密切相关。在植物 SPAC 系统中，水分在植物体内的运输取决于水分的自由能，体现在水势的高低，当植物组织的水势愈低，其吸水能力会增强，相反水势愈高，其吸水能力将下降，而水分输送到其他较缺水细胞的能力会增强，可用以确定植物的受旱程度和抗旱能力，并作为合理灌溉的生理指标。因此，在作物水分生理的研究中常有测定的必要。

有关干旱环境下植物水势变化的研究，国内学者侧重于基础性研究，大量文章都基于反映植物不同部位水势尤其是叶水势的变化特征及与环境因子的关系，并进一步探讨其在植物抗旱机理中的作用；而国外学者主要集中于研究植物在经过不同处理后其叶、茎水势对干旱胁迫的变化状况。干旱胁迫下，能够维持较高叶水势是植物抗旱的一个重要机制。因此，常用叶片水势的高低作为作物抗旱性强弱的指标并被普遍应用。但也存在相互矛盾的结果，即干旱胁迫下有些抗旱性较强的品种，其叶水势却很低，而这些植物可在组织内部水分亏缺的情况下耐受干旱胁迫，继续生长和繁殖。目前，认为植物对干旱胁迫的反应可分为 3 类：一是通过调节叶片方向来减小受光面积并维持较高的组织含水量和光合速率；二是减少气孔开度、光合速率和水分丧失；三是当组织水势较低时，保持气孔开度和较高的光合速率。而较低叶片水势的维持，能够提高植物从土壤中吸收水分和水分利用率，进而来适应干旱的生态环境。

（2）相对含水量 相对含水量（RWC）指组织水重占饱和组织水重的百分率，计算公式为：

$$RWC（\%）=\frac{W_f-W_d}{W_t-W_d}\times100$$

其中，W_f表示组织鲜重，W_t表示吸水饱和后组织重，W_d表示组织干重。

植物饱和组织水重相对比较稳定，因此可以避免绝对含水量计量的缺陷。故与绝对含水量相比，相对含水量能更为敏感地指示植物水分状况的改变，较好地说明植物组织的水分状况与生理功能间的关系。在测定技术上也不需要复杂的仪器设备，已被广泛用于估计植物水分状况和反映植物抗旱性的有效生理指标，许多研究已表明，干旱胁迫下，抗旱性强的材料其相对含水量下降趋势低于不抗旱材料，与叶片水势变化规律相似。

（3）水分饱和亏　水分饱和亏（WSD）指植物组织的实际含水量距其饱和含水量的差值，以相对于饱和含水量的百分数来表示，可反映植物体内水分的亏缺程度。根据生理学意义植物的组织含水量可分为自然含水量和临界含水量（即水分减少到即将发生伤害时的含水量）。叶相对含水量和自然饱和亏反映植物体内水分亏缺程度，自然饱和亏愈大表明水分亏缺愈严重，而临界饱和亏愈大则表明抗脱水能力愈强。自然饱和亏与临界饱和亏之比可表示植物的需水程度，可综合反映植物的缺水情况。研究表明水分饱和亏值较低的品种在干旱条件下水分调节能力较强，保水能力较强，抗旱性也相对较强。

（4）水分利用效率　水分利用效率（WUE）是一项综合性生理指标，能否用来鉴定植物的抗旱性，目前观点还不一致。有人认为它可以作为植物抗旱鉴定指标，但整个生长阶段以及影响蒸腾作用和光合作用等诸多因素均会影响其测定值，使用时应谨慎，如梁银丽等在对轻度胁迫下几个小麦品种鉴定过程中发现，水分利用效率与抗旱性呈一定关系；而也有人认为它与植物抗旱性关系不大。

3. 生理生化特性与植物抗旱性

（1）渗透调节与植物抗旱性　渗透调节是作物忍耐和抵御干旱逆境的一种适应性反应，是在细胞水平上进行的一种重要的耐旱生理机制。在干旱胁迫下，作物体内主要通过积累各种有机和无机物质来提高细胞液浓度，降低渗透势，提高细胞保水能力，维持细胞膨压，使细胞生长、气孔运动、光合作用等生理过程正常进行，增强作物抗旱性。目前研究发现渗透调节的机理主要有两种：一种以脯氨酸、甜菜碱等为渗透调节物质，主要调节细胞质的渗透势，并对酶、蛋白质及生物膜起保护作用；另一类以 K^+、Na^+ 和其他无机离子为渗透调节物质，主要功能调节液泡渗透势，以维持细胞膨压。

①脯氨酸与植物抗旱性。脯氨酸是目前研究最多的渗透调节物质。现在已明确植物在高温、干旱、低温、盐渍、营养不良、低 pH、微生物侵染、病害及大气污染等影响下都会导致体内脯氨酸累积，而干旱胁迫脯氨酸累积尤为多，比原始含量可增加几十倍到几百倍。正常条件下植物体内的脯氨酸含量很低，一般为 $0.2\sim0.7\mathrm{mg/g \cdot DW}$，干旱逆境下，增加 $70\sim200$ 倍。脯氨酸属无毒且水溶性大的物质，其大量累积一方面可作为细胞质的渗透调节物质，另一方面可作为防脱水剂；同时还可以降低由蛋白质水解而产生的游离氨毒害，贮存氮素和碳架，保护生物多聚体的空间结构，增强膜结构的稳定性；逆境解除后恢复生长时，积累的大量脯氨酸还可以提供呼吸底物和碳源，并间接参与叶绿素物质等的合成。Kemble 早在 20 世纪 50 年代研究黑麦时就发现干旱胁迫下脯氨酸在体内大量积累，此后在许多作物如水稻、高粱、小麦、大豆、烟草、向日葵等的研究均观察到干旱胁迫下体内脯氨酸含量会成倍增加。水分亏缺时，脯氨酸原初累积部位主要是叶，其次是茎，叶片还负责供应给其他器官脯氨酸。曾有人以甜菜为研究材料发现，细胞质和液泡中脯氨酸的分布不均等，两者内部脯氨酸含量比为 $(15\sim98):1$，一度被认为是细胞质渗透物质。

但 Frick 和 Pahlich（1990）在马铃薯的研究得出相反的结论，发现马铃薯液泡在贮存脯氨酸并当细胞遭受渗透胁迫时向胞质输送脯氨酸起重要作用。

干旱逆境胁迫下植物体内脯氨酸增加的原因目前认为有 3 个：①脯氨酸合成能力加强。同位素标记谷氨酸后当植物失水便迅速转入脯氨酸中。②脯氨酸氧化作用受抑。不仅脯氨酸的氧化被抑制，甚至脯氨酸氧化的中间产物还可逆转为脯氨酸。③蛋白质合成减弱。干旱抑制了蛋白质合成，脯氨酸用于合成蛋白质的量大大减少。而脯氨酸合成能力加强是主要原因，与其合成途径有关，不同条件下脯氨酸的生物合成途径有所区别（图 2-1）。

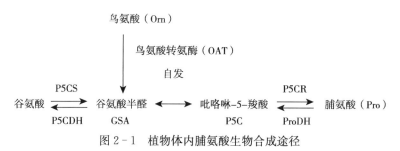

图 2-1　植物体内脯氨酸生物合成途径

Delauney 等研究证明，在正常环境条件下，脯氨酸趋向于通过 Orn 途径合成，而在胁迫条件下，则是通过 *P5CS* 途径合成；用放射性同位素标记试验亦已证明，在逆境条件下生长的植物体内合成脯氨酸的主要前体是 Glu 而不是 Orn。在 Glu 途径中，研究发现脯氨酸积累与酶基因的转录有关，且 *P5CS* 基因的转录最为关键，因此目前认为 *P5CS* 是渗透胁迫时植物体内脯氨酸合成的关键酶。由此人们开始尝试利用转基因技术来调控脯氨酸生物合成过程中的关键酶，使作物在干旱条件下能产生出更多的渗透调节物质，以提高其抗旱性。J. Gubiš 等（2007）将 *P5CSF129A* 基因转入烟草，与野生型相比叶片游离脯氨酸大量积累，转基因烟草抗旱性显著增强。李学宝等（1997）成功地将含有酵母 *pro2* 基因的外源 DNA 片段导入紫云英，获得的转基因植株抗逆性有所提高。在水稻脯氨酸表达的转基因研究也已获得成功，Wu 等（2005）将细菌的 *nhaA* 转入水稻并使之高效表达进而激活脯氨酸的生物合成，检测发现其钠和脯氨酸的含量高于对照植株，提高了转基因植株的渗透胁迫耐受性。作为植物耐性工程策略的一项应用技术，可在一定程度上增加渗调物质脯氨酸含量，增强细胞渗透调节能力。但从遗传角度看，植物抗渗透胁迫功能是由多种基因控制的综合反应，是一种数量性状的累计，脯氨酸积累仅占一定比例。当干旱胁迫下，植物中有 10 类基因被诱导表达，产生的物质与植物抗逆性密切相关，涉及植物的光合作用、能量代谢、结构组成、离子运输、水通道、信号转导、转录调控因子等。因此，通过基因工程手段使单一功能基因在转化植株中过量表达来提高植株抗逆性还存在一定局限性，今后需在抗旱生理生化及分子机制上进行深入系统的研究。

②甜菜碱与植物抗旱性。甜菜碱是植物体内另一类理想的亲和性渗透物质。甜菜碱属于四甲基铵类化合物，有很强的溶解度，在生理 pH 范围内不带静电荷，对细胞无毒害，与脯氨酸相似主要分布在细胞质的叶绿体、微粒体和胞浆中。20 世纪 70 年代中期 Storey 等首先发现盐分和干旱胁迫可引起大麦积累甜菜碱，以后发现小麦、高粱、菠菜、甜菜等多种植物在逆境下都有甜菜碱的积累。甜菜碱生物合成现已基本明确，一般认为植物中甜

菜碱是在叶绿体内以丝氨酸为原料，通过激素（如 ABA）或光诱导合成；合成先经过一系列反应生成胆碱，胆碱再通过两步不可逆的氧化反应生成甜菜碱，而该两步的氧化酶胆碱单氧化酶（CMO）和甜菜碱醛脱氢酶（Betaine alde-hyde dehydrogenase，BADH）是合成甜菜碱的关键酶。其生物合成如图 2-2：

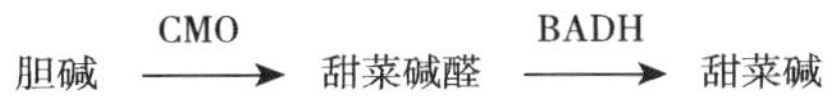

$$胆碱 \xrightarrow{CMO} 甜菜碱醛 \xrightarrow{BADH} 甜菜碱$$

图 2-2　植物体内甜菜碱生物合成途径

　　CMO 已纯化并定位于叶绿体基质中，其活性受干旱胁迫的诱导。目前研究发现 CMO 仅存在于藜科和苋科中，而其他科中的植物该功能可能由定位于非质体中的另类胆碱氧化酶代替。

　　BADH 的研究要比 CMO 研究深入得多，其中 BADH 是一个 60kD 多肽二聚体，在干旱胁迫下，该酶的活力显著提高，从而大大增加甜菜碱在细胞中的积累。目前小麦、水稻、高粱、菠菜、甜菜的 BADH 基因都已被克隆，该基因的表达受干旱胁迫的诱导。目前主要利用基因工程手段，把甜菜碱合成途径的相关基因 BADH 基因转入普通作物中使甜菜碱积累增加，达到增强作物抗旱性的目的。如 Rathinasabapathi 等（1994）、Holmström KO 等（1996）和梁峥等（1997）分别构建了含有甜菜碱醛脱氢酶基因（BADH）的植物表达载体并转入到烟草中获得含有 BADH 基因并能高效表达的烟草植株，而这些转基因株系均体现出一定的抗旱性；张宁等（2009）转 BADH 基因于马铃薯同样提高了其对干旱和盐碱的抗性。

　　甜菜碱除作为有机渗透物质外，还可以保护细胞内代谢酶和蛋白质的活性，一度达到稳定细胞膜的作用。如孙文越等（2001）、赵博生等（2001）对小麦外源施用甜菜碱和骆爱玲等（2000）转 BADH 基因烟草的研究表明，甜菜碱含量增加可保护抗氧化酶系统的活性，增强细胞清除活性氧和自由基能力，维持膜结构的稳定性和完整性。这种细胞保护功能可能有赖于它与大分子结构的亲和性。甜菜碱在稳定蛋白质的四级结构中，似乎起到小分子量分子伴侣作用，达到稳定酶蛋白构象并使酶处于有功能状态，进而部分抵消干旱胁迫等的影响和危害。

　　③可溶性蛋白与植物抗旱性。可溶性蛋白在植物抗旱过程中同样可起到渗透调节作用，此外还可供应 C 素和 N 素，提供植物生长发育所需的物质和能量，以利于干旱胁迫下植物的生存。可溶性蛋白的产生目前认为存在 3 个方面：（a）当水分亏缺，细胞失水，活性氧积累，膜和细胞器受到伤害，细胞内部结构蛋白降解，游离于胞液并贮存于液泡中，进一步降解为小分子亚单位。（b）水分亏缺时，细胞为保持膨压及渗透势不变，要通过自身调节提高胞液中渗透调节物质的浓度，起初是由胞液释放有机盐或有机物，进而合成新有机物。而物质合成需要相应酶系统的催化，酶活性的增加常常伴随蛋白质浓度增加，实际上是基因转录翻译的产物。（c）水分胁迫下植物生长受抑制，细胞生长量下降，此时细胞内蛋白质不被利用而积累。

　　大量的研究已证实，诸多因素影响蛋白质的代谢。特别是环境因子的变化包括干旱、盐渍等非正常的环境条件均会对细胞内的可溶性蛋白质产生影响。生物体在受环境因子的作用时，其基因表达机制会做出相应调节，即基因适应性调控。抗旱品种表现出对干旱的忍耐力就有其内在的分子基础。在相同干旱条件下，抗旱品种细胞内一些不溶性蛋白质转变为可溶性蛋白质，或者产生更多特异性蛋白质，以抵抗缺水的威胁，而使细胞内正常的新陈代谢得以维持，正常的产量得以保障。与此相反，相同条件下非抗旱品种蛋白质不能维持正常的可溶性蛋白的浓度或者不能产生抗旱相关特异性蛋白，抗旱能力就弱得多，外观上表现为抗旱性较差。

④可溶性糖与植物抗旱性。另外，其他一些小分子物质如海藻糖、甘露醇、果聚糖在作物抗旱过程中也有积极作用。海藻糖是由两分子葡萄糖结合形成的非还原性双糖，大量存在于耐旱能力极强的一些作物中。海藻糖在作物抗旱上目前利用转基因手段研究较多，Holmström KO 等（1996）报道了转酵母海藻糖合成酶 TPS1 基因于烟草中虽合成少量海藻糖但其在干旱条件下存活能力大大提高；赵恢武等（2000）将大肠杆菌海藻糖 - 6 - 磷酸合酶（TPS）基因也整合到烟草基因组中，发现转基因烟草在形态改变的同时耐旱性得以增强；Goddijn 等成功地利用大肠杆菌海藻糖合成酶基因复合体 OTSBA 转化马铃薯，也证实了海藻糖在转基因植物中的积累有利于抗旱性的提高。果聚糖的积累在作物抗旱方面也有一定作用，Van Camp W 等指出被子植物演化过程中果聚糖积累与一些植物耐旱能力相关；刘伟华等（2006）将果聚糖蔗糖转移酶基因（SacB）导入 4 个小麦品种的幼胚愈伤组织获得转化植株，发现转基因小麦植株的耐干旱胁迫能力明显提高。

⑤无机离子与植物抗旱性。逆境条件下无机离子积累的种类和数量因作物品种、器官的不同而存在差异，在干旱胁迫下无机离子的积累以 K^+ 的研究较多。K^+ 作为一种主要的渗透调节物质有许多优点：包括以离子状态存在、分子量小、降低渗透势作用大、对细胞无毒害作用、对原生质具水合作用、参与酶及蛋白质的保护作用等。如水分亏缺时 K^+ 的存在能促进脯氨酸的合成，K^+ 还可能参与甜菜碱的积累及 BADH 活性的调节。

（2）活性氧清除与植物抗旱性　质膜是干旱胁迫的原初反应位点。干旱胁迫时，原生质膜结构和组成均发生显著变化，致使细胞内容物大量外渗，电导率增大。胁迫时间越长，强度越大，质膜受损越大，严重时造成细胞不能维持其高度有序而稳定的内部结构而受害凋亡。通常认为，干旱胁迫下植物细胞膜系统的完整性和功能的受损程度与活性氧的大量累积直接相关。正常情况下，植物体内通过多种代谢途径会产生诸如超氧化物自由基（$\cdot O_2^-$）、羟自由基（$\cdot OH$）、过氧化氢（H_2O_2）等活性氧自由基，同时细胞内存在着能够有效清除活性氧自由基的一整套抗氧化防御系统，两者对立统一，形成动态平衡，不足以使植物受到伤害。但是一旦植物遭受逆境胁迫（如高温、干旱等），作为其最原始的反应之一，会干扰其体内细胞中活性氧产生与清除的平衡，导致作物细胞遭受氧化胁迫，特别是膜系统首先受到影响，导致膜脂过氧化，膜镶嵌多种酶结构改变，膜透性加大，离子大量泄漏，叶绿素结构破坏，严重时会导致作物因细胞膜结构破坏而死亡。

过去二十多年来，人们对干旱胁迫下作物体内活性氧的产生、伤害及其保护系统的作用进行了大量的研究，现已确定它是由 2 类物质协同参与了活性氧的清除。一类为酶促保护系统，主要有超氧化物歧化酶（SOD）、过氧化物酶（POD）、过氧化氢酶（CAT）以及谷胱甘肽还原酶（GR）等；另一类是抗氧化物质，主要包括还原型谷胱甘肽（GSH）、抗坏血酸（AsA）维生素 E（Ve）、类胡萝卜素（Car）等。研究表明，耐旱作物在干旱条件下能使保护酶活力维持在一个较高水平，有利于清除自由基，降低膜脂过氧化水平，减轻膜伤害程度，因此常将 SOD、CAT 活性和 MDA 含量及膜透性作为评价作物抗旱性的重要指标。由于 SOD 的作用是将 O_2^- 歧化为 H_2O_2 和 O_2^-，因此 SOD 是植物体防御 O_2^- 的第一道防线，故 SOD 酶被认为在抗氧化过程中最为重要。唐连顺等（1992）在玉米、张敬贤等（1990）在小麦等作物的研究已表明，抗旱品种的活性氧代谢系统对干旱胁迫反应灵敏，抗旱性与酶活性呈正相关。

近年来，通过基因工程技术手段提高作物保护酶系活性，使其耐旱性得以相应提高的研究已在许多植物中开展，现已从植物中克隆出多种 SODcDNA，其活性在转基因植株中得到验证。Prashanth 等（2008）将白骨壤的 *Sod*1 导入水稻后，增强了转基因水稻的抗旱能力。Van Camp 等（1994）将 *Mn-SOD* 基因定位到烟草的叶绿体，过量表达的 *Mn-SOD* 基因使烟草受干旱所引起的氧化伤害程度比对照明显减轻；另外，过量表达豌豆 *Cu/Zn-SOD* 的转基因烟草、表达番茄 *Cu/Zn-SOD* 的转基因烟草、表达拟南芥 *Fe-SOD* 的转基因烟草均能增强抵抗干旱胁迫的能力；研究还发现将大肠杆菌过氧化氢酶转入烟草叶绿体中获得转基因植株，由于过氧化氢酶的大量产生，使分解活性氧的能力大大增强，能消除强光下产生的对作物细胞有损伤的活性氧，使转基因烟草在缺水强光下仍能进行光合作用，并可在沙漠中存活 30d 之久。Thipyapong 等（2004）将 *PPO* 基因转移入马铃薯，发现抑制性表达 *PPO* 的转基因植株具有比非转基因对照和过表达 *PPO* 的转基因植株有更好的抗干旱胁迫能力和更低的光抑制，表明 *PPO* 在作物干旱胁迫应答中能起一定作用。

有关植物体内抗氧化物质与抗旱性关系方面的研究，在小麦、玉米、水稻等作物上已有大量报道。如 Price 等（1989）、Leprince 等（1990）在小麦、牧草和玉米种子的研究中发现耐旱性与组织维生素 E 或谷胱甘肽含量呈极显著正相关；蒋明义等（1994）的研究结果认为，在减少 MDA 累积、抑制叶绿素的氧化分解上甘露醇的作用显著；Gary 等（1991）也曾发现干旱胁迫下抗旱水稻较不抗旱水稻有较高的抗坏血酸含量。最近报道植物多酚也可作为植物体内的抗氧化物质，其中单宁是该类物质中的主要物质。其具有很强的自由基清除和抗氧化能力，一方面可通过还原反应降低体系中的氧含量，而另一方面可作为氢供体释放出氢与体系中的自由基结合，进而终止自由基所引发的一系列连锁反应，阻止氧化过程的继续传递和进行。单宁类物质还具有与维生素 C、维生素 E 等协同抗氧化效应，目前认为它们能与维生素 C、维生素 E 间互相再生或促进氧化反应的金属离子螯合使之钝化。但由于单宁类物质含量过多会影响到作物品质，因此，目前植保专家和食品专家在这一点的认识上存在分歧，进而衍生出对植物多酚的两个分支。而有关单宁在抗旱方面所表现出的清除自由基以及激活 SOD 酶活性等能力的研究尚未见报道。

近年来的研究还发现植物体内类黄酮参与植物生长发育和抵抗逆境胁迫过程，其生物学功能正受到广泛关注（Falcone Ferreyra et al.，2012；Silva-Navas et al.，2016；Henry-Kirk et al.，2018）。类黄酮是植物体内广泛存在的一类重要的次生代谢物，Seymour 等（2013）研究表明类黄酮物质在植物体内的累积会影响植物如观赏性、食用性、抗逆性等很多重要的性状；Nakabayashi 等（2014）在对类黄酮物质花青素和原花青素的研究发现，其在植物生长发育和保护植物对抗极端环境变化中起到了重要的作用；Vianello 等（2013）研究表明类黄酮可以被逆境胁迫诱导积累并作为抗氧化剂或者信号分子积极地参与到植物的逆境响应中。

（3）光合作用与植物抗旱性　实行旱作农业的前提是提高作物的抗旱性，进而提高作物的产量、质量。而实际上作物产量归根结底是作物光合作用的产物。因此，众多学者将注意力集中到干旱胁迫对光合作用的影响方面。从生理学角度看，干旱之所以降低产量首先是抑制了作物的生长，减少了个体与群体的光合面积，同时降低了光合速率，使单位面积的同化产物减少，进而减少了根、叶生长的物质基础。

一般来讲，干旱胁迫下能够维持较高的生长速度和光合速率的植物，应当具有抗旱高产的特性。光合作用是植物赖以生存的生理基础。大量研究报道表明，通常干旱胁迫会对植物光合系统造成不可逆的伤害，导致植物光合速率的降低。干旱胁迫下，叶绿体类囊体膜结构破坏，PS II 放氧复合物受到损伤，捕光色素蛋白复合物各组分发生变化，导致 CO_2 同化效率的降低。叶片光合作用主要受气孔因素和叶肉细胞光合活性的控制。因此，作物水分、养分状况和环境因子对光合作用的影响主要通过调节气孔和叶肉细胞活性达到目的。目前认为，干旱胁迫对作物光合作用的限制是通过气孔限制和非气孔限制两个方面来实现。气孔限制是指当叶片遭受干旱胁迫时由于水势下降使气孔保卫细胞的膨压相应下降，气孔导度降低，空气中 CO_2 通过气孔向叶内扩散受阻，影响光合作用正常进行；非气孔限制是指受干旱长时间胁迫导致植物叶片细胞膜透性增大、叶绿体结构破坏、光合色素解体、RuBP 羧化酶活性受抑制、光呼吸增强等方面。近年来的诸多研究结果表明，处于干旱逆境下的植物，尽管在气孔未关闭的情况下，其叶绿体光合能力就已受到抑制。因此，当轻度或中度干旱胁迫时，气孔限制起主要作用，在重度胁迫时非气孔限制占主导因素。

植物长期生长在干旱环境中，会使植物光合作用的调节运转机制及光合途径等方面发生相应的改变，以便于更好地适应逆境。Filella 等（1998）发现旱生植物并非完全偏好缺水生境，而是靠光合速率的降低来提高水分利用效率；在对内蒙古浑善达克沙地 97 种植物光合生理特征的研究也表明，干旱胁迫的加剧会使植物光合速率降低，水分利用效率升高。在光合途径方面，通常认为 C_4 和 CAM 途径的植物适应干旱和高温环境的能力更强，并且在适应过程中还表现出光合途径在一定程度上可随环境而发生改变。在对泡泡刺和芦苇光合相关酶活性的研究中发现，在干旱生境逐步加剧时，其光合途径也开始由 C_3 途径逐步向 CAM 和 C_4 途径转变。

作为光合作用的重要能源，植物的生命活动离不开充足的光照。然而，当光照强度超出植物最大光能利用效率时，就会造成光能不能及时有效地被植物加以利用或耗散，引发强光胁迫，致使光合能力降低，发生光抑制现象。干旱逆境下，往往会使植株吸收的光能超过其可利用范围，导致激发能过剩，造成光抑制，使植株受伤害程度进一步加剧。植物光抑制的消除通常依赖于体内光抑制保护机制的启动，目前公认的主要机制是叶黄素循环和非光化学淬灭。

叶黄素循环是通过不同光照条件下叶黄素的三个组分发生相互转化来达到过剩光能的利用。目前，虽对该循环过剩光能耗散的分子机理还并不清楚，但已明确其对过剩光能的耗散与类囊体膜的能量转化密切相关。许多植物在受到干旱胁迫时常会依赖叶黄素循环来防御光抑制，如：许长成等（1998）研究发现 C_4 植物玉米与 C_3 植物大豆就是以叶黄素循环的非辐射能量耗散来达到减轻光抑制伤害。非光化学淬灭（qNP）是 PS II 天线色素吸收的光不用于光合电子传递而以热能的形式耗散掉的部分，是一种自我保护机制，目前也作为评价植物过剩激发能耗散的重要荧光参数指标。近几年来，干旱胁迫下光合作用的光抑制研究取得了突破性进展。在对小麦的研究发现，抗旱性强的冬小麦品种，干旱胁迫下其光合机构受损程度越小，qP 下降幅度较小，qNP 提高幅度较大，有较强的抗旱潜能；植物光合作用的光抑制是一个极其复杂的研究课题，目前许多方面还有待于进一步深入探讨。

（4）内源激素与植物抗旱性 在土壤水分发生亏缺时，植物根系作为与土壤最直接接触者可通过某种机制来感知其水分状况，并迅速以某种方式传递到地上部，使整个植株对干旱作出迅速反应。研究发现根—冠间通信讯号目前至少有 3 种：水信号、电信号和化学信号，而植物内源激素被认为是土壤干旱信息在根与冠间传递的化学信号。

作物内源激素与抗旱性之间关系的研究近二十年来取得相当大的进展。利用某类或某几类混合激素处理可改善作物的抗旱性，如通过多铵处理水稻（浸种、喷施），可增强其抗旱性；用 ABA、BA 处理可改善作物光合色素的稳定性，减轻对光系统 II 的破坏，维持作物较高抗旱性；喷施适宜浓度的多效唑可提高玉米幼苗抗旱性等。利用转基因手段激活水稻 *GH*3.13 基因，调节叶片、茎、结节等部位的 IAA 含量，使该部位的组织结构发生变化也可以增强其对干旱的适应性；随着脱落酸（ABA）被作为根系逆境信号研究以来，其作为一种重要的胁迫激素被人们广为关注并迅速成为植物逆境生理生态学研究中的热点。ABA 的浓度对干旱反应敏感，干旱胁迫下作物启动脱落酸合成系统，合成大量的脱落酸，启动作物体内的应激反应。研究证实，干旱时 ABA 累积是一种主要的根源信号物质，根内 ABA 增加早于叶片 ABA 增加。当土壤干旱时，失水的根系产生根源信号 ABA 经木质部蒸腾到达叶的保卫细胞，抑制内流 K^+ 通道和促进苹果酸的渗出，使保卫细胞膨压下降，引起气孔关闭和某些相关基因的表达；Becker 等（2003）研究也表明 ABA 通过激活保卫细胞中的 Ca^{2+}、K^+ 和调节离子进出细胞模式来改变保卫细胞的膨压来抑制气孔开度或关闭气孔。通过施用外源 ABA 还可以促进根与叶中渗透调节物质可溶性糖和脯氨酸的含量上升，细胞的渗透势下降，细胞的保水能力提高，促进根系吸水并运输到地上部。干旱胁迫下 ABA 积累还有可能是作为信号分子，诱导或抑制与光合作用有关的基因和酶的表达来调节作物的光合利用效率，在土壤逐渐干旱过程中，ABA 能调节马铃薯（*Solanum tuberosum* L.）保卫细胞中的气孔开度和光合水分利用效率，使植株光合水分利用效率呈上升趋势。有关 ABA 含量与作物体内保护酶活性的关系，目前认为作物体内酶系统对 ABA 的响应存在一定差异，从而会影响 ABA 的生理作用效应。在小麦、棉花、玉米的研究表明 ABA 含量的积累能够提高植物体内 SOD、POD、CAT、GR 等活性，有效地调节活性氧代谢的平衡，降低膜脂过氧化程度，保护膜结构的完整性，增强作物干旱胁迫下的抗氧化能力；但 Lin 和 Kao（2001）的研究结果却表明，经 ABA 处理过的水稻幼苗根中二胺氧化酶和还原型辅酶 I 过氧化物酶的活性增加，此 2 种酶与细胞中 H_2O_2 的水平升高有关，反而不利于水稻抗氧化能力的提高；而 Ismail 等（2002）的研究同样发现辣椒的 2 种基因型在干旱条件下，不同基因型对 ABA 抑制气孔开度和叶生长上的敏感度不同；在棉花上以 ABA 处理 2 个棉花品种后，2 品种之间活性氧清除系统的反应有明显差异。说明作物对 ABA 的敏感性差异可能与不同作物种类、基因型以及不同组织和器官中 ABA 结合位点或受体的数量与活性的差异有关，也可能与作物体内其他激素的数量和功能有关，该方面应做进一步系统研究。目前，干旱胁迫下植物内源激素的研究虽已取得一定进展，但各种激素调节的生理生化机制（如渗透调节、光合作用等）还不十分清楚，同样需进一步深入研究。

（5）分子技术应用与植物抗旱性　基因的选择性表达是生物体的一个重要特征，它决定着生命活动的整个过程，基因的表达、关闭以及表达量的变化，对生命体的分化、生长发育以及细胞周期调控、衰老及死亡等生命现象起决定性作用。高等生物的不同基因量约有10万个，而在任一体细胞中正常表达的基因量仅占总量的15％左右。在高等生物的进化过程中，基因的表达具有组织特异性和生长期特异性。将不同状态下或不同类型组织或细胞内的基因表达情况进行比较，不仅能了解基因的作用方式，还可能将差异表达的基因进行分离，相关研究已成为分子生物学研究领域的焦点之一。目前常用的基因表达差异检测方法有基因表达序列分析（SAGE）、差异杂交、缩减杂交、定量逆转录PCR（Q-RT-PCR）、mRNA差异显示（DD-PCR）等技术。其中mRNA差异显示技术已被近年来的研究广为应用。

环境因子与植物生长、发育密切相关，在自然界的长期进化中，植物生长与环境间逐步形成了一种动态平衡，而这种平衡是靠植物体内相关基因（如耐旱基因、抗病基因等）的选择性表达来维持的。因此，相关基因的鉴定、分离、克隆等对提高植物的抗逆性意义重大。研究表明，干旱胁迫下高等植物的分子响应主要集中在转录和转录后水平。周建明等（1998）用DD-PCR技术分离出小麦幼苗干旱重度胁迫下表达基因 *dil* 的cDNA片段。Northern blot表明该基因表达与干旱胁迫时间呈显著正相关，并对该基因的cDNA片段进行了克隆和序列测定；郭宾会等（2003）利用该技术研究干旱胁迫下小麦幼苗共发现cDNA差异片段52条。经Reverse Northern验证及克隆、测序，确定4条同源性较低，可能为新基因；聂新辉等（2007）也分别在棉花和空心莲子草上应用该技术进行干旱胁迫下差异基因的表达研究，分别得到了不同数量的基因片段，并对可能的新基因进行了进一步分析。

基因组学（Genomics）的出现推动生物学研究进入一个全新的时期，研究的切入点从一个基因的研究转向在基因组水平上同时对大量基因的结构和功能进行系统的研究。基因组学无论从思想上还是技术方法上，已经影响生命科学的各个领域，植物的抗旱研究也不例外。近几年来，高通量二代测序技术平台已建立并日趋完善，到目前为止，已有40多种植物的基因组测序完成，甜菜的基因组也已于2014年测序完成，可为今后甜菜适应各种环境的研究、发掘甜菜抗逆性新基因及探究甜菜抗逆性反应机理提供了许多依据和参考。近几年大量的植物抗逆转录组学研究已表明，植物在受到非生物胁迫后许多抗逆基因在转录激活上存在一定相关性，其中大多为植物激素信号转导通路所调节。而在植物抗旱研究中值得关注的很多抗旱信号途径最终都涉及ABA信号通路并与衰老相关。在植物抗旱的调控网络中，转录因子扮演着十分重要的角色，目前发现参与植物抗旱调节的主要转录因子家族包括WRKY家族、NAC家族、AP2/ERF家族、bZIP家族、MYB家族等。如在葡萄中过表达DREB2A、bZIP28和一些WRKY因子，不仅在植物耐热中起作用，在植物耐旱中也有作用，且与AP2/ERF转录因子相互调节。

植物在各种非生物因子胁迫下还会引起表观遗传上的很大改变。近年来的研究表明植物表观遗传的改变是植物对突变环境适应的一种重要保护机制。随着高通量基因芯片及二代测序等检测技术的兴起，植物表观遗传学研究技术也日趋成熟，植物如何通过表观遗传的改变去适应环境、改变的分子机制是否具备稳定遗传的特性等问题备受大家关注。目前表观遗传在植物抗旱方面的研究主要集中在 DNA 的甲基化修饰、组蛋白翻译后修饰及小RNA 介导信号传导过程等方面。

（6）胁迫诱导蛋白与植物抗旱性　作物在干旱胁迫下除了体内产生一系列生理生化变化外，其基因表达也深受影响，并诱导产生许多特异基因产物。根据其功能可分为 2 类：调节蛋白、功能蛋白。调节蛋白如一些作物可通过组蛋白的调整来适应干旱；目前在功能蛋白的研究较多，主要聚焦到对 LEA 蛋白和水通道蛋白的研究。

①LEA 蛋白。胚胎发育晚期丰富蛋白（Late Embryogenesis Abundant protein，LEA）是种子发育后期产生的一类小分子特异多肽，随种子成熟过程而产生，在作物个体发育的其他阶段，LEA 蛋白能因干旱或 ABA 等诱导在作物的营养器官高水平表达，并且 LEA 蛋白表达时序和 ABA 变化相一致，对提高作物脱水耐受力有很大作用，特别是在极端干旱的情况下，被诱导出的 LEA 蛋白对作物所起的保护作用显得更为突出。因此 LEA 蛋白产生机制以及与抗旱性的关系是目前作物抗性生理研究的热点之一。目前认为 LEA 蛋白可能有以下 3 方面的作用：（a）作为脱水保护剂。可通过与细胞内的其他蛋白发生相互作用，使其结构保持稳定；也可通过给细胞内的束缚水提供一个结合衬质，从而使细胞结构在脱水中不致遭受更大的破坏。（b）作为一种调节蛋白而参与植物渗透调节。（c）通过与核酸结合而调节细胞内其他基因的表达。目前已从棉花、玉米、小麦、大豆、拟南芥等克隆了多个 LEA 蛋白的 cDNA，Hads10、Hads11、ERD10、ERD14、EmB19、pLE4、pLE25、pMA2005、pMA1949、LEA3、B8、B9、B17、D11、D19、D29、D34、RAB18、16A-D、HVA1、D113、Le2、CORl5a、pRABAT1、pcECP40、COR47、TAS14、ECP31、ECP63、ABI3 等，并通过转基因技术为在水分亏缺下 LEA 蛋白在作物保护中发挥的重要作用提供了直接证据。如在干旱诱导型启动子驱动下水稻 LEA3 蛋白基因 $OsLEA321$ 表达可显著提高其抗旱能力，减少产量损失；Byong-Jin Park 等（2005）将油菜 lea 基因转入中国卷心菜，结果明显增强了其盐和干旱的耐受性，转基因卷心菜在受胁迫时损伤症状明显延迟。另外，在 LEA 蛋白家族中，有一类含有一个或数个由 15 个氨基酸组成的富含赖氨酸保守区（EKKGIMDKIKEKLPG）的脱水蛋白，又称脱水素（dehydrin），是在研究复苏植物时发现的一类 LEA 蛋白，是一种广泛存在于高等植物的干旱诱导蛋白，关于脱水素的研究目前尚未解决的问题还很多，但研究表明编码该蛋白的基因表达受干旱、寒冷及 ABA 的诱导，为进一步利用该基因提高作物的抗旱性奠定了基础。

②膜蛋白。植物遭受干旱胁迫的基本伤害是原生质膜的损伤，目前研究较多的与干旱胁迫相关的膜蛋白有水通道蛋白、转运蛋白、离子通道蛋白等。

质膜质子泵 $H^+ - ATPase$ 是植物体内典型的离子通道蛋白，可将质子泵出细胞而形成跨膜质子动力势，影响离子运输和代谢物出入细胞。因此，质膜质子泵 $H^+ - ATPase$ 也成为目前植物抗旱领域研究的主要膜蛋白。大量研究表明，质膜 $H^+ - ATPase$ 受多种逆境条件的影响，可能是逆境的作用位点 Cas7。关于该酶受干旱胁迫诱导表达的大量研究资料表明，干旱胁迫下植物质膜 H^+-ATPase 活性变化与植物种类、品种、组织器官和不同生育时期而有所差异。在干旱胁迫程度较轻、时间较短的条件下，抗旱性较强的作物品种，其质膜 H^+-ATPase 活性高，且干旱胁迫使酶活性有所上升；当干旱胁迫严重、时间较长的条件下，对水分敏感的作物或品种质膜 H^+-ATPase 活性下降。

脂转蛋白（LTP）可与磷脂的两个酰基链结合并提高体外膜间磷脂的转移，可参与膜的生物发生及胞内脂肪酸库的调节。尽管 LTP 基因对发育和环境信号的响应很复杂，但干旱胁迫条件下，植物中 LTP 大量表达的证据已有多方面的报道。在对绿豆、菜豆、黑麦、大麦、番茄、向日葵等的研究发现，植物 LTP 在干旱胁迫适应过程中有重要作用，会受到干旱胁迫的直接诱导而表达，也会由于干旱等因素引起 ABA 含量升高而诱导类似 LTP（LTP-like）蛋白的响应。另外，研究还发现 LTP 基因对胁迫环境的应答，不仅与植物种类有关，而且也在同一株植物的不同组织和器官中存在差异表达。如番茄在 ABA、高温等处理时，只在茎中表达类似 LTP 蛋白；而大麦中干旱胁迫诱导的该基因却在根和茎中均得以表现。Trevino 等（1998）研究了番茄 LTPs 家族中受干旱诱导的表达差异性时发现 *LpLtp*1 和 *LpLtp*2 在幼叶中诱导表达，而 *LpLtp*3 在嫩叶中只有很低的表达量。LTP 基因的诱导表达因植物不同，其对各种胁迫因子的反应也是不一致的。研究发现一些大麦品种中，LTP 基因表达只受 NaCl 和 ABA 的诱导，而冷害、水杨酸和干旱不会诱导产生 LTP 的表达。

水通道蛋白（Aquaporin，AQP），又名水孔蛋白，属膜蛋白范畴，分子量 $26\sim29kD$，这类蛋白可分为 2 类：质膜水通道蛋白和液泡水通道蛋白。水通道蛋白构成了植物除导管以外的特异性水分运输通道，能调节细胞膜对水分的通透性。水通道蛋白参与了植物代谢、生长发育等许多方面的生理活动。由于对水分的吸收与运输是其主要的功能，所以在植物响应干旱胁迫时，水通道蛋白发挥重要的作用。植物 AQP 的功能目前可归纳为 4 种：①促进水的长距离运输，特别在跨细胞途径中起主要作用。②在逆境应答等过程中促进细胞内外的跨膜水分运输，调节细胞内外水分平衡。③调节细胞的胀缩。该功能主要通过存在于液泡膜上的 TIP，使水快速出入液泡以保证细胞能迅速膨胀和紧缩。④运输其他小分子物质。目前研究发现该蛋白功能的调控主要依靠基因表达调控和自身磷酸化来完成；比如干旱、低温等都会改变 rwc1 在水稻、烟草中的表达。而过量表达了拟南芥 *PIP1b* 可显著提高转基因烟草在正常生长条件下的生长、呼吸及光合效率。Johansson I 等（1998）从菠菜叶片中克隆了一个质膜水通道蛋白 PM28A，研究证明该蛋白的活性受 274 氨基酸位置上的丝氨酸磷酸化作用调节；另外还发现某类水通道蛋白还参与植物信号转导，Mariaux 等（1998）发现一种存在于耐旱植物中的水通道蛋白 Cp2PIPa，在干旱胁迫的响应中起到信号传导的作用，可引起植株宏观水平上的变化，如光合、生长速率等，为 AQP 可能作为一种信号分子提供了依据。目前，由于对编码水通道蛋白的基因知之甚少，AQP 信号转导途径还有待深入研究。

第二节　节水农业调控技术研究

水资源紧缺是一个世界性的问题，农业是最主要的水资源消耗领域。目前农业用水约占全球总用水量的 70% 左右，在一些非洲和亚洲国家，农业用水比例高达 85%～90%，因此，水资源高效利用的核心是农业水资源高效利用。人口增长、资源短缺、生态环境恶化及社会经济迅速发展的新形势使得全球水资源供需矛盾日益加剧，也给农业生产用水带来新的要求和挑战。随着全球水资源供需矛盾的日益加剧，世界各国特别是发达国家，都把发展节水高效农业作为现代农业可持续发展的重要措施。我国在近年来的农业生产实践中，也已把提高作物灌溉水的利用率和水资源再生利用率作为当前节水农业研究的主要目标和重点内容。基于作物节水理论的系统研究为基础，将传统农业节水技术与生物学、信息学、计算机、高分子材料等现代高新技术相整合，大力提升节水农业技术的科技含量，构建与我国国情相匹配的现代节水农业技术体系，加快实现我国农业由传统的粗放农业向现代化精准农业转型。

一、节水农业技术的研究现状

节水农业技术是个综合技术体系，集合了农学、植物生理、土壤化学、微生物学、环境和气象学、农业工程等多学科的综合应用技术。节水农业技术的应用至少包括 4 个方面：①减少灌溉渠系（管道）输水过程中的水量蒸发与渗漏损失，提高农田灌溉水的利用效率。②减少田间灌溉过程中的水分深层渗漏和地表流失，在改善灌水质量的同时减少单位灌溉面积的用水量。③减少农田土壤的水分蒸发损失，实现天然降水和灌溉水资源高效利用。④提高作物水分生产效率，减少作物的水分奢侈性蒸腾消耗，获得较高的作物产量和用水效益。发达国家在农业发展过程中，一直将提高灌溉水利用率、创新田间节水灌溉技术以及提升作物水分生产效率作为关键突破点，逐步建立起以高标准的衬砌渠道和压力管道输水为主的完善灌溉输水系统，并辅助以喷灌、滴灌等不断改进的地面灌技术为主的先进田间灌水技术，使得节水农业技术与经济社会发展相适应，研究重点也从起初的农业工程节水逐步向农艺节水、生物节水、水管理节水等方向倾斜，尤其重视农业节水技术与生态环境保护技术的密切结合，在水源开发利用技术、田间节水灌溉技术、农艺节水技术、用水管理技术和节水农业技术集成与产业化方面都有较大的突破。

1. 农艺节水

农艺节水属农学范畴的节水，如调整农业结构、作物结构，改进作物布局，改善耕作制度（调整熟制、发展间套作等），改进耕作技术（整地、覆盖等）等。目前利用耕作覆盖措施和化学制剂调控农田水分状况、蓄水保墒是提高农田水利用率和作物水分生产效率的有效途径。国内外已提出许多行之有效的技术和方法，如保护性耕作技术、田间覆盖技术、节水生化制剂（保水剂、吸水剂、种衣剂）和旱地专用肥等技术和产品正在不断地应用和推广。例如美国中西部广大平原地区通过应用少耕或免耕技术、作物残茬秸秆覆盖手段和化学制剂除草技术等，显著改善了农田的保土、保肥和保水效果。美国、法国等将聚丙烯酰胺（polyacrylamide，PAM）喷施在土壤表面，在抑制农田水分蒸发、防止水土流失、改善土壤结构等方面效果显著。另外，一些抗旱节水制剂（保水剂、吸水剂）系列产品先后在美国、英国、法国、日本等国家开发并在经济作物上广泛使用，也取得了较好的节水、增产效果。近年来美国还通过利用沙漠植物和淀粉类物质成功地合成了生物类的高吸水材料，在保水方面取得了重大突破。我国利用风化煤中提取的黄腐酸（Fulvic Acids，

FA）在我国推广应用并取得较好节水增产效果，该物质可以有效地引起气孔关闭，降低蒸腾，提高根系活力，增强根系对水分和养分的吸收，提高叶绿素含量和光合强度，具有抗旱和提供生长所需营养的双重功能。

国内外近年来的诸多实践已证明，依据当地自然条件和农艺节水技术提出适宜的节水高效种植模式，既可达到农业用水投入成本的降低，又能实现作物的增产增收。例如，在澳大利亚采用的粮草轮作制度中，实施豆科牧草与作物轮作，既可避免土壤有机质下降，保持土壤基础肥力，又可提高土壤蓄水保墒能力。据测算，目前所采用的合理耕作、地膜覆盖、以肥保水、以化控水等农艺措施可节水 30%；而农艺措施还可以实现均匀灌溉、改善土壤结构、保水保肥、调节田间小气候、减轻农作物病虫害发生、提高地温等特点，可实现农作物增产 20% 以上。在干旱和半干旱地区，建小水库、小塘坝、小水窖等小型水利工程，再配以深耕深松蓄水、以肥调水、合理控制群体种植密度等农艺措施，可以保证农田的稳产高产。

近年来，利用水分和养分对作物生长作用相互制约和耦合的现象提出了水肥耦合高效利用技术。该技术将提高水分和养分耦合利用效率的灌水方式、灌溉制度、根区湿润方式和范围等因素与水分和养分的有效性、根系的吸收调节功能等高效有机结合。通过改变灌水方式、灌溉制度达到以肥调水的目的，促进作物对有限水资源的充分利用，最大限度地提高水分和养分的综合利用效率。美国和以色列等国家将作物水分和养分的需求规律同农田水分和养分的实时状况相结合，通过自控滴灌系统同步精确向作物供给水分和养分，既提高了水分和养分的利用率，最大限度地降低了水分与养分的流失和污染的危险，同时也优化了水肥耦合关系，提高了农作物的产量和品质。

2. 生物节水

"生物节水"最早于 1991 年由山仑院士提出，他指出生物节水措施是按照作物需水规律所采取的对策和措施。例如，根据不同作物的需水量、需水临界期制定灌溉计划，进行作物布局。从长远来看，通过研究作物需水规律、提高植物本身的水分利用效率，就未来节水增产而言潜力巨大。生物节水与国外常用的提法"植物高效用水"意义相同，遗传改良、生理调控和群体适应是实现生物节水的 3 个主要技术途径。

作物对一定时期的有限水分亏缺有适应性和抵抗性。早在 1989 年 Turner 等就曾提出"有限水分亏缺效应"，指出水分亏缺并不总是降低产量，早期适度水分亏缺有利于某些作物的增产。这是因为作物在遭遇干旱胁迫时具有自我保护作用，而在干旱胁迫解除后，作物对以前在胁迫条件下生长发育所造成的损失具有"补偿作用"。进一步的研究表明，作物内源激素脱落酸（ABA）可以作为土壤干旱的传递信号，通过由根部向茎叶的传递来调节气孔的开闭；干旱条件下 ABA 在体内积累，气孔开度减小，以此来减小土壤含水量不足条件下叶面的过度蒸腾对作物的进一步伤害。不同作物、不同品种、不同发育阶段和不同生理过程对不同程度水分亏缺的补偿效应不同。不同作物和品种对水分亏缺的反应不同主要表现在水分利用效率差异上，如作物种间的水分利用效率（WUE）差异可达到 2～5 倍。禾谷类作物不同生理功能对水分亏缺反应影响的先后顺序为：生长—气孔运动—蒸腾作用—光合作用—物质运输。不同的生育时期对水分亏缺的敏感性不同，就小麦而言，其拔节期复水的补偿效应最大，开花期次之，分蘖期最小。这是作物需水临界期灌关键水的理论基础。在临界期合理灌水理论的基础上，进一步对作物耗水量的估算是至关重要的。目前的研究重点已从单点的单一作物耗水估算模型研究扩展到区域尺度多种作物组合下的耗水估算方法与模型研究上，根据作物及其不同生育期的需水估算，使有限的水最优分配到作物的不同生育期内，为研究适合不同地区的非充分灌溉制度提供基础数据和支撑。在一些发达国家随着遥感技术在多领域的渗透，使得采用能量平衡法估算区域作物耗水量成为可能，在近几年通过遥感获得的作物冠层温度来估算区域耗水量分布成为研究热点。

有限灌溉又称非充分灌溉或亏缺灌溉，是一种灌水量不能充分满足作物需水量的灌溉方式。20世纪60年代中期，Jensen根据作物自身具有一系列对水分亏缺的适应机制和有限缺水效应，提出了亏缺灌溉。此后进一步发展为调亏灌溉（RDI）理论和根系分区交替灌溉（CRDI）的概念和方法。调亏灌溉技术于20世纪70年代由澳大利亚研究人员提出。该技术是从作物的生理角度出发，根据作物对水分亏缺的反应，人为主动施加一定程度的干旱胁迫，以影响作物的生理生化过程，对作物进行抗旱锻炼，提高作物的后期抗旱能力，影响光合产物向不同组织器官分配，进而提高经济产量。该技术最早在果树上试验，现已发展为较成熟的体系。我国于20世纪90年代开始在大田作物上进行试验，集中研究调亏灌溉模式，主要包括调亏时期、调亏程度和调亏历时。有效的调亏灌溉在适宜的阶段还需配合适当的亏水程度和亏水历时才能充分发挥调亏灌溉的作用，实现高产、节水、优质的目标。研究表明，调亏措施适宜时期应安排在作物生长早期阶段，作物的调亏范围大致在40%~60%田间持水量，而调亏历时的研究差异较大，范围在10~55d。

控制性根系分区交替灌溉是在灌溉过程中，使土壤垂直剖面或水平面的某个区域保持干燥，仅让另一部分区域灌水湿润，使不同区域的根系交替经受一定程度的干旱胁迫锻炼，刺激根系的吸收补偿功能，使根源信号脱落酸（ABA）向上传输至叶片，调节气孔保持适宜的开度，达到不牺牲作物光合产物积累而减少其蒸腾耗水的目的。同时还可减少作物株间土壤湿润面积，降低株间蒸发损失和因水分从湿润区向干燥区侧向运动减少深层渗漏。与常规灌溉比较发现，控制性分根交替灌溉对根系生长有显著促进作用，根系分布均匀，根长密度大，根系活力高，且根系的吸收能力强；并可以降低作物叶片气孔开度和奢侈蒸腾损失；灌溉量减半时，作物产量相差不大，明显提高水分利用效率。近年来主要在桃树、梨树、苹果树和葡萄等果树上应用较多，结果表明，与常规灌溉相比，该技术可以达到调控营养生长与生殖生长，减少生长冗余，大量节水而提高水分利用效率的目的。平均单果重虽略低于常规灌溉，但产量基本未受影响。

抗旱节水新品种选育是生物节水农业的重要内容。其中WUE是作物对干旱胁迫响应的一个重要性状，具有稳定的遗传性，但WUE是受多个基因控制的，难以直接进行遗传研究和育种改良。目前，部分节水农业发达国家如以色列、美国等已将节水重点转向提高作物水分利用效率方面，主要集中于2个研究方向。一是研究在不降低作物产量的情况下，通过阻止水分通过气孔、角化层和边界层通道向大气中扩散，大幅度减少作物蒸腾量；二是研究在不增加作物相应蒸腾的情况下，大幅度增加作物产量的途径。目前一些发达国家如澳大利亚和以色列的小麦品种、以色列和美国的棉花品种、加拿大的牧草品种、以色列和西班牙的水果品种等，具有叶面积小、矮秆、短生长期等特点，有利于减少蒸腾。而我国目前已在小麦-黑麦附加系的4R染色体上发现有控制高WUE的基因，在小麦的 R 染色体上发现有高 WUE 基因的存在，这些可为小麦 WUE 的分子标记辅助选择育种和基因克隆奠定良好的基础。近年来，随着植物抗旱基因的挖掘和分离、水分高效利用相关基因的定位以及分子标记辅助选择技术、转基因技术、基因聚合技术等在抗旱节水作物品种选育上的应用，为今后实现从传统的"经验育种"到定向、高效的"精确育种"提供技术支撑和保障。

3. 水管理节水

为实现灌溉用水手段的现代化与自动化，满足对灌溉系统管理的灵活、准确和快捷的要求，发达国家的灌水管理技术正朝着信息化、自动化、智能化的方向发展。在减少灌溉输水调蓄工程的数量、降低工程造价费用的同时，既满足用户的需求，又有效地减少弃水，提高灌溉系统的运行性能与效率。

建立灌区用水决策支持系统模拟作物产量和作物需水过程，预测农田土壤干旱胁迫对产量的影响，基于互联网技术和 GIS（地理信息系统）、GPS（全球卫星定位系统）、RS（遥感）等技术完成信息的采集交换与传输，根据实时灌溉预报模型，为用户提供不同类型灌区的动态配水计划，达到优化配置灌溉用水的目的。为适应灌区用水灵活多变的特点，做到适时、适量供水，需研究灌溉输配水系统的运行模式和相应的自控技术。目前，国外多采用基于下游控制模式的自控运行方式，利用中央自动监控（即遥测、遥信、遥调）系统对大型供水渠道进行自动化管理，开展灌区输配水系统的自控技术研究。在明渠自控系统运行软件方面，着重开展对供水系统的优化调度方向研究，采用明渠非恒定流计算机模拟方法结合闸门运行规律编制系统运行的实时控制软件。

美国、澳大利亚等国已大量使用热脉冲技术测定作物茎秆的液流和蒸腾，用于监测作物水分状态，并提出土壤墒情监测与预报的理论和方法，将空间信息技术和计算机模拟技术用于监测土壤墒情。根据土壤和作物水分状态开展实时灌溉预报，一些国家已提出几种具有代表性的节水灌溉预报模型。开展适合不同地区的非充分灌溉模式研究是干旱缺水条件下灌溉用水管理的基础，随着水资源短缺的不断加剧，其研究在国内外得到普遍重视。

采用系统分析理论和随机优化技术，开展灌区多种水源联合利用的研究，以网络技术支持的智能化配水决策支持系统为基础，建立起多水源优化配置的专家系统，提出不同水源组合条件下的优化灌溉与管理模式，合理利用和配置灌区的地表水、地下水和土壤水，对其进行统一规划和管理，最大限度地满足作物对分的需求，改善灌区的农田生态环境条件。

4. 工程节水

农业工程节水技术主要是利用先进的农业科技手段对灌溉技术进行创新，相比于传统的灌溉方式，新型的节水灌溉技术可以充分提高水资源的利用效率，降低水资源的损耗，在有限的水源供应前提下，保证农作物在生长周期中能够健康生长，使农业农田水利资源能够最大限度地得到开发利用。

传统地面灌溉存在的最大不足在于缺乏对灌溉过程的精准控制。对喷灌、微灌而言，可以根据作物的需求精确控制灌溉水的总量及其在田块内的分布。传统地面灌溉虽然可对灌溉水总量进行控制，却难以控制灌溉水在田块内的分布，由此造成传统地面灌溉的灌溉效果较差。随着现代化规模经营农业的发展，构建以地面灌溉过程精量控制技术为控制手段的精细地面灌溉技术体系已成为现代地面灌溉技术发展的必然趋势与潮流，也是我国地面灌溉技术发展的新方向。现代地面灌溉技术具有如下技术特征：①应用激光控制平地技术构筑精细地面灌溉技术的基础。高精度的土地平整是现代精准农业的基础平台，只有具备了高精度的土地平整，才能真正实现精量播种、精量施肥、精确收割等。国内外的应用结果已表明，高精度的土地平整可使灌溉均匀度达到 80％以上，田间灌水效率达到70％～80％，是改进地面灌溉质量的有效措施。②应用地面灌溉实时反馈控制技术提高对灌溉过程的控制。世界各国一直都把改进地面灌溉技术的重点放在加强对灌溉全过程的控制和管理上，以便提高地面灌溉的灌水质量。随着计算技术的发展，利用数学模型对地面灌溉全过程进行分析已成为改进地面灌溉技术的重要手段。地面灌溉实时反馈控制技术通过对田间水流运动过程的监控，利用田间观测数据反求地面灌溉的控制参数，可有效地克服田间土壤性能的空间变异性，制定高效节水的地面灌溉方案，实现对地面灌溉全过程的精细控制。③应用高效节水地面灌溉技术和设备，提高地面灌溉的自动化。通过积极采用水平畦田灌溉技术、波涌灌溉技术、绳索灌溉技术等先进的地面灌溉技术，不仅使地面灌溉具有一定的自动化能力，而且也保证了高效节水效果的实现；另外，在先进的地面灌溉技术基础上，研发与先进灌溉技术相配套的关键设备也是至关重要的。美国、以色列、澳大利亚等国特别重视灌溉系统的配套性、可靠性和先进性的研究，将计算机模拟技术、自控技术、先进的成模制造工艺技术相结合，开发出高水力性能的微灌系列新产品、微灌系统施肥装置和过滤器等。世界主要发达国家一直致力于喷头的改进与研发，美国已先后开发出不同摇臂形式、不同仰角及适用于不同目的的多功能喷头，具有防风、多功能利用、低压工作等显著特点。④制定合理的灌溉制度，加强地面灌溉的田间管理。由于地面灌溉方法的局限，采用地面灌溉技术很难实现小定额灌溉。因此，在制定地面灌溉的灌溉制度时，要充分考虑到灌溉技术的制约。

农田输水系统的水量损失也是农业工程节水技术要解决的关键问题。目前，许多国家已实现灌溉输水系统的管网化和施工手段上的机械化。近年来，国内外将高分子材料应用在渠道防渗方面，开发出高性能、低成本的新型土壤固化剂和固化土复合材料，研究具有防渗、抗冻胀性能的复合衬砌工程结构形式。德国和美国已经将新型固化土复合材料GCLS 应用到渠道防渗方面，在防渗性、抗穿刺等方面体现出明显的优势。此外，管道输水技术因成本低、节水明显、管理方便等特点，已作为许多国家开展灌区节水改造的必要措施。开展渠道和管网相结合的高效输水技术研究和大口径复合管材的研制，是今后渠灌区发展输水灌溉要重点关注的技术问题。

二、节水农业技术研究发展趋势

现代节水农业技术是基于传统农业技术的一种新型发展形式，是在结合生物工程技术、计算机技术、电子信息技术、高分子材料等一系列高新技术的基础上，实现有效提升现代种植节水效率的综合措施。从支撑现代节水农业技术的基础理论而言，需将水利工程学、土壤学、作物学、生理学、遗传学、材料学、数学和化学等多学科有机地结合在一起，以降水（灌溉）—土壤水—作物水—光合作用—干物质量—经价产量的转化循环过程作为研究主线，从水分调控、水肥耦合、作物生理与遗传改良等方面出发，探索提高各个环节中水的转化效率与生产效率的机理，进而形成较为良好的节水系统。

近年来，随着科学技术的飞速发展与日新月异，一些高新技术也逐步融入节水农业领域，以物联网技术、大数据、移动互联、云计算、空间信息技术和智能装备等新一代信息技术为支撑和引领的智慧灌溉技术成为国际灌溉技术发展前沿。根据作物产量与品质、土壤性质以及管理措施的空间变化规律，采用先进技术监测土壤墒情及养分，实现作物时空变量灌溉施肥，提高作物灌溉施肥精准程度，已成为现代精准灌溉的发展趋势。借助红外遥感技术、电子信息技术以及遥感大数据分析技术等的应用，使得土壤水分动态、土壤肥力动态、水污染状况、作物水分状况等方面的数据监测、采集和处理手段得到长足发展，在融合土壤水肥实时监测信息及基于光谱分析技术与机器视觉技术的作物生长信息基础上，实现变量灌溉施肥的自动化、智能化，最终使得农业用水管理水平显著提高。纳米技术与纳米高分子复合材料的研制和创新，也将推进渠道防渗、管道灌溉、覆膜灌溉、坡面集雨等方面有质的飞跃。低能量精确灌溉（LEPA）受到广泛关注，太阳能等清洁能源在灌溉系统中的应用也将受到重视。

由单纯地作物水分—产量关系研究深入到作物水分—产量—品质耦合关系研究，不仅重视水量对产量的影响，更重视水对品质的影响；在水源问题上，从仅考虑资源型缺水到更加关注水质性缺水；在研究过程中更注重考虑农业环境、生态、景观平衡，注重生态灌区建设、农村水环境与生态保护，关注灌溉对农业局部气候的影响机制及互馈作用。农业水循环及其伴生的多尺度水热碳氮盐及生态环境过程影响农业的稳定发展，相关过程已从定性研究逐渐向定量研究方向发展，已从单一的农田水循环逐渐扩展到渠系、灌区及流域尺度。以流域尺度水转化与消耗规律为基础，应用分布式水循环模型与植物水生产模拟模型，进行流域尺度面向生态的水资源科学配置与调控，进行基于水循环和生态需水的流域尺度农业与生态节水潜力评价及节水措施科学布局，建立节水、高效和对环境友好的农业与生态高效用水模式并示范推广。在此基础上，进行区域节水的水土环境效应评价，为深入进行流域尺度水资源转化过程与节水调控研究提供依据。从农业用水单一环节的研究，转向为充分考虑输配水与水转化过程、水分消耗过程、光合产物与经济产量形成过程等农业用水多环节的系统性耦合研究。由仅关注农业水效率形成的单过程、单要素驱动作用研究，逐渐转向综合考虑作物光合、农田耗水、田间灌水等多过程耦合和水、土、肥、气、热等多要素协同作用研究，实现多过程及多要素对农田水效率的协同提升。由静态农业用水供需平衡分析，转向动态农业水循环与生态格局演变物理关系分析，实现考虑生态健康的水资源动态调配。加强农业节水对生态环境和生产的影响研究，结合国内低碳经济发展方式，考虑清洁能源的利用，对陈旧落后的井灌设备进行技术改造等，以适应节能减排的发展导向。

农业绿色高效用水要充分发挥作物潜力、田间潜力和区域潜力，以根本提升农业用水效率。要从改良作物的抗旱性出发，阐明作物抗旱性的分子基础及其生理功能，挖掘作物抗旱基因，通过基因工程手段进行抗旱基因高效重组，培育抗旱节水型和高水分利用效率型新品种，利用作物本身生理调节功能降低耗水，提高产量和作物水分生产率，挖掘作物本身的节水潜力。在农田灌水方面，利用植物生理特性改进植物水分利用策略的研究将会被持续关注，包括限水灌溉、非充分灌溉、调亏灌溉、分根区交替灌溉等由传统的丰水高产型灌溉转向节水优产型灌溉，对提高水的利用效率起到了积极作用。特别是近期发展的分根区交替灌溉成为一种干旱区全新的节水灌溉技术，目前该方面的研究已从技术层面转向对机理的揭示。今后，以作物最优生态为目标的生境过程协同调控技术研究将成为国际上作物高效用水技术的新热点，通过充分提高根区水土肥气热对作物生长的协同效应，形成实用的综合调控技术。在区域配水方面，高新技术在农业高效用水现代化管理中的应用日益广泛，各种预测技术、优化技术和灌溉用水计算机管理系统的应用将实现由静态用水向动态用水的转变，为提高灌区水资源利用率提供技术保障。揭示灌区输配水（大时滞网络）系统的动力响应机理，建立动力响应模拟模型，利用水联网云计算方法，探索模拟优化机制与过程控制方法，将为农业用水精准调配提供科学保障。

参考文献

白美健，李益农，许迪，等，2014. 精细地面灌溉实时反馈控制技术适应性分析 [J]. 灌溉排水学报，33（4）：112-117.

毕彦勇，高东升，王晓英，2005. 根系分区灌溉对设施油桃生长发育、产量及品质的影响 [J]. 中国生态农业学报，13（4）：88-90.

柏成寿，陆帼一，等，1991. 水分胁迫对番茄幼苗生长影响的研究 [J]. 园艺学报，18（4）：340-344.

蔡焕杰，康绍忠，张振华，等，2000. 作物调亏灌溉的适宜时间与调亏程度的研究 [J]. 农业工程学报，16（3）：24-27.

曹翠玲，杨力，胡景江，2009. 多效唑提高玉米幼苗抗旱性的生理机制研究 [J]. 干旱地区农业研究，27（2）：153-158.

蔡丽艳，2016. 植物形态结构与抗旱性 [J]. 内蒙古林业调查设计，39（6）：115-116.

陈建军，韩锦峰，王瑞新，等.1991. 水分胁迫下烟草光合作用的气孔与非气孔限制 [J]. 植物生理学通讯，27：415-418.

陈兆波，2007. 生物节水研究进展及发展方向 [J]. 中国农业科学，40（7）：1456-1462.

杜太生，康绍忠，胡笑涛，2005. 根系分区交替滴灌对棉花产量和水分利用效率的影响 [J]. 中国农业科学，38（10）：2061-2068.

杜太生，康绍忠，夏桂敏，2005. 滴灌条件下不同根区交替湿润对葡萄生长和水分利用的影响 [J]. 农业工程学报，21（11）：43-48.

付爱红，陈亚宁，李卫红，等，2005. 干旱、盐胁迫下的植物水势研究与进展 [J]. 中国沙漠，25（5）：744-749.

高爱丽，赵秀梅，秦鑫，1999. 水分胁迫下小麦叶片渗透调节与抗旱的关系 [J]. 西北植物学报，14（1）：38-41.

高建明，罗才波，朱婷婷，等 2007. 用差异显示技术分离空心莲子草抗旱相关基因 [J]. 华中科技大学学报，35（10）：116-118.

高洁，曹坤芳，王焕校，等，2004. 干热河谷主要造林树种光合作用光抑制的防御机制 [J]. 应用与环境生物学报，10（3）：286-291.

龚道枝，康绍忠，佟玲，2004. 分根交替灌溉对土壤水分分布和桃树根茎液流动态的影响 [J]. 水利学报（10）：112-119.

关义新，戴俊英，林艳，1995. 水分胁迫下植物叶片光合的气孔和非气孔限制 [J]. 植物生理学通讯，

31 (4)：293-297.

郭霭光，张慧，王保莉，等，1994. 干旱胁迫对小麦叶片核糖核酸酶活力及合成的影响 [J]. 核农学报，8 (2)：75-79.

郭宾会，高双成，景蕊莲，等，2003. 小麦苗期水分胁迫诱导差异表达 cDNA 的研究 [J]. 生物技术通报 (2)：20-25.

郭数进，李贵全，2009. 大豆生理指标与抗旱性关系的研究 [J]. 河南农业科学 (6)：38-41.

郭卫华，李波，黄永梅，等，2004. 不同程度的水分胁迫对中间锦鸡儿幼苗气体交换特征的影响 [J]. 生态学报，24 (12)：2716-2722.

郭相平，刘才良，邵孝候，等，1999. 调亏灌溉对玉米需水规律和水分生产效率的影响 [J]. 干旱地区农业研究，17 (3)：92-96.

贺继临，刘鸿先，1998. 干旱胁迫下不同抗旱性小麦叶片内源激素含量的变化与抗旱力强弱的关系 [J]. 热带亚热带植物学报，6 (4)：341-346.

蒋高明，2004. 植物生理生态 [M]. 北京：高等教育出版社.

蒋明义，杨文英，徐江，1990. 渗透胁迫诱导水稻幼苗超氧化物歧化酶的影响 [J]. 华北农学报，5 (3)：9-13.

景蕊莲，昌小平，胡荣海，等，1999. 变水条件下小麦幼苗的甜菜碱代谢与抗旱性的关系 [J]. 作物学报，25 (4)：494-498.

康绍忠，张建华，梁宗锁，等，1997. 控制性交替灌溉——一种新的农田节水调控思路 [J]. 干旱地区农业研究，15 (1)：1-6.

赖运平，李俊，张泽全，等，2009. 小麦苗期抗旱相关形态指标的灰色关联度分析 [J]. 麦类作物学报，29 (6)：1055-1059.

郎有忠，胡健，杨建昌，等，2003. 抗旱型稻根系形态与机能的研究 [J]. 扬州大学学报（农业与生命科学版），24 (4)：58-61.

李诚斌，施庆珊，疏秀林，等，2006.LTP 在植物抗环境胁迫中的作用 [J]. 生物技术通报 (6)：19-22.

李德顺，刘芳，马永光，2010. 玉米根系与抗旱性关系研究 [J]. 杂粮作物，30 (3)：195-197.

李广敏，关军锋，2001. 作物抗旱生理与节水技术 [M]. 北京：气象出版社.

李广敏，唐连顺，商振清，1994. 渗透胁迫对玉米幼苗保护酶系统的影响及其与抗旱性的关系 [J]. 河北农业大学学报，17 (2)：1-5.

李合生，2019. 现代植物生理学 [M]. 4 版. 北京：高等教育出版社.

李明，王根轩，2002. 干旱胁迫对甘草幼苗保护酶活性及脂质过氧化作用的影响 [J]. 生态学报 (22)：503-507.

李卫华，张承烈，2000. 泡泡刺叶磷酸烯醇式丙酮酸羧化酶季节性聚态变化 [J]. 植物生态学报，24 (3)：284-288.

李学宝，毛慧珠，白永延，1997. 酵母 pro2 基因转化紫云英的研究 [J]. 实验生物学报，30 (2)：115-121.

李志军，张富仓，2005. 控制性根系分区交替灌溉对冬小麦水分与养分利用的影响 [J]. 农业工程学报，21 (8)：17-21.

梁新华，徐兆祯，许兴，等，2001. 小麦抗旱生理研究现状与思考 [J]. 甘肃农业科技，2：24-27.

梁银丽，杨翠玲，等，1995. 不同抗旱型小麦根系形态与生理特性对渗透胁迫的反应 [J]. 西北农业学报，4 (4)：31-36.

梁峥，马德钦，汤岚，等，1997. 菠菜甜菜碱醛脱氢酶基因在烟草中的表达 [J]. 生物工程学报 (3)：

236－240.

廖光瑶，1999. SPAC 的水势热力学系统 [J]. 四川林业科技，12 (1)：47－52.

刘胜群，宋凤斌，周璇，2010. 玉米植株叶片和根系的抗旱性差异分析 [J]. 干旱地区农业研究，28
　　(4)：54－58.

刘伟华，赵秀振，梁虹，等，2006. 枯草杆菌果聚糖蔗糖酶基因转化小麦的研究 [J]. 中国农业科学，
　　39 (2)：231－236.

罗俊，张木清，吕建林，等，2000. 水分胁迫对不同甘蔗品种叶绿素 a 荧光动力学的影响 [J]. 福建农
　　业大学报，29 (1)：18－22.

吕德彬，杨建平，李莲芝，等，1994. 水分胁迫下不同小麦品种抗性反应与产量表现的相关研究 [J].
　　河南农业大学学报，8 (3)：230－235.

陆红娜，康绍忠，杜太生，等，2018. 农业绿色高效节水研究现状与未来发展趋势 [J]. 农学学报，8
　　(1)：163－170.

马旭凤，于涛，汪李宏，等，2010. 苗期水分亏缺对玉米根系发育及解剖结构的影响 [J]. 应用生态学
　　报，21 (7)：1731－1736.

孟兆江，贾大林，刘安能，等，2006. 调亏灌溉对冬小麦生理机制及水分利用效率的影响 [J]. 农业工
　　程学报，19 (4)：66－69.

米海莉，许兴，李树华，等，2002. 干旱胁迫下牛心朴子幼苗的抗旱生理反应和适应性调节机理 [J].
　　干旱地区农业研究，20 (4)：11－16.

倪郁，李唯，2001. 作物抗旱机制及其指标的研究进展与现状 [J]. 甘肃农业大学学报，36 (1)：
　　14－22.

聂新辉，曲延英，尤春源，等，2007. mRNA 差异显示分离棉花抗旱耐盐基因的相关 cDNA 片段 [J].
　　新疆农业大学学报，30 (4)：72－75.

牛书丽，蒋高明，2003. 内蒙古浑善达克沙地 97 种植物的光合生理特征 [J]. 植物生态学报，27 (3)：
　　318－324.

潘瑞炽，董愚得，1995. 植物生理学 [M]. 北京：高等教育出版社.

彭立新，李德全，束怀瑞，2002. 园艺植物水分胁迫生理及耐旱机制研究进展 [J]. 西北植物学报，22
　　(5)：1275－1281.

邱全胜，1999. 植物细胞质膜 H+－ATPase 的结构与功能 [J]. 植物学通报，16 (2)：122－126.

齐华，张振平，孙世贤，等，2008. 玉米苗期抗旱性形态鉴定指标研究 [J]. 玉米科学，16 (3)：
　　60－63.

邱全胜，1999. 渗透胁迫对小麦根质膜膜脂物理状态的影响 [J]. 植物学报，41 (2)：161－165.

石碧，狄莹，1999. 植物多酚 [M]. 北京：科学出版社.

施俊凤，孙常青，2009. 植物水分胁迫诱导蛋白研究进展 [J]. 安徽农业科学，37 (12)：5355－5357.

史文娟，康绍忠，2001. 分根区垂向交替供水对玉米生长影响的研究 [J]. 中国生态农业学报，9 (2)：
　　45－47.

宋聪，曾凡江，刘波，等，2012. 不同水分条件对头状沙拐枣幼苗形态特征及生物量的影响 [J]. 生态
　　学杂志，31 (9)：2225－2233.

孙存华，白嵩，白宝璋，等，2003. 水分胁迫对小麦幼苗根系生长和生理状态的影响 [J]. 吉林农业大
　　学学报，25 (3)：485－489.

孙歆，雷韬，袁澍，等，2005. 脱水素研究进展 [J]. 武汉植物学研究，23 (3)：299－304.

孙文越，王辉，黄久常，2001. 外源甜菜碱对干旱胁迫下小麦幼苗膜脂过氧化作用的影响 [J]. 西北植
　　物学报，21 (3)：487－491.

谭军利，王林权，李生秀，2005. 不同灌溉模式下水分养分的运移及其利用 [J]. 植物营养与肥料学报，11（4）：442 - 448.

覃鹏，杨志稳，孔治有，等，2004. 干旱对烟草旺长期光合作用的影响 [J]. 亚热带植物科学，33（2）：5 - 7.

唐连顺，李广敏，商振清，等，1992. 水分胁迫对玉米膜脂过氧化及保护酶的影响 [J]. 河北农业大学学报，15（2）：34 - 40.

汤莹，郭永杰，蔡德荣，2002. 调亏灌溉对河西绿洲春小麦生长发育和产量的影响 [J]. 甘肃农业科技（6）：23 - 24.

田丰，张永成，张凤军，等，2009. 不同品种马铃薯叶片游离脯氨酸含量、水势与抗旱性的研究 [J]. 作物杂志（2）：73 - 75.

骆爱玲，刘家尧，马德钦，等，2000. 转甜菜碱醛脱氢酶基因烟草叶片中抗氧化酶活性增高 [J]. 科学通报，45（18）：1953 - 1956.

王会肖，蔡燕，刘昌明，2007. 生物节水及其研究的若干方面 [J]. 节水灌溉（6）：32 - 36.

王密侠，康绍忠，蔡焕杰，等，2000. 调亏对玉米生态特性及产量的影响 [J]. 西北农业大学学报，28（2）：31 - 36.

王学臣，1992. 干旱胁迫下植物根与地上部间的信息传递 [J]. 植物生理学通讯，28（6）：397 - 401.

王晓琦，沙伟，徐忠文，2005. 亚麻幼苗对干旱胁迫的生理响应 [J]. 作物杂志（2）：13 - 16.

王玮，李德全，邹琦，等，2000. 水分胁迫下外源 ABA 对玉米幼苗根叶渗透调节的影响 [J]. 植物生理学通讯，36（6）：523 - 526.

王忠华，谢建坤，夏英武，2002. 转基因技术在作物抗旱改良中的应用 [J]. 生命科学，14（4）：243 - 244.

魏亦农，孔广超，曹连莆，2003. 干旱胁迫对春小麦与小黑麦光合特性影响的比较 [J]. 干旱地区农业研究，21（3）：134 - 136.

韦振泉，林宏辉，何军贤，等，2000. 水分胁迫对小麦捕光色素蛋白复合物的影响 [J]. 西北植物学报，20（4）：555 - 560.

吴沿友，张明明，邢德科，等，2015. 快速反映植物水分状况的叶片紧张度模型 [J]. 农业机械学报，46（3）：310 - 314.

肖用森，王正直，郭绍川，1996. 渗透胁迫下水稻中游离脯氨酸与膜脂过氧化的关系 [J]. 武汉植物学研究，14（4）：334 - 340.

许长成，赵世杰，樊继莲，等，1998. 干旱胁迫下大豆与玉米叶片光破坏的防御 [J]. 植物生理学报，21（1）：17 - 23.

许宏刚，吴永华，张建旗，等，2013. 8 种缀花地被植物水分状况与抗旱性的关系 [J]. 甘肃林业科技，38（2）：14 - 16.

许雯，苏梅好，朱亚芳，等，2001. 甘氨酸甜菜碱增强青菜抗盐的作用 [J]. 植物学报，43（8）：809 - 814.

许旭旦，1996. 黄腐酸（FA）研究的意义与成就 [J]. 腐植酸，1：32 - 34.

徐云刚，詹亚，2009. 植物抗旱机理及相关基因研究进展 [J]. 生物技术通报（2）：11 - 17.

严美玲，李忠，丛振红，等，2010. 水分胁迫对烟农 21 根系抗旱特性的影响 [J]. 中国农学通报，26（20）：113 - 117.

杨敏生，裴保华，朱之悌，2002. 白杨双交杂种无性系抗旱性鉴定指标分析 [J]. 林业科学，38（6）：36 - 42.

杨亚军，郑雷英，王新超，2004. 冷驯化和 ABA 对茶树抗寒力及其体内脯氨酸含量的影响 [J]. 茶叶科学，24（3）：177－182.

杨晓青，张岁岐，梁宗锁，等，2004. 水分胁迫对不同抗旱类型冬小麦幼苗叶绿素荧光参数的影响［J］. 西北植物学报，24（5）：812－816.

姚满生，杨小环，郭平毅，2005. 脱落酸与水分胁迫下棉花幼苗水分关系及保护酶活性的影响［J］. 棉花学报，17（3）：141－145.

尹光华，刘作新，李桂芳，等，2004. 水肥耦合对春小麦水分利用效率的影响［J］. 水土保持学报，18（6）：156－159.

张敬贤，崔四平，李俊明，1990. 干旱对不同抗旱小麦幼苗超氧化物歧化酶的影响［J］. 华北农学报，5（3）：9－13.

张宁，司怀军，栗亮，等，2009. 转甜菜碱醛脱氢酶基因马铃薯的抗旱耐盐性［J］. 作物学报，35（6）：1146－1150.

张岁岐，李金虎，山仑，2001. 干旱下植物气孔运动的调控［J］. 西北植物学报，21（6）：1263－1270.

张荣芝，卢建祥，1991. 旱地冬小麦形态特征及生理特性的初步研究［J］. 河北农业大学学报，14（2）：10－14.

张士功，高吉寅，宋景芝，等，1999. 甜菜碱对 NaCl 胁迫下小麦细胞保护酶活性的影响［J］. 植物学通报，16（4）：429－432.

张岁岐，山仑，2003. 二倍体小麦种间水分利用效率的差异及与根系生长的关系［J］. 作物学报，29（4）：569－573.

张彤，齐麟，2005. 植物抗旱机理研究进展［J］. 湖北农业科学（4）：107－110.

张卫星，赵致，廖景容，2004. 作物抗旱剂的应用研究进展［J］. 中国农学通报，20（6）：334－340.

张文辉，段宝利，周建云，等，2004. 不同种源栓皮栎幼苗叶片水分关系和保护酶活性对干旱胁迫的响应［J］. 植物生态学报，28（4）：483－490.

张正斌，山仑，1998. 小麦抗旱生理指标与叶片卷曲度和蜡质关系研究［J］. 作物学报，24（30）：608－612.

张正斌，徐萍，周晓果，等，2006. 作物水分利用效率的遗传改良研究进展［J］. 中国农业科学，39（2）：289－294.

张振平，孙世贤，张悦，等，2009. 玉米叶部形态指标与抗旱性的关系研究［J］. 玉米科学，17（3）：68－70.

张喜英，由懋正，王新元，1998. 冬小麦调亏灌溉制度田间试验研究初报［J］. 生态农业研究，6（3）：33－36.

赵博生，衣艳君，刘家尧，2001. 外源甜菜碱对干旱/盐胁迫下的小麦幼苗生长和光合功能的改善［J］. 植物学通报，18（3）：378－380.

赵福庚，何龙飞，罗庆云，2004. 植物逆境生理生态学［M］. 北京：化学工业出版社.

赵恢武，陈杨坚，胡鸢雷，等，2000. 干旱诱导性启动子驱动的海藻糖-6-磷酸合酶基因载体的构建及转基因烟草的耐旱性［J］. 植物学报，42（6）：616－619.

赵恢武，刘晗，于海源，等，2000. 耐旱植物厚叶旋蒴苣苔 BDN1 脱水素基因的克隆及表达特性分析［J］. 科学通报，45（15）：1648－1654.

赵金梅，周禾，王秀艳，2005. 水分胁迫下苜蓿品种抗旱生理生化指标变化及其相互关系［J］. 草地学报，13（3）：184－189.

赵永，蔡焕杰，张朝勇，2004. 非充分灌溉研究现状及存在问题［J］. 中国农村水利水电（4）：1－4.

周建明，朱群，白永延，等，1998. 水分胁迫诱导表达的小麦基因的 cDNA 片段克隆和序列分析［J］. 科学通报，43（22）：2419－2422.

Aharon R, Shahak Y, 2003. Overexpression of a plasma membrance aquaporin in transgenic tobacco improves plant vigor under favorable growth conditions but not under drought or salt stress [J]. Plant Cell, 15: 439 - 447.

An C, Mou Z L, 2011. Salicylic acid and its function in plant immunity [J]. Journal of Integrative Plant Biology, 53 (6): 412 - 428.

Arulselvi S, Selvi B, 2009. Genetic diversity of seedling traits conferring drought tolerance in pearl millet [J]. Madras Agric J, 96 (1 - 6): 40 - 46.

Atkinson N J, Urwin P E, 2012. The interaction of plant biotic and abiotic stresses: From genes to the field [J]. Journal of Experimental Botany, 63 (10): 3523 - 3543.

Attipalli R R, Kolluru V C, Munusamy V, 2004. Drought-induced responses of photosynthesis and antioxidant metabolism in higher plant [J]. Journal of Plant Physiology, 161 (11): 1189 - 1202.

Barbara D, William W, 1996. Xanthophyll cycle and light stress in nature: uniform response to excess direct sunlight among higher plant species [J]. Planta, 198: 460 - 470.

Bartels D, Sunkar R, 2005. Drought and salt tolerance in plants [J]. Critical Reviews in Plant Sciences, 24 (1): 23 - 25.

Bargali K, Tewari A, 2004. Growth and water relation Parameters in drought-stressed *coriaria nepalensis* seedlings [J]. Arid Environ, 58: 505 - 512.

Bell L W, Williams A H, Ryan M H, et al., 2007. Water relations and adaptations to increasing water deficit in three perennial legumes, *Medicago sativa*, *Dorycnium hirsutum* and *Dorycnium rectum* [J]. Plant Soil, 290: 231 - 243.

Becker D, Hoth S, Ache P, et al., 2003. Regulation of the ABA sensitive Arabidopsis potassium channel gene GORK in response to water stress [J]. FEBS Lett, 554: 119 - 126.

Bravo L A, Gallardo J, Navarrete A, et al., 2003. Cryoprotective activity of a cold-induced dehydrin purified from barley [J]. Physiol Plant, 118: 262 - 269.

Byong-Jin Park, Zaochang Liu, Akira Kanno, et al., 2005. Genetic improvement of Chinese cabbage for salt and drought tolerance by constitutive expression of a *B. napus* LEA gene [J]. Plant Science, 169: 553 - 558.

Chaliners D J, Burge P H, Mitchell P D, 1986. The mechanism of regulation of Bartlett pear fruit and vegetative growth by irrigation withholding and regulated deficit irrigation [J]. Journal of the American Society for Horticultural Science, 11 (6): 944 - 947.

Chaudhary S, Crossland L, 1996. Identification of tissue-specific, dehydration-responsive elements in the Trg-31 promoter [J]. Plant Mol Biol, 30: 1247 - 1257.

Chen W, Provart N J, Glazebrook J, et al., 2002. Expression profile matrix of *Arabidopsis* transcription factor genes suggests their putative functions in response to environmental stresses [J]. The Plant Cell Online, 14 (3): 559 - 574.

Chinnusamy V, Zhu J K, 2009. Epigenetic regulation of stress responses in plants [J]. Current Opinion in Plant Biology, 12 (2): 133 - 139.

Chipilski R, Andonov B, Boyadjieva D K, et al., 2009. A study of a germplasm *T. aestivum* L. for breeding of drought tolerance [J]. Journal of Agricultural Science and Forest Science, 8 (2): 44 - 48.

Chung G C, Matsumoto H, 1989. Localization of the NaCl-sensitive membrane fraction in cucumber root by centrifugotion on sucrose density gradients [J]. Plant Cell Physiol, 30 (8): 1133 - 1138.

Danuta C, Romualda K, Agnieszka C, 2008. Inuence of long-term drought stress on osmolyte accumulation in sugar beet (*Beta vulgaris* L.) plants [J]. Acta Physiol Plant, 30: 679 - 687.

Davies W J, Wilkinson S, Loveys B, 2002. Stomatal control by chemical signalling and the exploitation of this mechanism to increase water use efficiency in agriculture [J]. New Phytologist, 153 (3): 449 - 460.

Davies W J, Zhang J, 1991. Root signals and the regulation of growth and development of plants in drying soil [J]. Ann Rev Plant Physiol Mol. Biol., 42: 55 - 76.

Demmig Adams B, 1990. Carotenoids and photoprotection in plants: A role for the xanthophylls zeaxanthin [J]. Biochimica etBdophysicActa, 1020: 1 - 24.

Delauney A J, Hu C A A, Kavi K P B, 1993. Cloning of ornithine delta-aminotransferase cDNA from vigna-aconitifolia by trans-complementation in Escherichia coli and regulation of proline biosynthesis [J]. J Biol Chem, 268 (25): 18673 - 18678.

Dicko M H, Gruppen H, Barro C, et al., 2005. Impact of phenolic compounds and related enzymes in sorghum varieties for resistance and susceptibility to biotic and abiotic stresses [J]. Journal of Chemical Ecology, 31 (11): 2671 - 2688.

El-Hafid R, Smith D H, Karrou M, et al., 1998. Physiological responses of spring durum wheat cultivars to early-season drought in a mediterranean environment [J]. Annals of Botany, 81 (2): 363 - 370.

Falcone Ferreyra M L, Rius S P, Casati P, 2012. Flavonoids: biosynthesis, biological functions, and biotechnological applications [J]. Frontiers in Plant Science, 3: 222.

Filella I, Liusia J, Piol J, 1998. Leaf gas exchange and the fluorescence of Phillgra latifolia, Pistacia lentiscus and Quercus ilex samplings in severe drought and high temperature conditions [J]. Environmental and Experimental Botany, 39: 213 - 219.

Foolad M R, Winicov I, 1993. Mapping salt-tolerance genes in tomato (*Lycopersicon esculentum*) using trait-based marker analysis [J]. Theor Appl genet, 87: 184 - 192.

Fricke W, Pahlich E, 1990. The effect of water stress on the vacuole compartmentation of proline in potato cell suspension culture [J]. Physiol Plant, 78: 374 - 378.

Fujita M, Fujita Y, Noutoshi Y, et al., 2006. Crosstalk between abiotic and biotic stress responses: A current view from the points of convergence in the stress signaling networks [J]. Current Opinion in Plant Biology, 9 (4): 436 - 442.

Garcia-Garrido J M, Menossi M, Puigdomenech P, et al., 1998. Characterization of a gene encoding an abscisic acid-inducible type-2 lipid transfer protein from rice [J]. FEBS Letter, 428 (3): 193 - 199.

Gindaba J, Rozanov A, Negash L, 2004. Response of seedlings of two Eucalyptus and three deciduous tree species from Ethiopia to severe water stress. Ecol Manage, 201: 119 - 129.

Gila G, Noga S, Ofer G, 2009. Histone modifications associated with drought tolerance in the desert plant Zygophyllum dumosum Boiss [J]. Planta, 231: 27 - 34.

Glenn T, Emma V, Kevin B, et al., 1999. Map positions of SFR genes in relation to other freezing related genes of *Arabidopsis thaliana* [J]. The Plant Journal, 17 (4): 445 - 452.

Goddijn O J M, Verwoerd T C, Voogd E, et al., 1997. Inhibition of trehalase activity enhances trehalose accumulation in transgenic plants [J]. Plant Physiol, 113: 181 - 190.

Gray O K, Singh B P, 1991. Physiological significance of ascorbic acid in relation to drought resistance in rice (*Oryza Satival*) [J]. Plant and Soil, 34: 219 - 223.

Grieve C M, Mass E V, 1984. Betain accumulation in salt-stressed sorghum [J]. Physiologia plantarum, 61: 167 - 171.

Gubiš J, Vaňková R, Ervená V, et al., 2007. Transformed tobacco plants with increased tolerance to drought [J]. South African Journal of Botany, 73: 505 - 511.

Gutzat R, Mittelsten Scheid O, 2012. Epigenetic responses to stress: Triple defense? [J]. Current Opinion in Plant Biology, 15 (5): 568 - 573.

Hara M, Terashima S, Kuboi T, 2001. Characterization and cryoprotective activity of cold-responsive dehydrin from *Citrus unshiu* [J]. Plant Physiol, 158: 1333 - 1339.

Haisel D, Pospíšilová J, Synková H, et al., 2006. Effects of abscisic acid or benzyladenine on pigment contents, chlorophyll fluorescence, and chloroplast ultrastructure during water stress and after rehydration [J]. Photosynthetica, 44 (4): 606 - 614.

Hajibagheri M A, Yeo A R, Flowers T J, et al, 1989. Salinity resistance in Zea mays: fluxes of potassium, sodium and chloride, cytoplasmic concentration and microsomal membrane lipids [J]. Plant Cell environ, 12: 133 - 142.

Hanson A D, Wyse R, 1982. Biosynthesis, transition and accumulation of betaine in sugar beet and its progenitors in relation to salinity [J]. Plant Physiol, 70: 1191 - 1198.

Harris N, Chrispecls M J, 1975. Histochemical and biochemical observation on storage protein metabolism and protein body autolysis in cotyledons of germinating mung beans [J]. Plant Physiol, 56: 292 - 299.

Henry-Kirk R A, Plunkett B, Hall M, et al., 2018. Solar UV light regulates flavonoid metabolism in apple (Malus ×domestica) [J]. Plant Cell and Environment, 41 (3): 675 - 688.

Holmström K O, Mantyla E, Welin B, et al., 1996. Drought tolerance in tobacco [J]. Nature, 379: 683 - 684.

Huffaker E C, Peterson L W, 1974. Protein turnover in plants and possible means of its regulation [J]. Ann Rev Plant Physiol, 25: 363.

Hugo B, 2004. Osmotic adjustment in transgenic citrus rootstock Carrizo citrange overproducing proline [J]. Plant Science, 167 (6): 1375 - 1381.

Ingram J, Bartels D, 1996. The molecular basis of dehydration tolerance in plants [J]. Annu Rev Plant Physiol Plant Mol Biol, 47: 377 - 403.

Ishitani M, Nakanura T, Han S Y, 1995. Expression of the betaine aldehyde dehydrogenase gene in barley in response to osmotic stress and abscisic acid [J]. Plant Mol Biol, 27: 307 - 315.

Ismail M R, Davies W J, Awad M H, 2002. Leaf growth and stomatal sensitivity to ABA in droughted pepper plants [J]. Sci Horticul, 96: 313 - 327.

Jackson M B, 1993. Are plant homones involved in root to shoot communication [J]. Adv Bot Res, 85: 183 - 187.

Jadranka L, Ivana M, Lana Z, et al., 2009. Histological characteristics of sugar beet leaves potentially linked to drought tolerance [J]. Industrial Crops and Products, 30: 281 - 286.

Jang J Y, Kim D G, Kim Y, el al., 2004. An expression analysis of a gene family encoding plasma membrane aquaporins in response to abiotic stresses in *Arabidopsis thaliana* [J]. Plant Mol Biol, 54 (5): 713 - 725.

Jiang G M, Dong M, 2000. A comparative study on photosynthesis and water use effciency between clonal and Non clonal plant species along the northeast China Transect (NECT) [J]. Acta Botanica Sinica, 8: 855 - 863.

Johansson I, Karisson M, Shukla V K, et al., 1998. Water transport activity of the plasma membrane aquaporin PM28A is regulated by phosphorylation [J]. Plant Cell, 10: 451 - 459.

Kader J C，1996. Lipid-transfer proteins in plants［J］. Annu Rev Plant Physiol Mol Biol，47：627－654.

Kaur-sawhney R，Altman A，Galston A W，1978，Dual mechanisms in polyamine-mediated control of ribonuclease activity in oat leaf protoplasts［J］. Plant Physiol，62：158－160.

Kholová J，Hash C T，Kakkeral A，2010. Constitutivewater-conserving mechanisms are correlated with the terminal drought tolerance of pearl millet［*Pennisetum glaucum*（*L.*）*R. Br.*］［J］. Journal of Experimental Botany，61（2）：369－377.

Koes R，Verweij W，Quattrocchio F，2005. Flavonoids：a colorful model for the regulation and evolution of biochemical pathways［J］. Trends in Plant Science，10（5）：236－242.

Koster K L，1991. Glass formation and desiccation tolerance in seeds［J］. Plant Physiol（96）：302－304.

Leprince O，Deltour R，Thorpe P C，et al.，1990. The role of free radicals and radical processing systems in loss of desiccation tolerance in germinating maize（*Zea mays L.*）［J］. New Phytologist，116（4）：573－580.

Longenberger P S，Smith C W，Duke S E，et al.，2009. Evaluation of chlorophyll fluorescence as a tool for the identification of drought tolerance in upland cotton［J］. Euphytica，166：25－33.

Ludlow M M，Muchhow R C，1990. A critical evaluation of the traits for improving crop yield in water-limited environments［J］. Advanced in Agronomy，43：107－153.

Ma C C，Gao Y B，Guo H Y，et al.，2003，Interspecific transition among *Caragana microphylla*，*C. davazamcii* and *C. korshinskii* along geographic gradient II. Characteristics of photosynthesis and water metabolism［J］. Acta Botanica Sinica，10：1228－1237.

Mariaux J B，Bockel C，Salamini，el al.，1998. Desiccation-and abscisic acid-responsive genes encoding major intrinsic proteins（MIPs）from the resurrection plant *Craterostigma plantagineum*［J］. Plant Molecular Biology，38：1089－1099.

Mcoue K F，Hanson A D，1992. Salt-inducible betaine aldehyde dehydrogenase from sugar beets：cDNA cloning and expression［J］. Plant Mol Biol，18：1－11.

Miyagawa Y，Tamoi M，Shigeoka S，2000. Evaluation of the defense system in chloroplasts to photooxidative stress caused by paraquat using transgenic tobacco plants expressing catalase from Escherichia coli［J］. Plant Cell Physiol，41（3）：311－320.

Mohsen H，Mohammad A N，Hossein A，et al.，2005. Proteome analysis of sugar beet leaves under drought stress［J］. Proteomics，5：950－960.

Morillon R，Chrispeels M J，2001. The role of ABA and the transpiration stream in the regulation of the osmotic water permeability of leaf cells［J］. Proc Natl Acad Sci USA，98（24）：14138－14143.

Muhammad F，Abdul W，Dong-Jin L，2009. Exogenously applied polyamines increase drought tolerance of rice by improving leaf water status，photosynthesis and membrane properties［J］. Acta Physiol Plant，31：937－945.

Muhammad A A，Amjad A，Shahid N，et al，2009. Morpho-physiological criteria for drought tolerance in sorghum（*Sorghum bicolor*）at seedling and post-anthesis stages［J］. Int. J. Agric. Biol.，11（6）：674－680.

Munne-Bosch S，Penuelas J，2004. Drought-induced oxidative stress in strawberry tree（*Arbutus unedo L.*）growing in Mediterranean field conditions［J］. Plant Science，166（4）：1105－1110.

Nakabayashi R，Mori T，Saito K，2014. Alternation of flavonoid accumulation under drought stress in *Arabidopsis thaliana*［J］. Plant Signaling & Behavior，9（8）：e29518.

Nakamura T，Yokota S，Muramoto Y，et al.，1997. Expression of a detaine aldehyde dehydrogenose gene in rice, a glycien betaine non-accumulator, and possible localization of its protein in peroxisomes [J]. Plant Journal, 22: 1115 - 1120.

O'Shaughnessy S A, Evett S R, Colaizzi P D, et al. , 2015. Dynamic prescription maps for site-specific variable rate irrigation of cotton [J]. Agricultural Water Management, 159: 123 - 138.

Ouvrard O, Cellier F, Ferrare K, et al. , 1996. Identification and expression of water stress-and abscisic acid-regulated genes in a drought-tolerant sunflower genotype [J]. Plant Mol Biol, 31 (4): 819 - 829.

Passioura J B, 1988. Root signals control leaf expansion in wheat seedlings growing in drying soil [J]. Functional Plant Biology, 15: 687 - 693.

Passioura J B, 2002. Environmental biology and crop improvement [J]. Functional Plant Biology, 29 (5): 537 - 546.

Picotte J J, Rhode J M, Cruzan M B, 2009. Leaf morphological responses to variation in water availability for plants in the Piriqueta caroliniana complex [J]. Plant Ecology, 200: 267 - 275.

Plant A L, Cohen A, Moses M S, et al. , 1991. Nucleotide sequence and spatial expression pattern of drought-and abscisic acid-induced gene of tomato [J]. Plant Physiol, 97: 900 - 906.

Prashanth S R, Sadhasivam V, Parida A, 2008. Over expression of cytosolic copper/zinc superoxide dismutase from a mangrove plant Avicennia marina in indica Rice var Pusa Basmati-1 confers abiotic stress tolerance [J]. Transgenic Research, 17: 281 - 291.

Price A H, Hendry G A F, 1989. Stress and the role of activated oxygen scavengers and protective enzymes in plants subjected to drought [J]. Biochemical Society Transactions, 17 (3): 493 - 494.

Pyankov V I, Gunin P D, 2000. C_4 plants in the vegetation of Mongolia: their natural occurrence and geographical distribution in relation to climate [J]. Oecologia, 123: 15 - 31.

Quintero J M, Fournier J M, Benlloch M, 1999. Water transport in sunflower root systems effects of ABA, Ca^{2+} status and $HgCl_2$ [J]. J Exp Bot, 339: 1607 - 1612.

Rabbani M A, 2004. Monitoring expression profiles of rice genes under cold, drought, and high-salinity stresses and abscisic acid application using cDNA microarray and rNA Gel-blot analyses [J]. Plant physiology, 133 (4): 1755 - 1767.

Saad R B, Zouari N, Ramdhan W B, et al, 2010. Improved drought and salt stress tolerance in transgenic tobacco overexpressing a novel A20/AN1 zinc-finger 'AlSAP' gene isolated from the halophyte grass Aeluropus littoralis [J]. Plant Mol Biol, 72: 171 - 190.

Rathinaseabapathi B, Mccue K F, Gage D A, et al. , 1994. Metabolic engineering of glycine betaine synthesis-plant betaine aldehyde dehydrogenases lacking typical transit peptides are targeted to tobacco chloroplasts where they confer betaine aldehyde resistance [J]. Planta, 193: 155 - 162.

Rhodes D, Hanson A D, 1993. Quaternary ammonium and tertiary sulfonium compounds in higher plant [J]. Annu Rev Plant Physiol and Plant Mol Biol, 44: 357 - 384.

Rocheta M, Becker. D, Coito J L, et al, 2014. Heat and water stress induce unique transcriptional signatures of heat-shock proteins and transcription factors in grapevine [J]. Functional Integrative Genomics, 14 (1): 135 - 148.

Roldán A, Díaz-Vivancos P, Hernández J A, et al. , 2008. Superoxide dismutase and total peroxidase activities in relation to drought recovery performance of mycorrhizal shrub seedlings grown in an amended semiarid soil [J]. Plant Physiology, 165 (7): 715 - 722.

Rushton D L, Tripathi P, Rabara R C, et al. , 2012. WRKY transcription factors: Key components in abscisic acid signalling [J]. Plant Biotechnology Journal, 10 (1): 2 - 11.

Russell B L, Rathinasabspathi B, Hanson A D, 1998. Osmotic stress induces expression of choline monoo-xygenase in sugar beet and Amaranth [J]. Plant Physiol, 116: 859 – 865.

Sakurai J, Ishikawa F, Yamaguchi T, et al., 2005. Identification of 33 rice aquaporin genes and analysis of their expression and function [J]. Plant Cell Physlol, 46 (9): 1568 – 1577.

Savoure A, Jaona S, 1995. Isolation, Characterization and chromosomal location of a gene encoding the Δ-pytroline-5-carboxylate synthetase in *Arabidopsis thaliana* [J]. FEBS Lett, 372: 13 – 19.

Schmitter P, Fröhlich H L, Dercon G, et al., 2012. Redistribution of carbon and nitrogen through irriga-tion in intensively cultivated tropical mountainous watersheds [J]. Biogeochemistry, 109 (1 – 3): 133 – 150.

Schmitz R J, Zhang X, 2011. High-throughput approaches for plant epigenomic studies [J]. Current O-pinion in Plant Biology, 14 (2): 130 – 136.

Schoups G, Hopmans J W, Young C A, et al., 2005. Sustainability of irrigated agriculture in the San Joaquin Valley, California [J]. Proceedings of the National Academy of Science of the United States of America, 102 (43): 15352 – 15356.

Seneoka H, Nagasaka C, Hahn D T, et al., 1995. Salt tolerance of glycinebetaine deficient and constain-ing maize lines [J]. Plant Physiol, 107: 631 – 638.

Seymour G B, Chapman N H, Chew B L, et al., 2013. Regulation of ripening and opportunities for con-trol in tomato and other fruits [J]. Plant Biotechnology Journal, 11 (3): 269 – 278.

Silva-Navas J, Moreno-Risueno M A, Manzano C, et al., 2016. Flavonols mediate root phototropism and growth through regulation of proliferation-to-differentiation transition [J]. The Plant Cell, 28 (6): 1372 – 1387.

Subbarao G V, Chau Y S, Johansen C, et al., 2000. Patterns of osmotic adjustment in pigeonpea-its im-portance as a mechanism of drought resistance [J]. European Journal of Agronomy, 12 (34): 239 – 249.

Szoke A, Miao G H, Hong Z, et al., 1992. Subcellular location of Δ'-pytroline-5-carboxylate reductase in root/nodule and leaf of soybean [J]. Plant Physiol, 99: 1642 – 1694.

Thipyapong P, Melkonian J, Wolfe D W, et al., 2004. Suppression of polyphenol oxidases increases stress tolerance in tomato [J]. Plant Science, 167: 693 – 703.

Torres-Schumann S, Godoy J A, Pintor-Toro J A, et al., 1992. A probable lipid transfer protein gene is induced by NaCl in stems of tomato plants [J]. Plant Mol Biol, 18 (4): 749 – 757.

Trevino M B, O'Connell M A, 1998. Identification of biotic and abiotic stress up-regulated ESTs in Gos-sypium arboretum [J]. Plant Physiol, 116 (4): 1461 – 1468.

Van C W, Capiau K, Montagu M V, 1996. Enhancement of oxidative stress tolerance in transgenic tobac-co plants overproducing Fe-superoxide dismutase in chloroplasts [J]. Plant Physiol, 112: 1703 – 1714.

Van C W, Willekens H, Bowler C, et al., 1994. Elevated levels of superoxide-dismutase protect trans-genic plants against ozone damage [J]. Bio-Technology, 12: 165 – 168.

Vianello A, Patui S, Bertolini A, et al., 2013. Plant Flavonoids-Biosynthesis, Transport and Involve-ment in Stress Responses [J]. International Journal of Molecular Sciences, 14 (7): 14950 – 14973.

Vogel S, 2009. Leaves in the lowest and highest winds: temperature, force and shape [J]. New Phytolo-gist, 183: 13 – 26.

Weigle P, Weretilnyk E A, Hanson A D, 1986. Betain aldhyde oxidation by spinach chloroplasts [J]. Plant Physiol, 82: 753 – 759.

Weretilnyk E A，Hanson A D，1990. Molecular cloning of a plant betaine aldehyde dehydrogenase，an enzyme implicated in adaption to salinity and drought [J]. Proc Natl Acad Sci USA，87：2745 - 2749.

Werner B H，Klaus P，2000. Influence of drought on mitochondrial activity，photosynthesis，nocturnal acid accumulation and water relations in the CMA plant *Prenia sladeniana* (ME-type) and *Crassula lycopodioides* (PEPCK-type) [J]. Annals of Botany，86 (3)：611 - 620.

Welsh J，Chada K，Dalal S S，et al.，1992. Arbitrarily primed PCR finger printion of RNA [J]. Nucl Acid Res，19 (20)：4965 - 4970.

Wincov I，1998. New molecular approaches to improving salt tolerance in crop plants [J]. Ann Bot，82：703 - 710.

Wittenbach V A，1977. Induced senescence of intact wheat seedlings and its reversibity [J]. Plant Physiol，59：1 039.

Wu L Q，Fan Z M，Guo L，et al.，2005. Over-expression of the bacterial nhaA gene in rice enhances salt and drought tolerance [J]. Plant Science，168：297 - 302.

Xiao B，Huang Y，Tang N X，et al.，2007. Over-expression of a LEA gene in rice improves drought resistance under the field conditions [J]. Theoretical and Applied Genetics，115 (1)：35 - 46.

Yan G H，Sai T T，Komeda Y，et al.，1997. Arabidopsis thaliana ECP 63 encoding a LEA protein is located in chromosome 4 [J]. Gene，184 (1)：83 - 88.

Yang J，Zhang J，Wang Z，2001. Remobilization of carbon reserves in response to water deficit during grain filling of rice [J]. Field Crops Research，71：47 - 55.

Yoshiba Y，Kiyosue T，1996. A nuclear gene encoding mitochondrial proline dehydrogenase，an enzyme involved in proline metabolism，is upregulated by proline but downregulated by degydration in Arabidopsis [J]. Plant Cell，8：1323 - 1335.

Zhang S W，Li C H，Cao J，et al.，2009. Altered architecture and enhanced drought tolerance in rice via the down-regulation of indole-3-acetic Acid by TLD1/OsGH3. 13 activation [J]. Plant Physiology，151：1889 - 1901.

Zheng W J，Zheng X P，Zhang C L，2000. A survey of photosynthetic carbon metabolism in 4 ecotypes of Phragmites australis in northwest China：leaf anatomy，ultrastructure，and activities of ribulose 1，5-bisphosphate carboxlase，phosphoenopyruvate carboxylase and glycollate oxidase [J]. Physiol Plant，110：201 - 208.

CHAPTER 2 | 第二篇

甜菜抗旱的生理生化基础

第三章 甜菜概述

甜菜是始于18世纪的一种糖料栽培作物，也是我国目前仅次于甘蔗的重要糖料作物。其块根可以作为制糖原料，茎叶可以作为良好的牲畜饲料，同时制糖过程中的副产品经过发酵或化学方法处理还可以加工生产酒精、味精、颗粒粕（优质饲料）以及培养酵母等。历史和实践证明，发展甜菜生产，对于保障国家食用糖稳定供应、促进农业产业结构调整、带动区域经济发展、助力脱贫攻坚等方面具有重要意义。

第一节 甜菜的种类与分布

一、甜菜的种类

甜菜（*Beta vulgaris* L.）属藜科（Chenopodiaceae）甜菜属（*Beta*）。甜菜属在植物分类学上的位置关系如表3-1所示。

表3-1 甜菜属的植物分类学位置

分类类别	所属类别
门（Phylum）	绿色植物门（Chlorophyta）
亚门（Subhylum）	维管束植物亚门（Tracheophyta）
纲（Class）	被子植物纲（Angiospermae）
亚纲（Subclass）	双子叶植物亚纲（Dicotyledoneae）
目（Order）	藜目（Chenopodiales）
科（Family）	藜科（Chenopodiaceae）
亚科（Subfamily）	甜菜亚科（Betoideae）
族（Tribe）	甜菜族（Beteae）
属（Genus）	甜菜属（*Beta*）

1. 野生品种

野生的甜菜种类较多，人们熟知的有14种，即滨海甜菜、大果甜菜、叉根甜菜、大根甜菜、花边果甜菜、中间型甜菜、三蕊甜菜、冠状花甜菜、矮生甜菜、维比纳甜菜、平伏型甜菜、碗状花甜菜、东方甜菜和单胚甜菜。作为野生甜菜品种的代表，这些品种普遍具有相对庞大的根系、单胚性和抗逆境能力，利用这些特性可为今后甜菜种质资源的开发与创新提供宝贵资源。

2. 栽培品种

目前甜菜栽培品种依据其主要用途，可分为 4 种类型。

（1）糖用甜菜 糖用甜菜属二年生草本植物，是制糖工业的主要原料，原产地中海沿岸。分布于 65°N 至 45°S 之间的冷凉地区，其中以俄罗斯、法国、美国、波兰、德国和中国种植较多。属直根系，主根肥大而形成肉质块根，以楔形、圆锥形和纺锤形为主，其块根的产量和含糖率均较高。块根分根头、根颈和根体 3 部分。含糖量以根头最低，根颈较高，根体最高。从根体横断面看，以中层含糖量最高，内层次之，外层最少。叶丛低矮，叶型变异大，有心形、长椭圆形和舌形等，叶面皱缩不平，下面有粗壮凸出的叶脉，全缘或略呈波状，单株平均出叶 50～70 片。茎直立，长叶柄，叶柄粗壮。

种株第 2 年进入生殖生长阶段。由根头的芽发育成花枝。按花枝形态可分单枝型、混合枝型和多枝型 3 种。两性花，通常由 3～5 朵花聚生于花枝上。聚花果中有多粒种子，称多粒型种球；单生的花形成单果，仅含 1 粒种子，称单粒型种球。种球是坚果和蒴果的中间型果。种子小、肾形。

甜菜制糖加工时，原料清洗后先将块根切成细丝，在热水中浸出糖汁，再用碳酸法清净，继之以脱色、蒸发、结晶、分蜜等工序，最后制出白砂糖，再加工成绵白糖。

（2）食用甜菜 俗称红甜菜，与叶用甜菜属同一变种，其根和叶为紫红色，因此也称火焰菜。块根类似大萝卜，可食用，生吃略甜，在乌克兰、俄罗斯等许多国家作为一种蔬菜仍有较大面积的种植。

红甜菜主根发达，呈细长圆锥状，其上密生两列侧根，营养生长期内茎短缩，叶着生短缩茎上，叶柄发达鲜红色，叶长卵圆型，叶片肥厚，表面有光泽，翠绿色。抽薹后发生多数长穗状花序的侧花茎，构成复花状花序，每 2～4 朵花簇生于主茎侧花茎的叶腋中。花粉色香味浓，为两性花，异花授粉，雌蕊先熟花粉靠风传播。种子成熟时外面包有花被形成的木质化果皮，因数朵花密集着生，在开花和种子发育过程中，相近的花被结合在一起形成聚合果，内含 2～3 粒种子，因而种子使用寿命可达 3～4 年。

红甜菜营养丰富，含有粗蛋白、可溶性糖、粗脂肪、膳食纤维、维生素 C、烟酸等，同时还富含磷、钾、钙、镁、铁、铜、锌、锰、钠等矿质元素。其中每 100g 干物质含粗蛋白约 1.38g，纤维素约 2.87g，脂肪约 0.1g，维生素 A 约 2.14mg，维生素 B 约 10.05mg，维生素 C 约 45mg；矿质元素含量分别为磷约 33.6mg、钾约 164mg、钙约 75.5mg、镁约 63.1mg、铁约 1.03mg、锌约 0.24mg、锰约 0.15mg。

此外红甜菜还可作为观赏植物，红梗绿叶艳丽无比，可作为盆栽观赏植物或种在菜田周围及院内路边美化环境。

（3）叶用甜菜 俗称君荙菜、厚皮菜。其叶片肥厚，叶柄粗长，叶卵圆或长卵圆形，肥厚，表面皱缩或平展，有光泽，呈绿色或紫红色。根系发达长圆锥状，侧根发达。营养生长时期茎短缩，生殖生长时期抽生花茎。果实为聚合果，含 2～3 粒种子，种子肾形，棕红色。叶用甜菜具有较强的抗寒、耐热能力。它既可作为蔬菜食用，也可作为草药及饲料。既可不断播种采食幼株，也可栽植一次连续采食叶片，供应时间长，为大众蔬菜。

叶用甜菜可能是栽培甜菜中最早的一种甜菜类型，是从近东地区的滨海甜菜中分离筛选出来的，大约在公元前 5 世纪由阿拉伯人引入我国。在我国叶用甜菜主要分布在长江、黄河流域及西南地区种植。我国的叶用甜菜现已初步被划分为5种类型：泊色叶用甜菜、绿色叶用甜菜、四季叶用甜菜、卷叶叶用甜菜和红色叶用甜菜。目前，叶用甜菜在个别地区仍作为蔬菜栽培。此外叶用甜菜由于具有抗褐斑病性、抗逆性等特点，所以在糖甜菜或饲料甜菜育种中常被作为育种原始材料加以利用。

(4) 饲用甜菜　饲用甜菜是藜科甜菜属甜菜种的一个变种（*Beta vulgaris* L. var. *crassa* Joh.），又名饲料萝卜。二年生块根多汁饲料作物，产量高，适口性好，易消化，是牛、羊、猪等均喜食的饲料作物。其主根膨大形成肉质块根，分为圆柱形、长椭圆形、球形等。块根露出地面，易于采收。根冠为短缩茎，着生茎和叶。叶长圆或心脏形，多达50～60片。花茎自叶腋间抽出，高1米左右。复总状花序，小花3～4朵。聚合果，含种子3～4粒，肾形，聚合果千粒重20～25g。

饲料甜菜的块根含糖率较低，通常仅为5°～10°，但产量较高，可达到60～80t/hm²。在欧、美等国栽培较多，以俄罗斯、乌克兰最多。中国主要分布在北方，喜凉爽、昼夜温差大的气候。生长后期要求凉爽而晴朗天气，以利糖分和干物质积累。适于中性或微碱性排水良好的土壤。但近几年在湖南、广东等省秋冬播种效果较好。目前，有专门的饲料甜菜育种机构从事饲料甜菜品种的科学研究工作。

在我国栽培的甜菜中，以糖用甜菜（简称甜菜）栽培面积最大，其次是饲用甜菜，叶用甜菜栽培甚少。食用甜菜（通常称为火焰菜）虽在各地略有栽培，但亦未列入日常的食谱中。

3. 糖用甜菜品种类型

按品种的经济性状，可将糖用甜菜品种分为以下几种类型：

(1) 丰产型品种　该类品种叶色深绿，叶数多，新叶形成快，叶片寿命较短。块根形成力强，尤其是生育前期块根生长迅速。块根粗大，根楔形，产量高。但生长期长，工艺成熟期晚，单位面积产糖量高，含糖率低，有害灰分和有害氮含量较高，糖汁纯度偏低。适于在生育期长、气候温暖、日照充足、雨量充沛的优良环境条件下和土壤肥力较高的疏松土壤上栽培。根据国家现行甜菜品种分类标准，该类型品种单位面积产糖量较对照品种高15%左右，含糖率不低于当地对照品种。

(2) 高糖型品种　该类品种块根产量相对较低，生长期较短，工艺成熟期早。单位面积产糖量较低，但含糖率高，有害灰分和有害氮含量低，糖汁纯度高。适宜于在生育期较短的地区种植，要求有相对充足的水肥条件，配套适宜的栽培措施，最适宜于高水肥、精细化管理。根据国家现行甜菜品种分类标准，该类型品种产糖量与对照相当，但含糖率提高1%以上。

(3) 标准型品种　该类品种产质量性状介于上述两种类型之间。块根产量高于高糖型品种，含糖率高于丰产型品种，灰分和有害氮含量低于丰产型，高于高糖型，糖汁浓度高于丰产型低于高糖型，单位面积产糖量接近丰产型。根据国家现行甜菜品种分类标准，该类型品种产糖量较对照高10%左右，含糖率提高0.5%左右。

4. 植物学特征和生物学特性分类

按植物学特征和生物学特性，可将甜菜品种概分为：

(1) 多胚二倍体品种　一般体细胞中含有18条染色体，性细胞中含有9条染色体。

两性花，具有发育好的花药和花胚粒，由 2～3 或更多个花合生形成团聚花序。受精和发育成种子后，花序转变成聚花果（种球）。多胚甜菜的发芽率（按 100 个种球计）通常很高。但生物学发芽率（按 100 个种球中含有的果实数计），多胚甜菜与单胚甜菜并不占优势。

（2）多胚多倍体品种　与多胚型二倍体甜菜不同主要在于细胞中染色体数目。其体细胞中和性细胞中分别含有多倍染色体。此外，多倍体甜菜的叶柄、叶、花枝、花粉粒、种子、种球较二倍体相比体现出粗、厚、大等特点。多倍体甜菜通常发育速度较慢，晚熟，耐寒性弱。花粉粒萌发力、受精和种子发育速度慢，致使多倍体甜菜的种子发芽率比二倍体低，种子萌出的幼苗较少（100 个多胚种球为 120～140 个）。

（3）单胚二倍体品种　在体细胞、性细胞中亦分别含有 18 条和 9 条染色体，也是两性花。其与多胚甜菜的根本区别在于种球是由一朵花形成的单生果实，内含 1 粒种子。

（4）单胚多倍体品种　其体细胞、性细胞中亦分别含有多倍染色体。在花枝上以单花形成单胚种球。由于非整倍体性，花粉粒生活力低，受精缓慢，单胚多倍体甜菜的发芽是比单胚二倍体更难解决的问题。目前，单胚多倍体甜菜作为母本成分在杂种优势育种中被利用。

多胚性状是机械化栽培甜菜的主要障碍。现在多胚品种逐渐为单胚品种所取代，但多胚型甜菜在育种基因库中仍占据主导地位，并正被广泛用作可育与不育基础的单胚二倍体和多倍体杂种的成分。当前，内蒙古生产上直播种植大多数是多胚型二倍体品种。当多胚与单胚甜菜杂交时，第 1 代通常具有多胚种球，第 2 代分离出单胚植株，这说明单胚性状由隐性基因控制。因此，在育种工作中偶然落上多胚甜菜花粉粒，亦会使多年培育的高单胚性的品种遭到破坏。

除单胚性状外，对单胚种甜菜来说种子的发芽率有特殊的意义。近年来国外结合种子筛选和后期加工技术在此方面亦取得良好效果。

二、我国甜菜区域分布及区域特点

1. 我国甜菜区域分布

甜菜具有耐低温、抗逆性强、适应性广等特点，在我国分布较广，从北纬 22°至北纬 50°均能种植。但我国甜菜产区主要分布在北纬 40°以北的东北、华北和西北 3 个主要区域。目前，华北地区甜菜种植面积最大，约占全国甜菜种植总面积的 60%，其次是西北地区，约占全国甜菜总面积的 30%。

我国甜菜面积按省（自治区）划分，从 2018—2020 年的甜菜种植情况看，内蒙古自治区甜菜种植面积最大，约占全国甜菜种植面积的 60%，其次是新疆维吾尔自治区约占 29%，其他省份依据种植面积大小依次是河北省 5%、甘肃省 3%、黑龙江省 2%、辽宁省 1%，另外，陕西、山西等省也有少数零星种植分布。

2. 我国甜菜各产区特点

（1）华北甜菜区　华北甜菜区包括内蒙古中东部、山西北部及河北北部。其中以内蒙古自治区面积最大。华北甜菜区气候特点是冬季寒冷干燥、夏季炎热、昼夜温差大。降水由东向西逐渐减少。东部年降水量为 400～500mm，西部年降水量仅为 120～200mm。春旱严重，无霜期为 100～150d。光照充足，辐射热量大。全区≥10℃积温为 2 600～3 200℃；全年日照时数为 2 800～3 250h。生育期日照时数为 1 300～1 400h。6—8 月平均气温 20～23℃，7—9 月日较差为 13～14℃。

该产区虽然干旱，但灌溉条件较好。土壤多为淡棕褐土、淡栗钙土、暗栗钙土和黑垆土。土壤有机质含量低，有部分盐碱土。本区基本为一年一熟制农业，甜菜以纸筒育苗移栽和大田直播为主。近年来大面积种植普遍实行膜下滴灌。行距 50cm，株距 18～23cm，每公顷保苗 9 万株左右。生产水平较高，近几年甜菜械化水平有较大幅度提升。本区存在的主要问题是难以实现有效轮作、春旱、风害、冻害以及部分地区褐斑病严重。

(2) 西北甜菜区 西北甜菜区是 20 世纪 60 年代后发展起来的甜菜区，甜菜发展速度较快，曾经一度年产糖量位居全国甜菜糖省（自治区）之首。本区主要包括新疆、甘肃的河西走廊、宁夏的黄灌区。其中新疆维吾尔自治区面积最大，甜菜主要分布在昌吉回族自治州、石河子、奎屯、伊犁河谷、阿勒泰、塔城、博尔塔拉蒙古州、阿克苏等地。甘肃省主要分布在武威地区、张掖地区、酒泉地区。宁夏主要分布在中卫、中宁、永宁、银川、平罗、青铜峡等地。

西北地区地处高原，属温带大陆性气候，为干旱半干旱地区或荒漠地区。地域广阔，地形复杂，气候多变，差异较大。冬季干燥寒冷，春季短促，夏季炎热。热量资源丰富，≥10℃积温在 3 000～3 900℃，甜菜生长期可达 180d。全年日照时数在 3 000～3 400h，年辐射热量为 5 442.84～5 861.52J/cm²。8—10 月日较差在 14℃以上；年降水量较少，仅为 200～350mm。该产区水利资源丰富，主要是黄河灌区、祁连山、天山雪水灌溉，曾经是我国甜菜高产高糖区。西北甜菜区农业亦属一年一熟制，甜菜种植以平作为主，采用 3 年轮作，行距 40～50cm，株距 25cm，公顷保苗 7 万～8 万株。灌溉以沟灌、畦灌及浸润灌溉为主，部分农场实行滴灌等节水灌溉。该产区总体机械化水平较高，实施大面积精量点播种植。近年来该区域由于种植管理制度不科学，施肥水平较高，偏施氮肥突出，导致该产区的甜菜含糖下滑明显。

(3) 东北甜菜区 东北甜菜区包括松辽平原、三江平原，即黑龙江省、吉林省、辽宁省。这个产区甜菜种植历史最久，糖业发展最快、潜力也最大，是甜菜老产区，曾经甜菜面积占全国甜菜面积的 50％以上。东北甜菜产区属温带大陆性气候，冬季长、干燥寒冷，春秋季节短促，夏季高温多湿。年平均温度为 5.4℃。黑龙江省、吉林省较寒冷，平均气温在 0℃以下的月份长达 5 个月之久。1 月平均气温在 −26.6～−10℃，7 月气温在 21.1～25.6℃。全年无霜期在 90～180d。辽宁省气温回升快，温度较高，无霜期长。全区 4 月气温开始回升，中旬可升至 6℃以上。本区≥10℃的积温 2 400～3 000℃。甜菜生育期 150～160d；6—9 月日照时数为 1 000～1 100h，热量及光照可满足甜菜生长需要。8—9 月日较差 12～13℃，有利于糖分积累。全区年降水量为 350～600mm，多集中在 7—8 月，与甜菜快速生长期需水量大相一致，但春季干旱降水少。特别是西部地区，多风、干旱、蒸发量大，对甜菜播种、出苗十分不利。

本区土壤为黑土、黑钙土、沙碱土，适合甜菜种植。该甜菜产区为一年一熟制农业，甜菜种植方式以垄作栽培为主。栽培方式有机播、人工播、纸筒育苗移植栽培和地膜覆盖栽培。本区存在的主要问题是水利工程薄弱，水灌面积小，春旱严重，保苗困难。

第二节　甜菜的经济价值与营养价值

一、甜菜在国民经济中的重要作用

甜菜是我国制糖工业的主要原料之一，在我国农业生产中占有重要的地位。长期的历史和实践证明，发展甜菜产业对于调整农业种植业结构、增加农民收入、提高企业效益、改善人民生活起着重要作用。

糖是人类生活的必需食品，也是人类生命活动所必需的高能源，又是食品工业和医药工业的重要原料。据不完全统计，有 65 类约 3 000 种食品和许多医药产品都以糖作为重要原料。而甜菜糖所含的化学成分与甘蔗糖完全相同，加工提取后即可以直接食用，也可以经加工制成各种食品，加工后的产品通常可增值 2~3 倍，因此蔗糖也是具有较高价值潜力的商品。通常糖用甜菜的含糖率可稳定维持在 16% 时，每 8t 块根可加工成 1t 左右的食糖。

甜菜制糖加工后的副产物经综合利用，也具有很高的经济价值和广泛的用途。制糖工业的副产品菜渣、糖蜜是造纸、医药、发酵、建材等工业的原料，经过进一步加工可形成的产品有纸、纤维板、酵母、味精、柠檬酸、酒精、生物化学制品等，均为市场需要的、效益较高的产品。

甜菜茎叶、青头、尾根及采种后残留的老母根、制糖后的废丝（甜菜粕等），均含有丰富的营养物质，不但可以作为酿造原料，而且也是家畜特别是猪和乳牛的良好多汁饲料。一般产量水平下，$1hm^2$ 甜菜的副产品，加上部分粗饲料，可以饲养 15 头猪或 3 头乳牛。废丝内富含纤维和果胶，还可制成保健食品和提取果胶。

甜菜产业的发展不仅能促进制糖工业、化学工业的发展，同时对畜牧业的发展也起到重要的促进作用。在我国北方适宜发展农区畜牧业的地区，适量种植甜菜可以和发展畜牧业紧密结合，甜菜提供的茎叶、尾根、甜菜粕（提取糖分后的甜菜丝）是优质饲料；种植甜菜发展畜牧业除可提供糖、畜、乳、肉等食品外，还可提供大量有机肥，形成人种菜、菜养畜、畜肥田、田增产的可持续良性生态循环发展模式。

甜菜具有耐旱、耐寒、耐盐碱等特性，是一种适应性广、抗逆性强的作物，又是经济价值较高的作物。在年降水量 300mm 左右且无灌溉条件下，若采用良好的栽培技术，种植甜菜也仍可获得较高的经济效益；研究表明，在含盐总量不超过 0.05% 的盐碱地上，采用育苗移栽的方式种植甜菜，仍可获得较好的收成，并且可以使盐碱地得到适当的改良。

在我国，糖料集中产区主要分布在西南省、区和中、西部经济欠发达地区，糖业也是这些地区摆脱贫困的主要扶贫产业，糖业的发展，为农村、城镇提供了大量就业机会，通过种植糖料增加了农民收入，有力地保障了周边地区人民生活和社会的安定。

二、糖用甜菜的营养及开发利用

甜菜浑身都是宝。甜菜的主要产品是糖，糖是人民生活不可缺少的营养物质，也是食品工业、饮料工业和医药工业的重要原料。除生产蔗糖外，甜菜及其副产品均含有丰富的营养物质，具有广泛的开发利用价值。

1. 甜菜制糖

甜菜和甘蔗是我国两大主要制糖原料。我国糖产量中甘蔗糖约占87%，甜菜糖仅占13%。甜菜块根平均含糖率初始仅为5%～7%，经过历代甜菜育种家的不断选择、培育，糖用甜菜的含糖率有了成倍的提高，目前大部分品种含糖率已稳定在14%～17%，也有部分品种在科学的栽培技术条件下甚至超过了20%。

甜菜的块根水分含量占75%，固形物含量占25%。固形物中蔗糖占14%～17%。非糖物质占7%～9%。非糖物质又分为可溶性和不溶性2种。不溶性非糖物质主要是纤维素、半纤维素、原果胶质和蛋白质；可溶性非糖物质又分为无机非糖和有机非糖。无机非糖物质主要是钾、钠、镁等盐类；有机非糖可分为含氮和无氮物质。无氮非糖物质有脂肪、果胶质、还原糖和有机酸；含氮非糖物质又分为蛋白质和非蛋白质。非蛋白质非糖主要指甜菜碱、酰胺和氨基酸。甜菜制糖工业副产品主要是块根内3.5%左右的糖分和7.5%左右的非糖物质以及在加工过程中投入与排出的其他非糖物质。

甜菜制糖曾经是黑龙江、新疆、内蒙古等地的支柱产业之一，曾为当地区域经济发展做出过巨大贡献。但后期由于糖价波动、原料价格上涨、生产技术滞后等多方面的原因，导致许多制糖企业亏损破产。进入21世纪，我国制糖企业进行了资源优化，提高生产能力、改进设备、提高甜菜种植加工的现代化水平、延长了产业链，促进我国甜菜制糖业的新发展。

2. 甜菜制糖副产品的综合利用

(1) 甜菜茎叶的营养价值及利用 通常甜菜茎叶的鲜重占块根鲜重的一半以上。新鲜甜菜茎叶中含有多种可供畜禽消化利用的营养成分，如蛋白质、纤维素、维生素、甜菜碱等，是一种利用率很高的多汁饲料资源。按营养物质的含量折算，每10kg甜菜茎叶的营养价值相当于1kg高粱或燕麦的营养价位；最大的优点是甜菜茎叶产量高，通常每生产1t块根，可获得700～800kg茎叶。茎叶中蔗糖含量平均约为3.0%，干物质含量平均约为9.2%，蛋白质含量平均约为18.8%。同时，甜菜茎叶含水较多，适口性好并含有一定的糖分，易于调动家畜家禽的食欲。在牲畜饲料中适量添加甜菜茎叶，可明显增加家畜的采食量。甜菜茎叶也可与相对干燥的玉米秸秆等混合青贮或发酵后，饲料具有芳香的味道，牲畜适口性更好，营养价值更高，并且还可以延长存贮和饲喂时间。因此，甜菜茎叶作为饲料科学合理的开发利用具有很大的发展空间。

最近美国的科学家对比研究发现甜菜鲜叶的蛋白质、食用纤维、矿物质、维生素以及草酸含量与日常食用蔬菜相近，提出甜菜叶也可作为蔬菜去食用。我国甜菜茎叶目前除部分作为饲料外，大部分在收获过程中碎化后还田。今后应加大甜菜茎叶高效利用的研究力度，为甜菜叶的科学合理利用开辟新途径。

(2) 甜菜加工副产品的开发利用 甜菜废丝、废蜜及滤泥是制糖企业的主要副产品，行业内俗称"三废"。制糖企业每天排出的大量副产品，最初成为企业的巨大包袱，但随着制糖企业对老旧设备和制糖工艺的升级改造以及对"三废"的深度研发，目前已逐步的摆脱困境，变废为宝，化阻力为动力，通过提升制糖副产品的高附加值，使其成为甜菜制糖业发展的有力推手。

甜菜废丝亦称废粕，主要成分是粗纤维和粗蛋白，易为牛、羊等反刍动物消化吸收，是一种良好的饲料。目前其利用价值主要包括：废粕直接作为饲料、用作青贮饲料、压粕、干粕、生产果胶、废粕生物利用等。

废蜜是一种约含有50%蔗糖的黑色黏稠浆膏，其中含有有害灰分、杂质较多，导致现有的制糖工艺无法使蔗糖结晶。目前可通过适当的工业处理，对废蜜进行二次开发利用，把废蜜转化成多种工业品和食用品，具有极高的经济效益。目前对废蜜的利用主要有3种方式：一是设法从废蜜中再提出一些糖分；二是将废蜜作为发酵工业原料，用于制取酵母、酒精、柠檬酸、甜菜碱等多种产品；三是按一定比例与废丝、干粕或其他粗料混拌制成颗粒饲料，提高饲料的营养价值，延长贮存期，便于交通运输。

滤泥是糖汁清净工序中过滤出来的废料滤渣，主要成分是碳酸钙，其含量占固态物的80%。此外还含有氮、磷、钾和有机物，是一种酸性土壤改良剂。滤泥经煅烧后可制造石灰，烧制水泥及建筑防水防潮材料，还可用做农业肥料。

3. 甜菜碱和甜菜色素的开发

甜菜是已知含甜菜碱最多的植物之一。在国外甜菜碱已有多年的生产和使用历史，我国在近几年才进行生产开发与推广。甜菜碱系季铵型生物碱，它能刺激动物的嗅觉和味觉，增强动物摄食；甜菜碱是水产类饲料的主要诱食成分，对鱼、虾、蟹、鳗、甲鱼、牛蛙等水生动物摄饵具有特殊的刺激和促进作用；甜菜碱又是甘氨酸内盐，在动物体代谢过程中兼具氨基酸及甲基参与肌体生理代谢，参与酶促反应，具有抗脂肪肝功能，甜菜碱还是渗透压激变的缓冲物质。甜菜碱由于具有许多对动物有益的生理优点，已被作为多功能新型饲料添加剂，广泛应用于各种动物配合饲料中，在养殖业中的应用已显示出广阔的前景。

甜菜色素是存在于食用红甜菜中的天然植物色素，由红色的甜菜红素和黄色的甜菜黄素所组成。甜菜红素中主要成分为甜菜红苷，占红色素的75%～95%，其余为黄色的甜菜黄素，为异甜菜苷、前甜菜红苷、异前甜菜苷以及甜菜色素的降解产物。甜菜黄素包括甜菜黄素Ⅰ和甜菜黄素Ⅱ，是一种吡啶衍生物。甜菜色素易溶于水呈红紫色，在pH 4.0～7.0范围内稳定，应用非常广泛。甜菜红主要用于罐头、果味水、果味粉、果子露、汽水、糖果、配制酒等，医药、化妆品等行业也有所应用，是冷饮、乳制品、果酱、果冻等理想的着色剂。甜菜黄素可用于果脯、蜜饯、脱水蔬菜等产品的加工后补色，饮料、乳制品、蛋糕食品的装饰和点缀。目前我国对甜菜色素的开发应用还处在起始阶段，还具有较大的发展潜力。

第三节　国内外甜菜产业发展概况

一、世界甜菜产业发展

1. 世界甜菜生产情况

甜菜适应冷凉的气候条件，分布范围广阔，在全球许多地区均有种植。主要分布在北半球温带地区，集中分布在北纬30°至北纬60°。其中北纬42°以北为春播甜菜，是甜菜的主产区，北纬36°至北纬42°为夏播甜菜，北纬36°以南为秋冬播甜菜。夏播甜菜和秋冬播甜菜的产量占总产量的 3%，在南纬 25°至南纬 35°地带也可种植甜菜。

据联合国粮食及农业组织统计，全世界目前约有 50 多个国家种植甜菜，主要分布在欧洲、亚洲和美洲等地，年种植面积 600 万 hm² 左右。2018 年全球甜菜总产量约为 2.75 亿 t，其中欧洲甜菜总产量约为 1.85 亿 t，约占总产量的 67.34%，全球排名第一；其次是亚洲甜菜总产量约为 4 174.37 万 t，约占总产量的 15.19%；美洲甜菜总产量约为 3 300.72 万 t，约占总产量的 12.01%。世界上种植面积较大的国家有乌克兰、俄罗斯、美国、德国和中国等，但单产水平较高的甜菜生产国是法国、德国、荷兰、英国和日本，这些国家甜菜种业科技含量和甜菜种植机械化程度较高，有稳定的原料种植基地，有自己独特的管理方法和栽培技术措施，近年来其单产和含糖率逐年提高，种植和加工效益日趋突出，平均单产在 60t/hm² 以上，最高可达 76t/hm²。含糖率可达到 16%～17%。

2. 世界甜菜制糖业情况

美洲、欧洲等国家和地区的一些制糖企业，制糖设备、技术、工艺先进，企业管理高效科学，厂区环境优美。甜菜种植结构合理，甜菜丰产型、高糖型、标准型各占一定比例。对甜菜种植区进行科学合理规划，种植品种推荐使用鉴于相关农民委员会或科研单位进行区域试验基础上进行。制糖企业原料收购采用按质论价模式，大多数糖厂设有甜菜品质分析中心，配套的仪器设备非常先进，企业对收购的甜菜进行含糖率取样检测，检测结果作为收购价格的基础依据。按质论价流程从甜菜样品的制备（前处理设备）到最终检测数据的生成，全部为自动化完成，相关的检验仪器设备均由电脑集中控制，分析结果精度高，检验测试标准一致，基本上可有效地避免人为误差。

二、我国甜菜生产的发展

甜菜作为我国制糖的主要原料之一，在我国仅有 100 多年的栽培历史。据史料记载，我国最早于 1906 自德国引入糖用甜菜种子并试种，自 1909 年我国建立第一座甜菜糖厂——黑龙江省阿城糖厂后，甜菜才正式作为我国制糖工业原料。之后又在吉林、辽宁、山东和山西试种，1937 年日本商人在吉林省怀德县建立了范家屯糖厂。其中 1936 年是新中国成立前甜菜种植最多的一年，全国种植面积约 2.4 万 hm²，产糖约 2 万 t。在新中国成立前夕的 1949 年我国甜菜面积仅有 1.59 万 hm²，甜菜总产量 19 万 t，产糖约 0.7 万 t。

新中国成立后，由于糖在国民经济发展中的重要地位突显，党和政府高度重视，甜菜生产才得以迅速发展，甜菜很快就发展成为我国北方地区的主要经济作物之一，在农业生产中占有一定的比重。由于政策、体制、市场等因素的变化，甜菜发展也经历了曲折的发展历程，概括起来可划分 6 个时期。

1. 快速发展时期（1949—1959 年）

新中国成立后尽管在诸多因素影响下甜菜种植面积波动较大，但总体呈现稳步发展态势，种植面积由 1.5 万 hm² 发展到 31.6 万 hm²。这段时期为了促进甜菜生产发展，调动农民种植甜菜的积极性，国家出台了部分扶持农民的经济政策，如确定了与粮食作物合理比价的收购政策，实行了免费和半价供应甜菜种子，化肥农药给予价格补贴等。经过 1950—1952 年 3 年的恢复，甜菜面积增加到 3.5 万 hm²，比 1949 年增长 1.2 倍。甜菜种植也由东北迅速扩展到内蒙古、山西，后相继又发展到新疆等地区。到

1959 年甜菜种植面积已达 31.6 万 hm²，甜菜总产量 316.8 万 t，产糖量 24.5 万 t，分别比 1949 年增长 18.7 倍、15.6 倍和 34 倍。在 1953—1959 年的 7 年间，甜菜种植平均每年增长速度为 27.5%。

2. 低速徘徊发展时期（1960—1979 年）

1960—1965 年，受国家政策和自然灾害的影响，粮食减产，粮糖矛盾突出，甜菜生产面积急剧下降。1962 年全国甜菜种植面积减少到 8.3 万 hm²，总产量下降到 33.9 万 t。甜菜原料的供应不足，使大批糖厂被迫停产。随后，国家相继又采取了一些调整措施：如每交售 1t 甜菜奖售化肥 10kg、种甜菜的土地免除征购粮任务等，在一定程度上推动了甜菜生产的恢复和发展。到 1965 年甜菜面积增加到 17.1 万 hm²，总产量 198.4 万 t，但仍未恢复到 1959 年的水平。1966—1979 年，受"文化大革命"影响，甜菜生产徘徊不前，面积和总产均未达到 1959 年的水平。在此期间，由于片面强调各省区食糖自给，甜菜南移，盲目向不适宜地区发展，致使甜菜种植分散，单产低，总产上不去，新建一些中小糖厂被迫关闭，国家经济受到很大损失。

3. 快速、稳步发展时期（1980—1987 年）

党的十一届三中全会后，联产承包责任制逐步推开，极大地调动了农民的生产积极性。国家适时调整了糖料作物经济政策，甜菜收购价由 60 元/t 增加到 75 元/t，许多省区还实行了补贴，粮糖比价趋于合理，极大地刺激了甜菜产业的快速发展，甜菜种植面积和总产成倍增加。甜菜种植面积保持在 46.7 万 hm² 左右，甜菜平均年产量 792 万 t。1985 年甜菜种植面积发展到 56 万 hm²，总产量 891.9 万 t。

4. 生产高峰时期（1988—1998 年）

改革开放后，随着城乡人民生活水平提高及对食糖需求的增长，制糖工业经过 10 余年的建设与发展，甜菜种植面积得到迅速扩大，甜菜生产力水平有所提升。1994 年，1995 年两年全国甜菜种植面积都在 66.7 万 hm² 以上，总产量达到 1 500 万 t 左右，单产也实现了历史性的突破，达到了 24t/hm²，一度摆脱了长期以来单产徘徊在 15t 左右的局面。无论甜菜栽培面积，还是甜菜总产量都达到了历史的最高峰，是甜菜栽培历史上的最好时期。这期间甜菜种植面积保持在 60 万～70 万 hm²，甜菜平均年产量 1 376 万 t。

5. 生产急剧下降时期（1999—2002 年）

由于食糖业出现的供大于求的局面，国家于 1998 年开始对制糖业进行调整。根据市场需求进行总量调控，压缩了含糖低、制糖成本高的甜菜糖生产，调整了食糖的生产结构。宁夏、甘肃、河北、山西、辽宁、吉林和陕西 7 个不宜发展甜菜糖业的省区逐步退出，内蒙古、黑龙江部分退出，形成了北方甜菜糖以新疆、内蒙古和黑龙江为主，南方甘蔗糖以广西、云南和广东为主的新布局。甜菜种植面积由原来的 60 多万 hm² 骤降到 33.3 万 hm²，总产也由原来的 1 500 万 t，降到 900 万 t。因国家食糖结构性调整，该时期甜菜种植面积在 30 万～40 万 hm²，平均年产甜菜量 1 000 万 t 左右。

6. 生产低谷时期（2003—2010 年）

这一时期，受我国食糖产品市场动荡、制糖企业机制转变等综合因素影响，致使甜菜种植面积滑坡至 20 余万 hm²。以上原因直接导致了制糖原料不足，企业亏损倒闭停产，科研单位改变研究方向，甜菜科研研究队伍缩小，整个行业低迷，是甜菜生产的低谷时期，全国种植面积波动在 18.7 万～24.6 万 hm^2，平均年产甜菜约 786 万 t。自 2005 年以来，随着英糖集团、南华集团、中粮集团、包头华资及河北天露等国内外知名大型制糖企业先后加入甜菜糖业，为甜菜制糖产业注入了大量的资金，引入了先进的种植管理技术，给整个行业带来新的生机。2005 年以后单产超过 37.5t/hm^2，2010 年平均单产达到 42.5t/hm^2。

7. 高质量发展时期（2011 年以后）

随着我国粮食总产量连续几年趋于稳定，我国农业发展开始从"数量"转向了"高质量"发展新阶段。要深化农业供给侧结构性改革，以提高农业供给质量为主攻方向，紧紧围绕人民的需求和市场导向进行生产，实现农产品由低水平供需平衡向高水平供需平衡的跃升。作为我国重要糖料作物之一的甜菜产业，我国在《食品工业"十二五"发展规划》《食品工业"十三五"发展规划》中也明确指出，我国甜菜产业发展要重点扶持新疆、黑龙江、内蒙古等北方甜菜糖主产区，加大甜菜优良品种的推广力度，提高单产水平和含糖量；甜菜制糖行业要加快推进现代产业体系建设和糖料种植现代化步伐，加强政府对食糖市场的宏观调控，目标是到 2016 年，食糖产量 1 600 万 t 左右，日处理糖料能力达到 121 万 t。为进一步加快甜菜产业技术体系建设步伐，提升甜菜的自主创新和科技研发能力，为现代甜菜产业高质量发展和助力乡村振兴提供强大的科技支撑，在基于甜菜区域布局规划的基础上，农业部于 2009 年启动并推进了国家糖料产业技术体系建设，本着围绕甜菜产业发展需求，进行甜菜产业发展相关共性技术和关键技术研究、集成和示范；以甜菜、甘蔗为单元，以糖料产业发展为主线，建设从产地到餐桌、从生产到消费、从研发到市场各个环节紧密衔接、环环相扣、服务国家目标的现代糖料产业技术体系，进一步加快甜菜产业高质量发展的步伐，增强我国农业核心竞争力。

近十年来甜菜产业发展紧扣实施乡村振兴战略和推动农业高质量发展要求，在专家科研团队、制糖企业、农业技术推广部门、种植基地农户等共同努力下，同心协力、密切配合，加强政策创设，搭建支撑平台，落实支持措施，探索创新甜菜产业化发展新模式，积极推动龙头企业转型升级，通过物化投入、技术指导、全程跟踪服务、规模化科技创新成果展示及技术推广，我国甜菜产业发展取得了长足进步，一系列曾经制约甜菜产业发展的瓶颈问题得以解决，一系列新技术诸如全程机械化高效种植技术、测土配方施肥技术、水肥一体化节水滴灌技术、增产增糖高效化控技术、优质单胚甜菜种子研发、减肥减药病虫草害绿色防控技术、旱作甜菜高效栽培技术等相继在甜菜生产发展中落地生根、开花结果，为我国甜菜产业高质量发展注入了强劲动力。自 2018—2020 年连续 3 年，我国甜菜种植面积分别为 18.9 万 hm^2、23.4 万 hm^2、22.8 万 hm^2，平均单产提升到 52.5t/hm^2，呈现稳中增长趋势。特别是内蒙古近两年甜菜产业发展步入健康发展快车道，目前已有 14 家制糖企业落户内蒙古，日产能 6 万 t 以上，连续两年甜菜种植面积位居全国第一，发展势头一片大好。

三、提高抗旱性对我国甜菜产业发展的意义

干旱是指水分的供求或收支不平衡而造成的水分短缺。近年来，在气候渐暖的背景下，全球正面临日益严峻的干旱灾害的挑战。据联合国环境规划署估计，全球目前有约

35％的土地和 20％的人口正在或即将受到干旱和沙漠化的威胁，沙漠化面积每年以多达 600 万 hm² 的速度递增。干旱对农业生产有着极其严重的影响，据估算全球由于水分亏缺造成减产与其他因素造成减产的总和持平。我国作为世界上人口最多的国家，同样也是受干旱影响最为严重的国家之一，有将近 51％的国土面积属干旱、半干旱区域，即使在非干旱的华南主要农业区也经常出现季节性干旱和不均匀降水的现象，如 2009 年秋冬至 2010 年春季西南地区的特大重度干旱就是典型的实例。有效减轻或消除干旱威胁，合理发展节水灌溉无疑是一种有效的措施。然而，目前淡水资源短缺也已成为一个全球关注性的焦点问题。世界上已近 50 多个国家和地区缺水，约占全球陆地面积的 60％，约 20 亿人用水紧张，10 多亿人饮用水得不到良好供应。我国的人均水资源量只有 2 300m³，仅为世界平均水平的 1/4，被列为全球 13 个人均水资源贫乏国家之一，发展灌溉农业受到水资源不足的严重困扰。一些新型节水技术的推广应用虽能对某些地区的农业生产起到积极作用，但从根本上解决问题还任重道远。因此，从植物自身角度出发，最大限度地挖掘其自身抗旱潜力已成为现代农业研究中的焦点，植物抗旱性的研究意义重大。要使植物自身抗旱性大幅度提高，就必须对植物的抗旱机制有清楚的认识，明确植物抗旱性状的遗传规律和代谢特点，对植物抗旱性作出科学准确的评价。植物在漫长的进化过程中，随着环境水分的不断变化，其逐渐形成多种方式来抵抗和适应干旱，改变其被动受害者的角色。它可以通过调节生长发育进程、形态结构以及内部生理生化代谢来适应低水多变的生境。深入研究水分代谢与植物的抗旱性，揭示植物抗旱的生理生化及分子机制，开展我国重要农作物抗旱节水遗传改良研究，筛选和培育抗旱农作物品种对我国乃至世界粮食生产可持续发展具有重大意义，也将生物性节水的研究推进到一个新的领域。

甜菜作为我国主要的糖料作物之一，其主要产品糖是人民生活不可缺少的营养物质，也是食品工业、医药工业等的重要原料；除生产蔗糖外，甜菜及其副产品还可作为饲料、新型能源等被广泛开发利用，应用前景广阔。历史和实践证明，发展甜菜生产，对增加农民收入、发展农区畜牧业、带动区域经济发展具有重要意义。在我国，甜菜主要种植于我国的东北、西北和华北地区。而在我国这些主要甜菜种植区，特别是华北广大地区，土壤盐碱化面积大、肥力贫瘠、降水分布不平衡、季节性差异大、灌溉条件差已日益成为该地区的共同特点。从我国农业干旱区域划分情况的结果表明我国华北、西北的广大地区均属于干旱、半干旱地区。

由此可见，干旱已成为我国甜菜高质量发展的主要限制因素，特别是苗期抗旱性的增强有利于甜菜保苗和幼苗的正常生长，降低甜菜幼苗对水分缺乏的敏感性和增加其抗（耐）旱性必将成为未来甜菜育种的重要研究方向。然而，抗旱性一直没有成为甜菜育种的研究目标，主要由于：一是甜菜抗旱的生理生化、遗传及分子机制还不太清楚，难以找到有效的选择方法；二是部分研究人员认为品种间差异可能不大，发掘抗旱性强的材料难度较大。另外，由于作物的抗旱性遗传相当复杂，使得其抗旱能力的提高受到了极大限制。因此，深入研究甜菜苗期的抗旱性，加速甜菜的抗旱育种，对增强甜菜对干旱适应性，扩大甜菜种植范围和面积，提高其生产潜力，促进干旱、半干旱地区的经济发展意义重大。

参考文献

陈连江，陈丽，2010. 我国甜菜产业现状及发展对策 [J]. 中国糖料 (4)：66 - 72.

高宝军，2012. 内蒙古甜菜产业发展及对策研究 [D]. 北京：中国农业科学院．

李承业，王燕飞，黄润，等，2010. 我国甜菜抗逆性研究进展 [J]. 中国糖料 (1)：56 - 58.

李雅华，崔平，2003. 我国非糖用甜菜种质资源及利用潜力 [J]. 中国糖料 (1)：41 - 44.

倪洪涛，吴则东，2011. 甜菜品种及评价 [M]. 北京：化学工业出版社．

阮平南，王建忠，2005. 我国甜菜糖业发展现状与对策 [J]. 中国甜菜糖业 (3)：32 - 35，53.

邵金旺，蔡葆，张家骅，1991. 甜菜生理学 [M]. 北京：农业出版社．

沈明，2001. 谈我国甜菜生产及发展 [J]. 中国甜菜糖业 (2)：41 - 42.

苏文斌，樊福义，郭晓霞，等，2016. 华北区甜菜生产布局、存在的问题、发展趋势及对策建议 [J].
　　中国糖料，38 (6)：66 - 70.

孙军利，赵宝龙，樊新民，2008. 新疆甜菜生产现状及存在问题与解决对策 [J]. 中国种业 (5)：
　　37 - 38.

王桂艳，鞠平，2001. 我国甜菜制糖工业五十年回眸 [J]. 中国甜菜糖业 (2)：28 - 30.

王华忠，2009. 我国甜菜生产现状与发展趋势 [J]. 新农业 (10)：11 - 13.

王燕飞，刘华君，张立明，等，2004. 栽培甜菜的种类及利用价值 [J]. 中国糖料 (4)：43 - 46.

武向良，2011. 内蒙古主要农作物测土配方施肥及综合配套栽培技术—甜菜 [M]. 北京：中国农业出
　　版社.

吴则东，王华忠，2011. 我国甜菜育种的主要方法、存在问题及其解决途径 [J]. 中国糖料 (1)：
　　67 - 70.

易华西，王专，张兰威，2007. 浅谈甜菜的开发与应用 [J]. 中国甜菜糖业 (1)：27 - 28.

张福顺，王红旗，江绍明，等，2000. 叶用甜菜 (B. vulgaris var. cicla L.) 形态学特性研究 [J]. 中国
　　糖料 (1)：9 - 13.

张宇航，王清发，张景楼，2005. 浅析饲用甜菜的发展前景 [J]. 中国糖料 (4)：53 - 55.

张玉霜，许庆轩，李红侠，等，2015. 甜菜色素种类分布和应用研究进展 [J]. 中国农学通报 (24)：
　　149 - 156.

赵淑玲，赵祉强，2011. 我国甜菜种业的现状及发展对策 [J]. 中国甜菜糖业 (2)：30 - 31.

郑毅，张景楼，宁彦东，等，2007. 非糖用甜菜开发利用前景分析 [J]. 中国甜菜糖业 (4)：58 - 61.

第四章 甜菜苗期抗旱鉴定指标 筛选及其综合评价

甜菜（*Beta vulgaris* L.）是我国乃至世界重要的糖料作物和经济作物之一。由于我国甜菜种植区水资源相对匮乏，周期性或难以预期的干旱气候频发，干旱已成为限制该区域甜菜生产的主要因素。这一问题的解决一方面依赖于节水高效的现代农业灌溉措施，提高水分利用效率；另一方面有待于挖掘其自身潜力，加强抗旱研究力度，培育抗旱作物品种。

逆境下植物常会做出一些形态上的直观反应，使其能维持正常或接近正常的代谢水平。从形态学抗旱范畴讲，抗旱形态指标就是胁迫对作物形态指标的改变程度或形态学特征对干旱的抵抗能力。甜菜抗旱研究中，形态学指标由于其具有直观、简单、经济、实用性强等特点，已被较多较早使用并沿用至今。由于抗旱性是多因素综合作用的结果，不同甜菜种质在对干旱胁迫的响应和适应性不同，因此，进一步探讨甜菜抗旱指标，分析比较甜菜不同种质资源的抗旱性差异十分必要。

第一节 甜菜抗旱鉴定指标与评价方法

对作物自身抗旱能力的充分发掘和提升是提高其抗旱能力的一种行之有效的措施。然而，抗旱育种效率的提升有赖于对育种资源或品系（组合）抗旱性的快速、准确鉴定。因此，在明确甜菜抗旱机理、培育甜菜抗旱品种过程中，探索甜菜科学的抗旱性鉴定指标和评价方法，对培育兼具优质高产抗旱性的甜菜新品种并加快育种进程具有重要意义。

一、甜菜抗旱性鉴定指标

1. 植株形态指标

①株型。在诸多作物的研究结果表明，水分对作物植株的株高影响显著，品种的高矮和植株的形态与抗旱性间存在一定的关联性。通常紧凑型株型的抗旱能力较松散型株型强。

②根系。甜菜的根系承担着植株水分、矿质营养的吸收，发达的根系与抗旱性成正相关。由于甜菜只能吸收利用土壤中的穿透根系的水分，因此强壮发达的根系有利于甜菜吸收更多的水分，减缓干旱的制约。与根系发达程度相关的表征指标包括：根数、根粗、根干重、根长、地下生物量、根冠比等均可作为抗旱性的鉴定指标。

③叶片及其形态结构。抗旱性强的作物形态特征通常表现为叶片小且细胞个体小、表皮层和叶脉发达、蜡质层与角质层较厚、叶表面具有茸毛、栅栏组织发达且肉质化程度增

强。甜菜在缺水条件下表现出叶片下垂，叶片伸展速度降低，植株叶面积减小，颜色变深、变暗，叶片卷曲等萎蔫现象。叶片大小、叶片形状、叶色、叶片卷曲程度、叶片茸毛、蜡质、角质层厚度、气孔特征、栅栏细胞的排列等理论上均可以作为甜菜抗旱鉴定指标。但由于叶片形态指标存在复杂多变且难与协调，目前在甜菜上还没有形成比较可靠的筛选和鉴定体系，还需要在实践中不断地摸索和选择。

2. 植株生长与种子萌发指标

（1）株高胁迫系数　作物株高是影响产量的重要因素，保证一定高度的植株是获得高产的前提。在干旱条件下作物的株高通常低于灌溉条件的，干旱越严重，株高降低幅度越大，而干旱耐受能力强的作物株高降低幅度较小。在甜菜的研究发现，一般株高胁迫系数越高，株高稳定性越好，其抗旱性越强。因此，不同水分条件下株高的变化程度常被作为评价抗旱性的指标。

（2）存活率指标　即反复干旱后的植株存活率，或作物在一定干旱胁迫下 50% 的植株达到永久死亡所需的时间，可作为作物抗旱鉴定的指标。该项指标在许多作物抗旱性鉴定中得到广泛应用。

（3）生长状况指标　作物在生长发育过程中对缺水最敏感，干旱胁迫能使生长减缓或停止。因此，在干旱条件下作物生长与恢复的差异可用来评定品种间抗旱性差异，此方法简便、有效且定量。通常生长状况指标通过干物质胁迫指数（DMSI）、株高胁迫指数（DPSI）两个生长胁迫指标来使抗旱性鉴定数量化。

（4）萌发胁迫指数　该指标最早由 Bouslamam 等提出，认为在渗透胁迫条件下由于种子贮藏物质转运效率降低，胚根与胚芽的生长受到不同程度的抑制，导致种子发芽率降低。其中发芽率和胚根干重与萌发抗旱指数呈极显著正相关，因此，可根据种子发芽势和发芽率来作为抗旱性评价的参考指标。

3. 生理生化指标

干旱对甜菜的影响广泛而深刻，不仅影响其正常的形态发育，还影响其包括光合作用、呼吸作用、水分和养分的吸收运输、激素代谢等各种生理过程。品种间在抗旱性方面所表现的差异，都有其相应的生理生化基础。在后面的第 5～8 章，笔者将系统探讨甜菜抗旱的生理生化基础。目前比较一致的研究结果表明，叶片水势、叶片相对含水量、气孔扩散阻力、离体叶片抗脱水能力、电导率、光合速率、抗坏血酸（AsA）含量、还原性谷胱甘肽（GSH）含量、脱落酸（ABA）含量、SOD 活性、MDA 含量、硝酸还原酶活性、渗透调节能力及部分叶绿素荧光参数等均可作为甜菜抗旱鉴定评价指标。

4. 产质量指标

产质量是甜菜对干旱的适应性和抵抗能力体现的最终落脚点。依据众多形态、生理生化指标作出的评价正确与否最终仍需以甜菜产质量结果做出判别。因此，甜菜在干旱条件下的产量、含糖率和减产减糖百分率常被用作抗旱性鉴定的一项重要指标。通过产质量性状进行抗旱性鉴定的主要目的是培育干旱条件下能稳产、高产、优质的甜菜品种，根据产质量表现来判定甜菜品种或品系的抗旱性是传统抗旱育种的经典方法，其适于在田间或干旱棚等条件下开展鉴定。目前抗旱系数（Dc）是包括甜菜在内的作物抗旱性鉴定中比较通用的指标，它可反映不同甜菜品种对干旱的敏感程度。随后 Fisher 等又提出了胁迫敏感指数（SI），但由于不同年度间干旱胁迫程度不同，抗旱系数和胁迫敏感指数波动值较大，无法进行年度间比较，很难为育种工作者提供选择高产优质抗旱基因型的稳定依据。基于其所存在的缺陷，兰巨生等又提出了简单实用的抗旱性鉴定指标——抗旱指数（DRI），该指标弥补了抗旱系数和胁迫敏感指数所存在的不足，使农作物抗旱性鉴定的产量指标在生物学意义上有了实质性的改进。

5. 综合评价指标

甜菜抗旱性是一个复杂的生理过程，受多基因调控。不同品种具有不同的抗旱机制，即使同一品种在不同时期抗旱机制也存在一定差异。因此，针对任何从单项指标上开展的抗旱性评定都存在一定局限性，所评选出的抗旱性能虽与品种实际抗旱能力有一定相关性，但有时会有一定出入甚至出入很大，不能对作物抗旱性进行准确有效地评价。为了弥补这些缺陷，近年来较多地采用综合评价指标法。所谓综合评价指标法就是利用几个指标综合评定作物的抗旱性，使单个指标对评定抗旱性的局限性得到其他指标的弥补和缓解，从而使评定的结果与实际结果尽可能接近。目前常用的方法主要包括以下几种：

(1) 直接比较法　该方法在进行作物品种（品系）抗旱性鉴定时，对材料进行多指标测定，然后用简单的人工挑选方式对每个指标进行甄别排位，确定抗旱能力强或弱的品种（品系）。一般是比较鉴定材料在干旱条件下的适应能力，此法不适于大批量材料的鉴定。

(2) 抗旱性分级评价法　该方法是把所有指标分为相同数目的级别（通常分 5 级），分别测定品种（品系）在干旱胁迫下的这些指标值并划定到不同级别，然后把各项级别值相加，最终通过得到的抗旱总级别值的大小来评定不同品种（品系）的抗旱性。通过这种多指标分级评价其结果要比单指标评价有更高的可靠性。

(3) 隶属函数法　为弥补单一指标带来的偏差，隶属函数法也是近年来常采用的方法。该方法将指定品种各指标的抗旱隶属值累加，最后求其平均值，根据抗旱隶属平均值大小确定抗旱性强弱。该方法可有效弥补因单个指标造成的评定结果局限性，从而使评定的结果与实际结果较为接近。

(4) 主成分分析法　通过主成分分析后的变量为综合变量且相互独立，因此通过将主成分值作为评价指标，可以比较准确地了解各性状的综合表现，同时根据各自贡献率大小可以确定其相对重要性。在此基础上，再结合隶属函数加权法，可以比较科学地对不同品种的抗旱性进行综合评价。

(5) 灰色关联度分析法　根据灰色系统理论将鉴定材料所有测定的指标视为一个灰色系统，通过灰色关联度分析获得各指标与抗旱系数的关联度，并按关联度大小排序，筛选出高效的鉴定指标，从而以此为据评价作物抗旱性的强弱。该方法的关键是参考数列的确定，参考数列是关联分析的标准尺度，它全然决定着关联分析结果的可靠性。

(6) 通径分析法　该方法就是标准化变量的多元线性回归分析。它将相关系数分解为直接作用系数和间接作用系数，以揭示各个因素对因变量的相对重要性，比单独的相关分析和回归分析更为准确。

另外还有聚类分析法和多属性决策法等，也可用于甜菜抗旱性的综合性评价。

二、甜菜抗旱性鉴定的方法

要鉴定甜菜的抗旱性，不仅要建立甜菜抗旱鉴定的评价指标体系，还要有适宜的鉴定方法。在鉴定甜菜的抗旱性过程中，首先要给甜菜创造一个适当的干旱胁迫环境，然后再选择合理的指标来区分甜菜品种间抗旱性差异。按照甜菜生长环境的不同，通常甜菜抗旱性鉴定方法可分为下列几种：

1. 田间直接鉴定法

田间直接鉴定法是将需要鉴定的甜菜品种种于田间，在自然条件下控制灌水，造成不同干旱胁迫条件，使甜菜生长受到影响，进而利用不同指标体系来评价不同甜菜品种的抗旱性。该方法受环境条件的影响较大，特别是降水量不同年份间存在较大变幅，致使每年的鉴定结果难以重复。因此，该鉴定方法通常需要进行多年多点试验才能获得甜菜不同品种抗旱性的相对准确评价。

田间鉴定法方法具有简便易行、无须特殊设备、并兼具产质量指标等优点。该方法可真实反映甜菜在不同水分条件下的生长状况，在开展大规模鉴定评价工作时有效性突出，可获得与当地条件相一致得可靠结果，是目前甜菜育种工作者选择抗旱性品种的主要方式，也是最直接有效的抗旱性鉴定方法之一。但该方法也存在诸如工作量大、筛选鉴定速度慢、不同年份间结果可比性差、鉴定结果难以重复等缺陷。

2. 土壤干旱胁迫鉴定法

该方法是通过室内盆栽控制甜菜的土壤含水量来造成甜菜植株干旱胁迫来鉴别甜菜抗旱性；或使甜菜生长在能调控空气湿度的干旱室中，通过干燥的空气给甜菜植株施加干旱胁迫以鉴定其抗旱性强弱。通常主要包括苗期反复干旱法和土壤干旱法。

(1) 苗期反复干旱法 通常在甜菜六叶期开始进行干旱胁迫处理，当50%幼苗达到永久萎蔫时再度供水使幼苗恢复。然后再次干旱处理使之萎蔫，重复2~3次，最后以甜菜存活幼苗的百分率来评价其苗期抗旱性。

(2) 土壤干旱法 从甜菜苗期开始控水至甜菜收获，盆土含水量用称重法控制，通常将干旱处理分为对照、轻度干旱、中度干旱、重度干旱4种不同干旱胁迫梯度。

土壤干旱胁迫法简便易行，结果可靠且重复性强，但结果说明的是个体而非群体，且与大田的实际情况存在一定差异。特别是苗期反复干旱法对幼苗的抗旱性进行评价，与生长后期的抗旱性还有一定的区别，所以还需要结合全生育期的鉴定结果进行综合考虑。

3. 高渗溶液法

该方法通过不同浓度的高渗溶液（如聚乙二醇、甘露醇、蔗糖、生理盐水等）对甜菜种子萌发或苗期生长进行模拟胁迫处理，造成甜菜的生理干旱，观察甜菜种子萌发率和植株能否正常生长发育，同时结合测定一些相关指标来评价甜菜苗期的抗旱性。该方法不适用于甜菜后期的抗旱性鉴定。目前由于标准不统一，此方法在甜菜抗旱性鉴定方面还存在较大的争议。

4. 大气干旱法

该方法是模拟自然界中的大气干旱环境，将甜菜种植到能控制湿度的干旱室中，通过控制空气湿度给甜菜植株施加干旱胁迫来评价甜菜抗旱性强弱；或给甜菜叶面施用化学干燥剂，通过甜菜对干旱的反应来测定其抗旱性；也有报道通过水培方法将甜菜植株根系暴露到空气中不同时间造成不同强度干旱胁迫，根据甜菜植株的反应来测定其抗旱性。

三、甜菜抗旱性鉴定发展趋势

水分亏缺是当前乃至今后很长一段时间限制农业发展的重要因子之一，提高甜菜自身水分利用效率和抗（耐）旱性是确保甜菜产业高质量可持续发展的重要保障。抗旱性对甜菜而言是一个极其复杂的综合特性，贯穿其生长发育的各个阶段。甜菜在不同生育时期表现出对水分的敏感性和适应性不同，反映出其在不同生育阶段抵抗干旱胁迫的内在机制也存在不同。因此，有必要综合利用甜菜形态指标、生长发育指标、生理生化指标及产量指标等相关鉴定指标，对甜菜品种进行全生育期抗旱性综合鉴定，同时应关注不同生育时期的抗旱性差异，实现甜菜抗旱性鉴定的科学性、准确性和实用性。

构建简便、快速、准确的抗旱性鉴定指标与鉴定方法是加快甜菜抗旱育种进程的基本条件。目前，在甜菜品种抗旱性鉴定上多通过间接鉴定方法开展研究，该方法基于通过模拟干旱胁迫条件下甜菜形态、生长及生理生化等过程的变化差异来评价其抗旱性。但目前对各种变化之间的内在联系缺乏深入研究，还没有全面厘清不同变化之间的逻辑关系，没有具体明确哪些变化过程在提高甜菜抗旱性过程中起主导作用。近年来，随着基因组学技术的逐步发展和完善，人们更多关注的是从甜菜中发掘和鉴定抗旱相关基因，通过调控这些抗旱基因的表达来进一步筛选、确定和完善抗旱指标体系。鉴于甜菜抗旱性是一个涉及多基因调控的极其复杂的数量性状，为进一步提高甜菜抗旱性鉴定指标的科学性和准确性，在借助科学先进仪器设备和引入多重数量分析方法的基础上，今后应重点从细胞、分子等水平上阐明甜菜抗旱的生理基础及其分子机制，通过基因工程手段进行抗旱基因重组，应用常规育种与遗传工程相结合的方法创新甜菜种质资源，培育水分高效利用的抗旱甜菜新品种。

第二节　不同基因型甜菜抗旱性鉴定与抗旱相关指标筛选

以国内外收集的 30 个甜菜品种（品系）为试验材料，采用盆栽反复干旱法，于苗期测定多项形态指标，并进行抗旱性的综合间接评价；以存活率直接评价为依据，对上述间接评价的结果进行验证分析，以进一步确定试验中通过主成分分析法筛选出来并被采用的指标及其方法的准确性和可靠性；同时对供试 30 份甜菜种质做出系统的抗旱评价。旨在为今后抗旱甜菜种质资源的引进、选育和推广奠定基础，并为多品种甜菜抗旱性鉴定提供参考依据。

一、甜菜不同基因型材料与研究方法

1. 甜菜不同基因型材料及来源

甜菜不同基因型材料为国内外收集的 30 份甜菜种质材料（表 4-1），分别来源于国内科研育种单位和国外甜菜育种公司。

表 4-1　不同基因型材料及来源

表 4-1　不同基因型材料及来源

品种名称	来源	品种名称	来源
甜研 309	中国	KWA0149	德国
内甜单 1	中国	KWS3113	德国
内甜抗 201	中国	KWS4121	德国
内甜抗 204	中国	KWS5145	德国
内甜抗 203	中国	KWS6231	德国
包育 302	中国	KWS9145	德国
GTW9601	中国	KWS0143	德国
T131（品系）	中国	KWS9412	德国
T137（品系）	中国	RIMA	荷兰
T154（品系）	中国	IRIS	荷兰
88K1（品系）	中国	ACER	荷兰
农大甜研 4 号	中国	ADV0401	荷兰
HD402	中国	ADV0420	荷兰
ZD204	中德合育	HI0466	瑞士
KWS9454	德国	BETA812	美国

2. 研究方法与测定指标

采用温室盆栽苗期反复干旱法，设置正常供水组和干旱胁迫组，称重法控制水分。每连续 10d 重度干旱胁迫之后浇水 1 次，连续重复 3 个周期，第 30 天进行各项指标的测定。测定指标包括株高、叶长、叶宽、叶厚、根长、根粗、根冠比、地下生物量等形态指标（表 4-2）。

表 4-2　干旱胁迫下 30 个材料抗旱指标平均值

品　　种	株高 (cm)	叶长 (cm)	叶宽 (cm)	叶厚 (mm)	根长 (cm)	根粗 (mm)	地下生物量 (g)	地下生物量胁迫指数	根冠比	根冠比胁迫指数
甜研 309	13.57	6.86	4.66	0.42	6.60	0.27	0.038	1.486	0.164	2.803
内甜单 1	13.10	5.85	3.90	0.31	5.78	0.23	0.039	1.360	0.133	3.901
ID204	12.92	4.32	2.10	0.39	6.37	0.33	0.058	1.227	0.180	4.584
KWS4121	12.95	6.03	4.02	0.31	5.52	0.22	0.039	1.360	0.125	3.029
88K1	12.62	6.88	4.40	0.28	5.22	0.26	0.033	1.269	0.126	3.744
内甜抗 201	13.72	6.77	3.52	0.34	5.72	0.36	0.029	1.369	0.138	3.071
HI0466 瑞士	11.83	4.52	2.01	0.46	6.48	0.39	0.079	1.582	0.186	4.318
BETA812	11.87	4.42	2.03	0.38	6.35	0.36	0.066	1.353	0.183	4.259
内甜抗 204	15.17	8.25	5.85	0.32	4.67	0.22	0.048	1.111	0.134	3.609
农大甜研 4 号	15.95	9.53	6.15	0.37	5.75	0.23	0.044	1.057	0.094	3.610
KWS9412	12.30	7.90	4.30	0.30	6.67	0.29	0.039	1.474	0.099	2.278

（续）

品 种	株高 （cm）	叶长 （cm）	叶宽 （cm）	叶厚 （mm）	根长 （cm）	根粗 （mm）	地下 生物量 （g）	地下生 物量胁 迫指数	冠根 比	根冠比 胁迫 指数
KWS9454	13.18	7.80	4.28	0.32	5.80	0.25	0.038	1.320	0.084	1.654
T154	13.17	7.07	4.97	0.27	6.82	0.23	0.047	1.364	0.112	3.885
KWS5145	12.72	3.88	2.27	0.30	6.88	0.34	0.051	1.224	0.168	3.338
KWS0143	13.80	6.95	3.50	0.29	5.73	0.26	0.040	1.364	0.099	2.750
KWA0149	13.27	6.55	4.43	0.31	5.15	0.29	0.044	1.400	0.186	2.988
ACER 安地	14.04	6.16	3.96	0.32	5.42	0.21	0.058	1.400	0.118	3.397
GTW9601 甘农	14.37	6.13	4.65	0.30	6.27	0.29	0.058	1.232	0.108	3.415
RIMA 安地	14.18	6.83	3.42	0.32	5.43	0.25	0.038	1.333	0.127	3.499
包育 302	13.92	6.05	4.88	0.33	5.60	0.32	0.045	1.422	0.116	2.845
KWS3113	13.07	6.00	4.85	0.29	6.38	0.26	0.046	1.469	0.144	3.361
IRIS 安地	12.47	6.42	3.58	0.33	6.27	0.33	0.039	1.482	0.106	2.752
ADV0401	14.85	6.08	3.52	0.34	5.42	0.33	0.042	1.429	0.089	2.524
HD402 甘	12.07	6.73	3.57	0.36	6.98	0.28	0.041	1.559	0.119	3.841
T137	14.80	7.88	4.00	0.33	5.40	0.30	0.032	1.403	0.122	2.492
内甜抗 203	15.02	7.97	4.90	0.29	4.87	0.24	0.043	1.139	0.158	3.108
KWS6231	13.02	7.82	3.15	0.38	6.08	0.28	0.033	1.433	0.092	2.047
T131	12.87	7.52	4.80	0.36	6.33	0.32	0.047	1.422	0.092	2.650
ADV0420	12.92	7.27	4.05	0.39	5.92	0.38	0.037	1.423	0.129	2.516
KWS9145	13.67	8.08	4.58	0.34	5.88	0.26	0.039	1.486	0.133	2.539

二、不同基因型甜菜种质抗旱性直接评价

通过盆栽反复干旱后不同材料的存活率作为评价实际抗旱性的直接依据。由表 4-5 看出，不同甜菜种质在干旱胁迫下其存活率差异显著，表现出不同的抗旱性。根据存活率不同将其分为 3 个不同抗旱等级：存活率大于 75% 的为抗旱性较强的种质，包括 HI0466、BETA812、ZD204；存活率小于 35% 的为抗旱性较弱的种质，包括农大甜研 4 号、内甜抗 203、内甜抗 204、KWS9454；其余为抗旱中间型材料。

三、不同基因型甜菜多形态指标抗旱性间接综合评价

1. 不同基因型甜菜各指标间方差分析

从方差分析结果表明（表 4-3），30 份甜菜种质的 10 个指标中，除了地下生物量试验材料间差异不显著外，其余 9 个指标试验材料间均差异显著，重复间差异均不显著，符合进行主成分分析的要求。因此，本研究选取差异显著的 9 个抗旱形态指标用作主成分分析。

表4-3　干旱胁迫下30份种质资源10个指标方差分析

指　标	材料间	重复间
植株高度	13.405 33**	1.024
叶片长度	6.650 67**	0.843
叶片宽度	3.455 33**	0.236
叶片厚度	1.830 67*	0.164
根长	5.982 00**	0.249
根粗	1.787 33*	0.139
地下生物量	1.038 67	0.438
地下生物量胁迫指数	1.828 40*	0.287
根冠比	1.711 23*	1.201
根冠比胁迫指数	3.191 90**	0.839

注：*表示差异显著（$P < 0.05$）；**表示差异极显著，（$P < 0.01$）。

2. 主成分分析

特征根和贡献率是主成分分析的主要依据，将30个材料的9个与抗旱性有关的形态指标进行主成分分析后转变为3个主成分（表4-4）。从表4-4的结果看出，第1、第2、第3主成分的贡献率分别为42.822%、19.678%、10.284%，3个主成分的累积贡献率达72.784%，基本上涵盖了9个测定指标的绝大部分信息，因此，前3个主成分可作为30份甜菜种质抗旱性评价综合分析指标。

由表4-4表明，第1主成分特征值为4.282，贡献率为42.822%，对应较大的特征向量有叶片长度、叶片宽度。因其符号为负，表明叶片越短、越窄对抗旱越有利。利用叶片长度、宽度可简单、直接地对30份甜菜种质资源抗旱性进行初步判断。

第2主成分特征值为1.968，贡献率为19.678%，对应较大的特征向量有地下生物量胁迫指数、根冠比胁迫指数。这2个特征向量都与根系因子有关，说明发达的根系组织有利于植株抗旱能力的提高。作为植物吸收、转化和贮藏养分的主要器官，根系的发育状况对地上部的生长有直接的影响，为其抗性的增强提供保障。

第3主成分特征值为1.028，贡献率为10.284%，载荷较高的性状有叶片厚度、根粗。该特征向量反映出叶片厚度、根系体积的增加有利于植株的抗旱。叶片较厚可增加其保水能力，而深根且体积大的品种会不断利用自身根系深且庞大的优势，来吸取土壤深层的贮存水。

表4-4　主成分分析结果

指标及分析结果	主成分		
	1	2	3
植株高度	−0.730	0.390	0.385
叶片长度	−0.840	−0.234	0.240
叶片宽度	−0.818	0.081	0.015

（续）

指标及分析结果	主成分		
	1	2	3
叶片厚度	0.546	−0.155	0.708
根长	0.599	−0.381	−0.312
根粗	0.693	−0.273	0.414
地下生物量胁迫指数	0.433	0.725	−0.058
根冠比	0.626	0.493	0.123
根冠比胁迫指数	0.492	0.716	−0.175
特征值	4.282	1.968	1.028
贡献率（%）	42.822	19.678	10.284
累计贡献率（%）	42.822	62.499	72.784

3. 隶属函数分析

根据主成分分析结果，筛选出贡献率较大的特征向量为叶片长度、叶片宽度、地下生物量胁迫指数、根冠比胁迫指数、叶片厚度 5 个指标进行隶属函数分析，分别计算出 30 份材料 5 个指标的隶属函数值，并求其平均值，来评价其抗旱性强弱（表 4 - 5）。其中，叶片长度、叶片宽度采用反隶属函数公式计算，其他采用隶属函数公式计算，利用表 5 隶属函数平均值的大小对 30 份甜菜种质资源抗旱性进行评价，并以翟春梅、张海燕、杨守萍等在苜蓿、大豆上研究结果为参考进行抗旱级别划分，其中隶属函数值大于 0.7 为抗旱性较强的种质，包括：HI0466、BETA812、ZD204；隶属函数小于 0.3 为抗旱性较弱的种质，包括：农大甜研 4 号、内甜抗 204、KWS9454、内甜抗 203；其余为中间型。

表 4 - 5 干旱胁迫下甜菜存活率、各指标隶属函数值及隶属函数值平均值

序号	品种	R（1）	R（2）	R（3）	R（4）	R（5）	R（6）	S（1）	R（0）（%）
1	甜研 309	0.47	0.36	0.60	0.82	0.39	0.57	0.54	60.54
2	内甜单 1	0.65	0.54	0.16	0.58	0.77	0.61	0.55	63.72
3	ZD204	0.92	0.98	0.49	0.32	1.00	0.83	0.76	79.46
4	KWS4121	0.62	0.52	0.16	0.58	0.47	0.45	0.47	52.11
5	88K1	0.47	0.42	0.05	0.40	0.71	0.36	0.40	45.23
6	内甜抗 201	0.49	0.64	0.29	0.59	0.48	0.54	0.51	58.33
7	HI0466	0.89	1.00	0.77	1.00	0.91	1.00	0.93	92.13
8	BETA812	0.91	0.99	0.43	0.56	0.89	0.85	0.77	81.47
9	内甜抗 204	0.23	0.07	0.20	0.10	0.67	0.06	0.22	23.45
10	农大甜研 4 号	0.00	0.00	0.40	0.00	0.67	0.00	0.18	19.18
11	KWS9412	0.29	0.45	0.11	0.79	0.21	0.28	0.36	39.89
12	KWS9454	0.31	0.45	0.20	0.50	0.00	0.15	0.27	30.16
13	T154	0.44	0.29	0.00	0.59	0.76	0.34	0.40	43.76

（续）

序号	品种	R（1）	R（2）	R（3）	R（4）	R（5）	R（6）	S（1）	R（0）（%）
14	KWS5145	1.00	0.94	0.13	0.32	0.57	0.68	0.61	68.44
15	KWS0143	0.46	0.64	0.09	0.58	0.37	0.29	0.40	40.21
16	KWA0149	0.53	0.41	0.17	0.65	0.46	0.43	0.44	50.33
17	ACER	0.60	0.53	0.18	0.65	0.59	0.55	0.52	59.60
18	GTW9601	0.60	0.36	0.13	0.33	0.60	0.32	0.39	42.31
19	RIMA	0.48	0.66	0.19	0.53	0.63	0.52	0.50	57.21
20	包育302	0.62	0.31	0.24	0.69	0.41	0.47	0.45	53.12
21	KWS3113	0.62	0.31	0.07	0.79	0.58	0.49	0.48	54.87
22	IRIS	0.55	0.62	0.23	0.81	0.37	0.58	0.53	61.34
23	ADV0401	0.61	0.64	0.27	0.71	0.30	0.53	0.51	58.04
24	HD402	0.49	0.62	0.37	0.96	0.75	0.70	0.65	70.32
25	T137	0.29	0.52	0.25	0.66	0.29	0.39	0.40	47.32
26	内甜抗203	0.28	0.30	0.07	0.16	0.50	0.11	0.24	27.31
27	KWS6231	0.30	0.72	0.44	0.72	0.13	0.43	0.46	50.39
28	T131	0.36	0.33	0.35	0.70	0.34	0.38	0.41	46.58
29	ADV0420	0.40	0.51	0.47	0.70	0.29	0.44	0.47	51.42
30	KWS9145	0.26	0.38	0.27	0.82	0.30	0.36	0.40	45.33

注：表中 R（1）、R（2）、R（3）、R（4）、R（5）、R（6）分别表示叶片长度、叶片宽度、地下生物量胁迫指数、根冠比胁迫指数、叶片厚度、存活率的隶属函数值；S（1）表示隶属函数平均值；R（0）表示存活率。

四、甜菜种质抗旱性鉴定方法的判别分析及抗旱指标的筛选

依据存活率评价甜菜的抗旱性与形态指标综合评价甜菜的抗旱性两者相关系数 r＝0.989**，从图 4-1 也可看出存活率评价甜菜抗旱性与形态指标综合评价甜菜抗旱性高度相关，据此，可以把所筛选的形态指标和抗旱排序用于生产实践中。

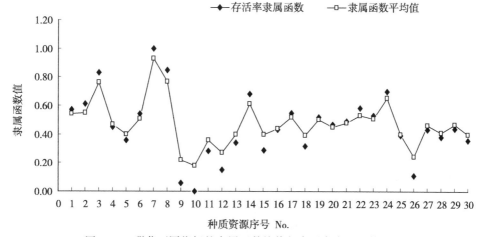

图 4-1　甜菜不同指标的隶属函数均值与存活率隶属函数关系

五、不同基因型甜菜抗旱性田间直接鉴定评价

田间直接鉴定是抗旱鉴定的基本方法，选择适宜的鉴定地点和适当增加重复次数，可得到较为准确的评价结果，筛选获得不同抗旱性材料。但此方法受自然条件变化影响较大，年度间鉴定结果一致性差，但如果将田间抗旱直接鉴定与土壤干旱胁迫法相结合，可有效弥补两种方法存在的弊端，提高抗旱性鉴定的准确性和可靠性。为此，在上述土壤干旱胁迫鉴定的基础上，开展了不同基因型甜菜抗旱性田间直接鉴定。研究分别设置干旱胁迫处理区和对照正常灌水区，测定不同处理区的产质量数据，并计算抗旱指数。

从抗旱指数自身意义来讲，抗旱指数越大，其抗旱性越强。从表 4-6 的结果看出，在重度干旱胁迫下，各供试材料的产量、含糖率、产糖量表现出较大的差异性，如各供试材料产糖量的波动范围每 $667m^2$ 为 94.98～460.23t。表 4-6 的鉴定结果也表明各供试材料的抗旱性存在一定的差异。大多数甜菜种质在水分临界期对干旱的耐受能力较弱，最终造成经济产量严重下降。只有少数甜菜种质在其水分临界期对干旱的耐受能力比较强。利用产糖量抗旱指数对 30 份甜菜种资进行抗旱性鉴定，初步明确了 30 份甜菜种资的抗旱性强弱。从表 6 的结果看，抗旱指数大于 0.8 的有 6 份材料，占 20%，分别为 KWS4121、HI0466、BETA812、RIMA、ADV0401、HD402，表现为较强的抗旱性；抗旱指数小于 0.2 的有 4 份材料，约占 13%，分别为内甜抗 201、内甜抗 204、农大甜研 4 号、内甜抗 203，表现为极弱的抗旱性；其余 20 份材料其抗旱指数介于 0.2～0.8 之间，属抗旱性中等材料。

表 4-6　不同水分条件下甜菜各品种产量、含糖率、产糖量及抗旱指数情况

序号	品种	每 $667m^2$ 产量（t）		含糖率（%）		每 $667m^2$ 产糖量（t）		抗旱指数（DI）
		对照	处理	对照	处理	对照	处理	
1	甜研 309	2 666.2	1 368.6	17.91	18.00	477.52	246.35	0.449d
2	内甜单 1	6 165.7	1 914	15.78	15.23	972.95	291.50	0.309e
3	ZD204	3 624.4	2 161.1	15.74	16.60	570.48	358.74	0.798b
4	KWS4121	4 999.2	2 047.3	15.94	22.48	796.87	460.23	0.940a
5	88K1	3 499.4	1 166.8	15.06	14.91	527.01	173.97	0.203ef
6	内甜抗 201	3 478.6	1 047.5	17.6	15.65	612.23	163.90	0.155f
7	HI0466	4 442.8	2 508.4	14.94	16.53	663.75	414.64	0.916a
8	BETA812	4 665.9	2 480.6	14.34	17.60	669.09	436.59	1.007a
9	内甜抗 204	4 207.7	722.3	15.42	13.15	648.83	94.98	0.049g
10	农大甜研 4 号	3 457.8	998.9	16.67	17.08	576.42	170.61	0.179f
11	KWS9412	3 749.4	2 022.3	13.89	14.08	520.79	284.74	0.550cd
12	KWS9454	4 095.1	1 444.5	14.47	16.04	708.32	231.70	0.303e
13	T154	3 091.1	1 403.1	18.02	16.24	593.06	211.14	0.330e
14	KWS5145	3 957.7	2 022.3	16.40	17.36	649.06	351.07	0.671c
15	KWS0143	5 978.2	2 166.8	13.58	15.52	811.84	336.29	0.493d

（续）

序号	品种	每 667m² 产量（t）		含糖率（%）		每 667m² 产糖量（t）		抗旱指数（DI）
		对照	处理	对照	处理	对照	处理	
16	KWA0149	4 436.8	1 613.9	15.72	16.59	697.46	267.75	0.363e
17	ACER	4 582.6	1 444.5	15.7	18.08	719.47	261.17	0.335e
18	GTW9601	3 749.4	1 797.2	15.74	18.24	590.16	327.81	0.644c
19	RIMA	4 540.9	2 308.4	17.12	18.32	777.40	422.90	0.813b
20	包育 302	3 478.6	1 697.3	17.18	15.79	597.62	268.00	0.425d
21	KWS3113	3 770.2	1 552.9	15.68	17.76	591.17	275.80	0.455d
22	IRIS	3 645.3	2 066.8	15.79	16.53	575.59	341.64	0.717b
23	ADV0401	4 149.4	2 408.5	15.46	16.77	641.50	403.91	0.899ab
24	HD402	3 353.6	2 166.8	15.60	16.19	523.16	350.80	0.832ab
25	T137	3 874.4	1 255.6	17.60	19.25	693.52	241.70	0.303e
26	内甜抗 203	3 499.6	983.4	17.28	14.64	604.73	143.97	0.121f
27	KWS6231	3 270.3	1 302.8	16.07	16.24	525.54	211.57	0.301e
28	T131	2 666.2	1 180.6	16.80	16.92	447.92	199.76	0.315e
29	ADV0420	3 416.1	1 866.7	16.98	17.63	580.05	329.10	0.660c
30	KWS9145	3 843.1	1 661.2	14.11	14.75	534.58	211.80	0.392de

第三节　抗旱指标与评价结果的可靠性分析

有关耐旱性筛选方法与鉴定指标的研究相当活跃，大量的文献提到了各种不同的筛选方法和鉴定指标，这些方法和指标从不同方面、不同角度为作物耐旱性筛选提供了理论参考和实践依据。其中用反复干旱存活率鉴定作物品种的抗旱性，理论依据充分，具有较强实用价值。在干旱条件下，植株特征的变化是重要的抗旱指标，是植物适应环境变异最直接的表现。相对于抗旱性弱的品种，抗旱性强的种质资源可通过调节和改变叶片结构特征，减少水分损失来增强抗旱性，可利用根系结构的变化来加强其自身吸收水分的能力等。

多指标分析中常因指标间一定相关性的存在，造成数据反映的信息在一定程度的重叠。而单独分析每个指标，结果又可能孤立而不综合。盲目删减指标会造成信息的缺失，易产生错误的结论。通过主成分分析，将原始数据进行了转换，在简化分析过程的同时，使多个变量所提供的原始信息能最大程度得以保留，确保分析结果的准确性。本章节对甜菜的 9 个抗旱指标进行主成分分析，并得出了 5 个综合指标，基本上涵盖了 9 个测定指标的绝大部分信息。采用隶属函数分析法对 30 个甜菜种质资源抗旱性进行了评价，该方法提供了一条在多指标测定基础上进行综合评价的途径，避免了单一指标的片面性。采用多指标体系进行种质资源抗旱性的综合评价，可更好地明确甜菜对干旱胁迫的适应机制，并确保抗旱鉴定的准确性。

本章节中对 30 份甜菜种质资源通过以存活率为指标的直接评价法和多指标的隶属函

数综合评价法分别进行了抗旱性鉴定，结果表明 2 种方法的鉴定结果比较一致，对 2 种方法鉴定结果的关联分析显示两者呈极显著相关，表明利用形态指标综合评价甜菜的抗旱性是可靠、易行的。存活率评价方法简单，结果可靠，但不利于耐旱性生理机制研究；隶属函数值法虽然方法烦琐，但结果也较为可靠，可在育种、生理等方面研究中应用。

因盆栽环境与田间环境存在一定的差异，小气候特点较为明显，可通过田间进一步检验，以确保结果的准确性。产糖量抗旱指数可作为鉴定评价甜菜抗旱性的田间鉴定指标。该指标由于受不同年份气候、土壤肥力等因素的影响，不同年份间往往变化较大，但只要取样、统计方法准确，同一品种在不同年份间该指数的变化趋势是基本一致的。

甜菜叶丛快速生长期和块根、糖分增长期是甜菜对缺水最敏感的时期，也是甜菜发育中对水分需求最关键时期。该时期干旱胁迫强度过大时，会破坏植株内水分平衡，引起叶片萎蔫，妨碍光合作用，导致生长延缓，物质转移受限，严重影响甜菜的产量和糖分；而胁迫强度过小时又无法与对照拉开差距，无法准确鉴定出各供试材料间抗旱性差异。以供试材料干旱处理区产糖量和对照正常灌水区的产糖量抗旱指数为指标，干旱胁迫强度以该指标的变异系数最大时最为合适，该胁迫程度下能使各供试材料的抗旱性指数差异得以充分体现，更好地区分材料间的抗旱性。参照水稻、玉米、小麦等作物的研究结果，初步认为甜菜最终其经济产量大致下降 40%～50% 时，既保证大部分供试材料的基本生长代谢，又可拉开各材料间产质量的距离，能较准确地对各供试材料的抗旱性强弱做出鉴定。有关甜菜在缺水敏感期胁迫程度的准确界定，还有待于进一步研究。

田间鉴定结果表明，不同供试材料的抗旱性存在一定的差异，其中抗旱性较强的材料为 KWS4121、HI0466、BETA812、RIMA、ADV0401、HD402，抗旱性较弱的材料为内甜抗 201、内甜抗 204、农大甜研 4 号、内甜抗 203。该鉴定结果与苗期室内抗旱性综合评价结果基本吻合，进一步证实苗期室内鉴定与评价的可行性和准确性。为甜菜种质资源抗旱性大规模筛选提供了新技术，也为甜菜抗旱种质创新、抗旱育种提供优异的抗旱种质。

第四节　小结与展望

农业水资源不足是制约农业发展的关键因素，通过提高作物水分利用效率来增强作物自身抗（耐）旱能力在未来农业发展中潜力巨大，发展前景十分广阔。本章节通过反复干旱存活率鉴定与多指标主成分和隶属函数分析相结合，对不同基因型甜菜种质资源抗旱性进行综合评价，并通过田间试验对评价结果进行了验证，最终筛选鉴定到甜菜品种 HI0466、BETA812 具有一致的强抗旱性，内甜抗 204、农大甜研 4 号、内甜抗 203 具有一致的弱抗旱性，这些材料可为今后进一步开展甜菜抗旱生理基础及分子机制研究提供参考。另外，叶片长度、叶片宽度、地下生物量胁迫指数、根冠比胁迫指数、叶片厚度 5 个指标可作为甜菜苗期抗旱性评价的参考指标，为大规模筛选甜菜种质资源抗旱性提供了简单、快速、可靠的新技术，为加速甜菜抗旱育种进程提供前提条件。鉴于作物抗旱性自身所存在的复杂性，今后仍需从抗旱种质资源筛选方法优化、生理及分子机理阐明、常规育种与分子育种结合等多角度开展工作，开辟甜菜抗旱育种工作新局面。

参考文献

程建峰，潘晓云，刘宜柏，等，2005. 水稻抗旱性鉴定的形态指标 [J]. 生态学报，25（11）：3117 - 3125.

龚明，1989. 作物抗旱性鉴定方法与指标及其综合评价 [J]. 云南农业大学学报，4（1）：73 - 81.

胡标林，李名迪，万勇，等，2005. 我国水稻抗旱性鉴定方法与指标研究进展 [J]. 江西农业学报，17（2）：56 - 60.

胡荣海，昌小平，等，1996. 反复干旱法的生理基础及其应用 [J]. 华北农学报，11（3）：51 - 56.

江龙，1999. 作物抗旱性的研究方法 [J]. 贵州农业科学，27（5）：70 - 72.

兰巨生，胡福顺，张景瑞，等，1990. 作物抗旱指数的概念和统计方法 [J]. 华北农学报，5（2）：20 - 25.

李丽芳，罗晓芳，王华芳，2004. 植物抗旱基因工程研究进展 [J]. 西北林学院学报，19（3）：53 - 57.

李艳，马均，王贺正，等，2005. 水稻品种苗期抗旱性鉴定指标筛选及其综合评价 [J]. 西南农业学报，18（3）：250 - 255.

梁银丽，康绍忠，张成娥，1999. 不同水分条件下小麦生长特性及氮磷营养的调节作用 [J]. 干旱地区农业研究，17（4）：58 - 65.

刘成，石云素，宋燕春，等，2007. 玉米种质资源抗旱性的田间鉴定与评价 [J]. 新疆农业科学，44（4）：545 - 548.

陶玲，任君，1999. 牧草抗旱性综合评价的研究 [J]. 甘肃农业大学学报，34（1）：23 - 28.

田富林，1997. 小麦苗期抗旱指数的应用研究 [J]. 甘肃农业科技（1）：8 - 10.

文峰，李自超，田玉秀，等，2006. 水稻苗期聚乙二醇胁迫与田间抗旱性的遗传分析 [J]. 新疆农业大学学报，29（3）：31 - 36.

严美龄，李向东，2004. 不同花生品种的抗旱性比较鉴定 [J]. 花生学报，33（1）：8 - 12.

张木清，陈如凯，等，2005. 作物抗旱分子生理与遗传改良 [M]. 北京：科学出版社.

张彤，齐麟，2005. 植物抗旱机理研究进展 [J]. 湖北农业科学（4）：107 - 110.

张灿军，冀天会，杨子光，等，2007. 小麦抗旱性鉴定方法及评价指标研究 I - 鉴定方法及评价指标 [J]. 中国农学通报，23（9）：226 - 230.

赵洪兵，黄亚群，2007. 不同玉米杂交种抗旱性比较及抗旱性鉴定指标的研究 [J]. 华北农学报，22（增刊）：66 - 70.

赵相勇，袁庆华，何胜江，2008. 高羊茅苗期抗旱性综合评价 [J]. 贵州农业科学，36（5）：118 - 120.

Baum M，Grando S，Backes G，et al.，2003. QTLs for agronomic traits in the Mediterranean environment identified in recombinant inbred lines of the cross 'Arta' × *H. spontaneum* 41 - 1 [J]. Theor Appl Genet，107：1215 - 1225.

Cakir R，2004. Effect of water stress at different development stages on vegetative and reproductive growth of corn [J]. Field Crops Res，89：1 - 16.

Chipilski R，Andonov B，Boyadjieva D，et al.，2009. A study of a germplasm *T. aestivum* L. for breeding of drought tolerance [J]. Journal of Agricultural Science and Forest Science，8（2）：44 - 48.

Jadranka L，Ivana M，Lana Z，et al.，2009. Histological characteristics of sugar beet leaves potentially linked to drought tolerance [J]. Industrial Crops and Products，30：281 - 286.

Jiang G M，Sun J Z，Liu H Q，et al.，2003. Changes in the rate of photosynthesis accompanying the yield increase in wheat cultivars released in the past 50 years [J]. J Plant Res，116：347 - 354.

Kashiwagi T，Ishimaru K，2004. Identification and functional analysis of a locus for improvement of lodging resistance in rice [J]. Plant Physiol，134：676 - 683.

Quarrie S A，Pekic Quarrie S，Radosevic R，et al.，2006. Dissecting a wheat QTL for yield present in a range of environments：From the QTL to candidate genes [J]. J Exp Bot，57：2627 - 2637.

Sakamoto T，Matsuoka M，2004. Generating high-yielding varieties by genetic manipulation of plant architecture [J]. Curr Opin Biotechnol，15：144 - 147.

第五章 活性氧代谢机制与甜菜抗旱性

当植物在长期干旱胁迫下，使产生的活性氧（ROS）超出自身活性氧清除系统的能力时，就会造成氧化损伤。自20世纪60年代末，Fridovich（1967）等提出生物自由基伤害假说以来，其在植物抗逆性机理及衰老的研究中就广受关注。

植物在长期的系统进化过程中，为保护自身免受活性氧伤害，细胞内逐步形成了防御活性氧伤害的保护机制，包括非酶抗氧化剂和抗氧化酶类。而活性氧清除酶系统常扮演重要角色，它们可有效地阻止高浓度活性氧的积累，防止膜脂过氧化作用，使植物维持正常的生长和发育。另外，植物体内还存在非酶抗氧化剂，包括亲脂的维生素E和类胡萝卜素（Car），亲水的抗坏血酸（AsA）和谷胱甘肽（GSH）等。而实际上不同植物对干旱的应激方式不尽相同，有些以酶促抗氧化作用为主，有些则以非酶促抗氧化为主，有时是两者共同作用的结果，因此难以靠一种物质的活性或含量作出准确的判断。对抗氧化酶活性、抗氧化剂以及某些特征代谢物进行综合性评价其生物学意义更为突出。

目前国内外对干旱胁迫下甜菜活性氧产生及清除机制的报道主要集中在抗氧化酶活性及其同工酶变化等方面，对干旱胁迫下甜菜活性氧产生及清除机制的系统研究报道较少。本章节在上述对不同基因型甜菜抗旱性评价鉴定的基础上，对干旱胁迫下不同抗旱性甜菜其酶促保护系统的酶活性、非酶保护系统抗氧化物质的含量变化及细胞膜透性进行了动态研究，旨从生理角度进一步阐明不同品种甜菜的抗旱性差异及抗旱生理基础，为抗旱甜菜的育种提供理论依据。

第一节 不同抗旱性甜菜品种抗氧化系统对干旱胁迫的响应

一、甜菜保护酶系统对干旱胁迫的响应

1. 甜菜抗氧化系统研究策略

基于甜菜抗旱性综合评价鉴定的基础上，选用抗旱性强弱不同的甜菜品种HI0466和农大甜研4号，室内盆栽种植并在苗期采用模拟干旱胁迫环境进行不同干旱胁迫处理，研究不同干旱胁迫下甜菜超氧化物歧化酶（SOD）、过氧化物酶（POD）等保护系统酶活性、类胡萝卜素（Car）、还原性谷胱甘肽（GSH）等抗氧化物质含量以及细胞膜相对透性的动态变化趋势。

2. 甜菜不同抗旱基因型SOD活性变化

（1）甜菜块根SOD活性变化 根是植物最先感受到干旱胁迫的部位，并将胁迫信号

迅速传递到其他部位。由图 5-1A 可知，在正常供水条件下，两种抗旱差异显著的基因型甜菜根内 SOD 活性变化趋势平缓且稳定，差异不显著（$P>0.05$）。在胁迫第 1 天内，根中 SOD 活性呈上升趋势，在感受到外界的胁迫后，会使植物防御系统被激活并在根中合成较多的 SOD，以保护植物免收水分胁迫的伤害。此后，SOD 活性随着胁迫程度的加剧开始逐步下降，直到胁迫结束。图 5-1B 的结果也表明，两种基因型甜菜 SOD 活性变化趋势相似，但抗旱材料 HI0466 的下降程度低于弱抗旱材料农大甜研 4 号，在干旱胁迫后的第 1 天，第 3 天，第 5 天，HI0466 的 SOD 活性较农大甜研 4 号分别高出 11.91％，4.56％，30.76％。在胁迫第 5 天时变化幅度出现显著差异（$P<0.05$）；当复水后，两种基因型甜菜根内 SOD 活性均开始逐步回升，且 HI0466 的恢复程度明显优于农大甜研 4 号。

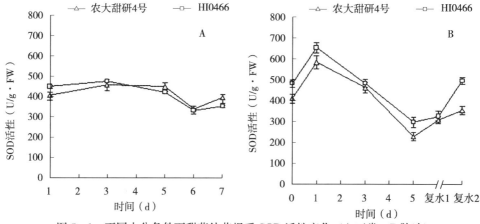

图 5-1　不同水分条件下甜菜幼苗根系 SOD 活性变化（A 正常；B 胁迫）

（2）甜菜幼苗叶片 SOD 活性变化　逆境条件下植物会逐步形成一种感受、适应和修补的机制。从图 5-2A 可看出，在正常供水条件下，两种不同基因型材料叶片内 SOD 活性变化趋于稳定且不存在差异性；图 5-2B 的结果表明，在干旱胁迫过程中，两种基因型甜菜 SOD 活性变化趋势相似，第 1 天胁迫，可能由于胁迫刚开始，酶防御系统还未来得及启动，水分的显著降低造成酶合成的受阻，使叶片中 SOD 活性呈下降趋势。此后一直

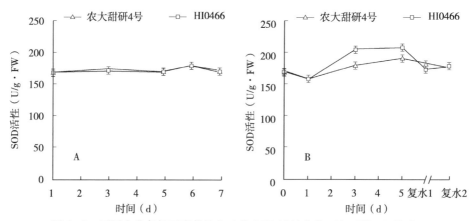

图 5-2　不同水分条件下甜菜幼苗叶片 SOD 活性变化（A 正常；B 胁迫）

到胁迫第 5 天，两种材料叶片内 SOD 活性开始平缓升高，且抗旱材料 HI0466 的增加速度较快，在胁迫后第 3 天，第 5 天，其叶片 SOD 活性比农大甜研 4 号分别高出 3.67％和9.33％，并在胁迫第 5 天达到最高，与农大甜研 4 号叶片 SOD 活性差异显著（P<0.05）。复水后，两材料叶片 SOD 活性又逐步恢复到正常水平。

3. 甜菜不同抗旱基因型 POD 活性变化

（1）甜菜块根 POD 活性变化　从图 5-3A 结果可看出，在正常供水条件下，2 种基因型甜菜根内 POD 活性变化趋势平缓，品种间差异不显著（P>0.05）。图 5-3B 的结果表明，在干旱胁迫过程中，不同基因型甜菜根中 POD 活性均出现先升高后降低的变化规律，但不同材料其峰值出现的时间不同，抗旱材料 HI0466 的 POD 活性在胁迫后 3d 达到最大值，且与农大甜研 4 号达极显著差异（P<0.01）。而农大甜研 4 号在胁迫 1d 后其 POD 活性就达到最高峰，此后随着胁迫程度的加剧开始显著降低，在水分胁迫 3～5d 期间内，抗旱材料 HI0466 根内 POD 活性明显高于水分敏感型材料农大甜研 4 号 105.47％和18.77％；在复水后，2 材料根内 POD 活性又逐步恢复到正常水平，品种间不存在差异。

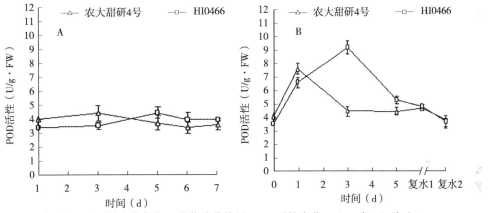

图 5-3　不同水分条件下甜菜幼苗块根 POD 活性变化（A 正常；B 胁迫）

（2）甜菜幼苗叶片 POD 活性变化　由图 5-4A 可见，在正常供水条件下，2 种不同基因型甜菜叶片内 POD 活性就存在显著差异（P<0.05），抗旱材料 HI0466 叶片的

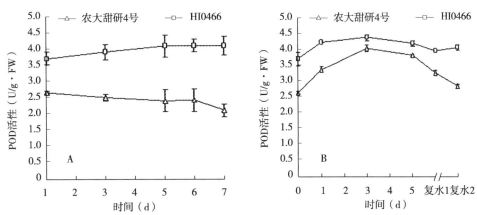

图 5-4　不同水分条件下甜菜幼苗叶片 POD 活性变化（A 正常；B 胁迫）

POD 活性显著高于农大甜研 4 号。图 5-4B 的结果表明，干旱胁迫处理后，不同品种间叶片 POD 活性的变化趋势基本一致，均呈现出先上升后下降的趋势，但在整个胁迫过程中，抗旱材料 HI0466 仍保持其较高的叶片 POD 活性，在干旱胁迫后的第 1 天，第 3 天，第 5 天，其叶片内 POD 活性分别较农大甜研 4 号高出 25.74％，8.25％，9.85％，差异显著（$P < 0.05$）。复水后 POD 活性缓慢上升并逐步恢复到对照水平。

二、甜菜非保护酶系统对干旱胁迫的响应

1. 类胡萝卜素（Car）含量的变化

Car 既是光合色素，也是植物体内的一种抗氧化物质，除承担光合作用的一定功能外，还可有效清除植物体内产生的自由基等有害物质，减轻对植物细胞的伤害。图 5-5A 显示，水分供应正常的情况下，两材料叶片内 Car 含量虽没发生明显的波动，却存在显著差异（$P < 0.05$），HI0466 叶片内 Car 含量显著高于农大甜研 4 号。图 5-5B 结果看出，干旱胁迫处理下 2 个品种甜菜叶片的 Car 含量都呈上升趋势，在胁迫第 3d 达到高峰。其中 HI0466 Car 含量较胁迫前提高了 55.35％，农大甜研 4 号 Car 含量较胁迫前提高了 44.61％，在胁迫 3～5d 内 HI0466 的 Car 含量高于农大甜研 4 号，差异达极显著水平（$P < 0.01$）。在整个胁迫过程中，HI0466 相对较高的 Car 含量，表明水分胁迫下 Car 起到较强的抗氧化作用，对 HI0466 抗旱性的增强有一定的作用；复水后 Car 含量明显降低并均接近对照值，与未胁迫阶段相比差异不显著（$P > 0.05$）。

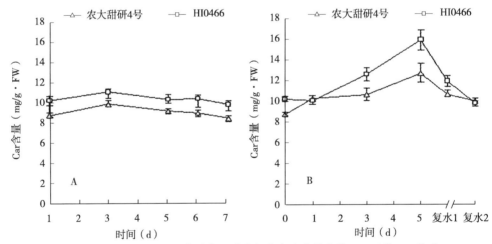

图 5-5 不同水分条件下甜菜幼苗叶片类胡萝卜素含量变化（A 正常；B 胁迫）

2. 谷胱甘肽（GSH）含量变化

干旱胁迫下，植物体内抗氧化物质 GSH 可以通过 Halliwell-Asada 途径或与 AsA 相伴进行的循环过程来清除 H_2O_2，以减轻脂质过氧化造成的损伤。从图 5-6A、图 5-7A 可以看出，在正常水分条件下，供试材料根系、叶片内 GSH 含量变化幅度平稳，但叶片内抗旱材料 HI0466 GSH 含量稍高于农大甜研 4 号。而图 5-6B、图 5-7B 表明，在干旱胁迫前 3d 内，2 个品种甜菜根系、叶片的 GSH 含量均显著升高，农大甜研 4 号在胁迫 3d 内升高速度较快，相比之下，抗旱材料 HI0466 的增幅较慢，结果使两品种间在胁迫第 3

天差异较显著。进一步的干旱胁迫使两品种甜菜根系、叶片的 GSH 含量急剧下降。复水后根系 GSH 含量恢复较快，而叶片的恢复则需要较长的时间，可能胁迫对叶片 GSH 的合成途径影响较大。从抗旱性弱的品种干旱胁迫下具有比抗旱性强的品种高的 GSH 含量可推测，抗旱性强的品种膜脂过氧化程度相对较轻，活性氧累计较少，而抗旱性弱的品种在活性氧清除方面对 GSH 的依赖性较强。

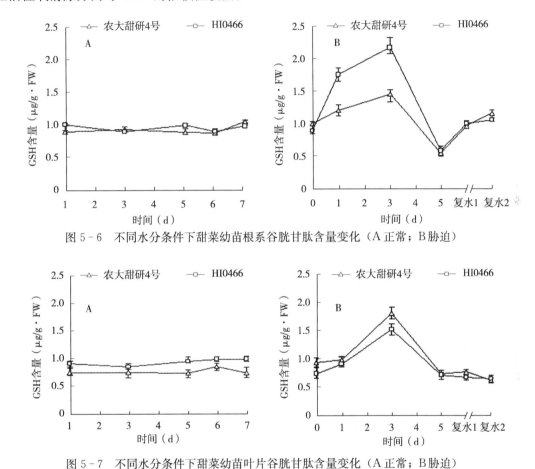

图 5-6　不同水分条件下甜菜幼苗根系谷胱甘肽含量变化（A 正常；B 胁迫）

图 5-7　不同水分条件下甜菜幼苗叶片谷胱甘肽含量变化（A 正常；B 胁迫）

三、干旱胁迫对甜菜细胞膜透性的影响

植物在干旱胁迫下细胞膜会受到不同程度的伤害，导致细胞膜透性加大。通常以测定电导率来判断电解质外渗程度，进而推测细胞膜伤害程度。从图 5-8A 可以看出，正常供水条件下试验中两种甜菜的膜透性变化范围在 22.54%～25.77%，没有出现较大幅度波动，方差分析结果表明，试验期内种间差异不显著（$P > 0.05$）。图 5-8B 表明，随着干旱胁迫强度的增加，2 个品种甜菜叶片的膜透性均出现不同程度的增大。随胁迫时间的延长，在干旱胁迫第 3 天，2 个品种甜菜叶片的膜透性均显著提高，品种间差异显著（$P < 0.05$）。其中农大甜研 4 号的敏感性更强，膜透性较处理前升高了 2.48 倍；相比之下 HI0466 的敏感性较低，膜透性较处理前仅提高了 1.89 倍。在干旱胁迫第 5 天，2 品种

叶片膜透性虽都有升高，但升高幅度均较小。复水后，两种甜菜叶片的膜透性开始下降，但复水 2d 后都未降低到对照水平，表明两种甜菜叶片质膜均受到损伤。从恢复程度看，HI0466、农大甜研 4 号分别恢复到对照的 1.13 倍和 1.73 倍，抗旱材料 HI0466 已恢复到接近对照水平，表明抗旱性强的品种在干旱胁迫下细胞结构受损程度较轻，可在短时间内得以迅速恢复。

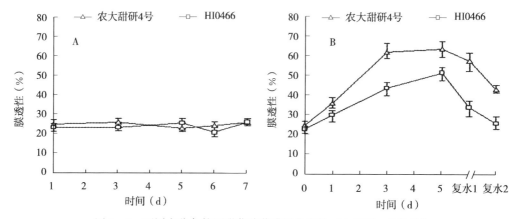

图 5-8　不同水分条件下甜菜幼苗膜透性变化（A 正常；B 胁迫）

第二节　抗氧化系统对增强甜菜抗旱性的作用

植物的生长过程中总是处于活性氧的动态平衡中。逆境胁迫可造成代谢障碍，大大增强活性氧的产生速率，造成膜脂过氧化，同时过氧化产物 MDA 的产生和累积会加剧对细胞的毒害，进而引起酶和膜的损伤，并导致膜结构及生理机能的破坏。植物体内酶促和非酶促两大系统具有抑制、消除或淬灭已存在活性氧的作用，但不同植物其活性氧清除机制不同。本研究也证实，甜菜抗旱性的增强与活性氧清除能力密切相关。

一、酶促系统在甜菜抗旱中的作用

活性氧清除系统中，干旱胁迫下，抗旱性较强的甜菜 HI0466 的 SOD 和 POD 酶活性上升幅度较大。在胁迫 1d 后当幼苗根系的 SOD 开始下降时，POD 活性升至最高；在干旱胁迫下，当某种酶活性降低时，通过调动其他酶的活性来维持活性氧的清除能力，且抗旱性强的甜菜酶系统内部的协调能力更强。而叶片中的 SOD、POD 保持持续缓慢的升高，并且在胁迫第 5 天，胁迫程度已达重度干旱胁迫条件下，SOD 的活性出现下降的情况下，POD 仍能保持较高酶活性。表明抗旱材料 HI0466 在抵御干旱胁迫过程中 SOD、POD 有重要作用，两种酶活性彼此协调，使其酶系统有着较强的防御能力。

二、非酶促系统在甜菜抗旱中的作用

植物非酶促清除系统主要包括类胡萝卜素（Car）、还原型谷胱甘肽（GSH）等。通过它们可以直接或间接地清除系统中的活性氧。已有研究表明，Car 是植物体内重要的非酶活性氧清除物质。它是有效的氧自由基猝灭剂，可有效防止光合色素被氧化，维持光合作用的正常进行。当干旱缺水时，植物新陈代谢受阻，光合作用减弱，通过 Car 含量的升高，一方面可使过多光能被吸收，减轻光抑制；另外还可通过光解或氧化分解，转变为黄质醛，最终形成 ABA，来提高对逆境的适应能力。从本试验的结果看出，抗旱性不同的 2 种甜菜在正常供水条件下体内 Car 含量就存在差异，抗旱性强的材料 HI0466 体内 Car 含量要高于农大甜研 4 号。在整个胁迫过程中，抗旱材料 HI0466 体内 Car 含量在大幅度升高，且随着胁迫程度加剧，两供试品种间的差异也更加显著，抗旱材料 HI0466 的优势更加明显。表明抗旱性强的甜菜非酶系统中的 Car 对干旱胁迫的敏感性要强于抗旱性差的甜菜。在非酶促系统同样也存在不同物质间的相互协调，在干旱胁迫 1～3d 内，当 Car 含量持续缓慢上升时，GSH 含量也开始大幅度提升，其中抗旱性弱的农大甜研 4 号 GSH 上升的幅度更大，在胁迫第 3 天时已显著高于抗旱材料 HI0466，非酶促物质间表现出更强的协调性。从 Car、GSH 等抗氧化物质在胁迫过程的变化上也不难看出，通过 Car、GSH 含量的增加以及相互间协调作用的增强，使抗旱甜菜 HI0466 的抗旱性得以增强，干旱胁迫下 Car、GSH 在甜菜 HI0466 中的含量一直持续稳定升高，这进一步增强了 HI0466 的抗逆性。

第三节　小结与展望

干旱是影响甜菜正常生长发育的一种重要胁迫因子。它能干扰甜菜细胞中活性氧产生与清除的平衡，导致细胞特别是细胞膜遭受氧化胁迫。本章节研究结果表明，靠单一的某种抗氧化酶或抗氧化物不足以抵御水分亏缺引发的氧化伤害，要靠整个防御体系的协调配合，以维持植株膜结构的相对稳定和生理功能的正常进行。干旱胁迫下，通过诱导保护酶系基因的表达，在保护酶系 SOD、POD 及抗氧化性物质 Car、GSH 的共同协调作用下，使甜菜抗旱材料的细胞结构得到很好的保护，表现为活性氧可维持在较低水平，膜脂过氧化程度小，使细胞膜透性小，抗失水能力强，表现出较强的抗旱性。

ROS 在作物体内具有双重功能，既是有氧代谢过程中的有毒产物，又可作为细胞内不可或缺的信号分子，适宜浓度的 ROS 是植物生长发育所必需的；但在逆境（如干旱）胁迫下，其 ROS 会在体内大量积累，严重影响细胞内正常的生理生化代谢活动，严重时会杀死细胞。当然，ROS 也可作为胁迫信号激活体内抗氧化防御系统的应答，调节抗氧化酶类的表达水平和酶活性，或者改变抗氧化物质的含量，达到消除过量 ROS 积累产生的不利影响，维持植物正常代谢并提高植物的抗逆性。今后对干旱胁迫下甜菜 ROS 调节机制的深入研究和系统解析，将有助于我们深入理解甜菜抵抗干旱胁迫的分子机制，从而用以改善甚至改良甜菜抗旱性，同时为甜菜分子育种提供新的耐旱性分子标记，为甜菜新品种培育提供理论依据。

参考文献

段咏新，李松泉，傅家瑞，等，1997. 钙对延缓杂交水稻叶片衰老的作用机理 [J]. 杂交水稻，12（6）：

23-25.

高兴国，王磊，杨顺强，等，2019. 干旱胁迫对光叶珙桐幼苗抗氧化系统的影响 [J]. 西部林业科学，48 (1)：23-28.

刘聪，董腊嫒，林建中，等，2019. 逆境胁迫下植物体内活性氧代谢及调控机理研究进展 [J]. 生命科学研究 (3)：253-258.

路其祥，2020. 干旱胁迫对蒲公英抗性生理生化指标的影响 [D]. 邯郸：河北工程大学.

马玉玲，李爽，王文佳，等，2018. 不同干旱胁迫程度对大豆叶片抗氧化特性的影响 [J]. 沈阳农业大学学报，195 (4)：69-74.

秦岭，陈二影，杨延兵，等，2019. 干旱和复水对不同耐旱型谷子品种苗期生理指标的影响 [J]. 中国农业科技导报，21 (3)：146-151.

邵德意，罗海华，陈功，等，2018. 花铃期土壤干旱对棉花叶片抗氧化及光合作用的影响 [J]. 棉花学报，30 (2)：155-163.

沈文飚，叶茂炳，徐郎莱，1997. 小麦旗叶自然衰老过程中清除活性氧能力的变化 [J]. 植物学报，39 (7)：634-640.

时连辉，牟志美，姚健，2005. 不同桑树品种在土壤水分胁迫下膜伤害和保护酶活性变化 [J]. 蚕业科学，31 (1)：13-17.

时忠杰，胡哲森，李荣生，2002. 水分胁迫与活性氧代谢 [J]. 贵州大学学报，21 (2)：140-145.

王爱国，邵从本，罗广，1986. 丙二醛作为植物脂质过氧化指标的探讨 [J]. 植物生理学通讯 (2)：55-57.

王福祥，肖开转，姜身飞，等，2019. 干旱胁迫下植物体内活性氧的作用机制 [J]. 科学通报，64 (17)：13-27.

徐小蓉，何小红，乙引，2019. 钙离子对干旱胁迫下铁皮石斛愈伤组织保护酶系统的影响 [J]. 分子植物育种 (11)：3709-3716.

闫成仕，2002. 水分胁迫下植物叶片抗氧化系统的相应研究进展 [J]. 烟台师范学院学报 (自然科学版)，18 (3)：220-225.

阎秀峰，李晶，祖元刚，1999. 干旱胁迫对红松幼苗保护酶活性及脂质过氧化作用的影响 [J]. 生态学报，19 (6)：850-854.

张宪政，1992. 作物生理研究法 [M]. 北京：农业出版社.

郑国琦，谢亚军，2008. 干旱胁迫对宁夏枸杞幼苗膜脂过氧化及抗氧化酶活性的影响 [J]. 安徽农业科学，36 (4)：1343-1344.

朱诚，曾广文，2000. 4PU230 对水稻叶片衰老与活性氧代谢的影响 [J]. 浙江大学学报 (农业与生命科学版)，26 (5)：483-488.

Anzhi R, Yubao G, Yue C, 2004. Effects of endophyte infection on POD, SOD and PPO isozymes in perennial ryegrass (Lolium perenne L.) under different water conditions [J]. Acta Ecologica Sinica, 24 (7)：1323-1329.

Dugasa M T, Cao F, Ibrahim W, et al., 2019. Differences in physiological and biochemical characteristics in response to single and combined drought and salinity stresses between wheat genotypes differing in salt tolerance [J]. Physiologia Plantarum, 165 (2)：134-143.

Fridovich I., 2013. Superoxide dismutases [J]. Annual Review of Biochemistry, 44 (1)：147-159.

Glusac J, Boroja M, Veljovic-Jovanovic S, et al., 2011. Effects of drought, cadmium and manganese stress on leaf SOD, POD and CAT activities in CAM species Sempervivum tectorum L [C] //10th International Conference on Reactive Oxygen and Nitrogen Species in Plants.

Mccord J M, Fridovich I, 1969. Superoxide dismutase: An enzyme function for erythrocuprein hemocuprein [J]. Journal of Biological Chemistry, 244: 6049 - 6055.

Rodrlguez D, Santa G E, 1995. Effect of phosphorus and drought stress on dry matter and phosphorus allocation in wheat [J]. J plant Nutrition, 18: 2 501.

Yang Y, Han C, Liu Q, et al., 2008. Effect of drought and low light on growth and enzymatic antioxidant system of Picea asperata seedlings [J]. Acta Physiologiae Plantarum, 30 (4): 433 - 440.

Zhang S H, Xu X F, Sun Y M, et al., 2018. Influence of drought hardening on the resistance physiology of potato seedlings under drought stress [J]. Journal of Integrative Agriculture, 17 (2): 336 - 347.

第六章 保水能力及渗透调节作用与甜菜抗旱性

水分是限制植物生长的一个重要因子。在干旱胁迫时，植物的吸水量降低，同时蒸腾量也减少，但蒸腾往往大于吸水，植物的水分状况都会表现出组织含水量下降，并在一系列生理生化及形态变化上有所反映。在干旱条件下一些植物仍可维持相对正常生长，一方面通过加强根系吸水或避免组织过度脱水以维持较高的组织含水量和水势，其次可适当地依赖于细胞的扩张生长和气孔的调节。而渗透调节是植物在逆境下降低渗透势、抵抗逆境胁迫的一种重要方式，可使植物细胞膨压完全或部分地维持，以利于植物的存活和生长。因此，深入研究植物的抗失水能力及对干旱的反应，在生产上积极选用抗旱品种，对提高其抗旱性、增加产量和质量具有十分重要的意义。

本章节将抗旱性强弱不同的甜菜品种 HI0466 和农大甜研 4 号在室内盆栽种植，在苗期采用模拟干旱胁迫环境进行不同干旱胁迫，试图通过不同程度干旱胁迫下甜菜叶片保水能力、渗透调节物质含量的变化来阐明甜菜品种间抗旱性的差异，以期了解不同基因型甜菜适应干旱环境的生理机制，为今后甜菜的抗旱性评价提供一定的理论依据，为甜菜抗旱遗传育种提供适合的鉴定参数。其中叶片相对含水量和水分饱和亏的测定参照（张志良，1994）方法；束缚水与自由水含量的测定参照（吕全，2000）方法；叶水势测定采用压力室法（ZLZ-A 型植物水势测定仪）；可溶性糖测定采用蒽酮比色法；可溶性蛋白质含量测定采用考马斯亮蓝 G-250 法；K^+ 含量测定采用原子吸收分光光度法；游离脯氨酸、甜菜碱含量测定参照（侯彩霞，现代植物生理学，2004）方法。

第一节 干旱胁迫对不同基因型甜菜叶片保水能力的影响

一、干旱胁迫对甜菜叶片相对含水量的影响

叶片相对含水量（RWC）是反映植物水分状况的生理指标，常用于反应叶片保水力强弱。图 6-1A 显示，在本试验中，正常供水下，甜菜叶片相对含水量随着幼苗的生长而缓慢升高，HI0466 叶片内的相对含水量略大于农大甜研 4 号，但品种间无差异（$P>0.05$）。当干旱胁迫处理后（图 6-1B），2 个品种甜菜叶片的相对含水量出现明显下降。相比而言，在胁迫第 1 天，2 品种的下降速率基本同步，分别下降了 11.69% 和 13.40%。在随后胁迫的 3～5 天内，HI0466 相对含水量基本稳定，甚至在第 5 天还出现了微量的回升，但农大甜研 4 号叶片相对含水量的下降幅度却显著增大，到胁迫第 5 天，较胁迫第 1 天相比，又下降了近 22.08%，已显著低于抗旱材料 HI0466，品种间差异显著（$P<0.01$）。在复水后 48h，2 个品种相对含水量又逐步回升到对照水平。抗旱性较强材料在干

旱胁迫下表现出相对含水量较高的特征,进一步可说明其叶片的保水能力相对较强。

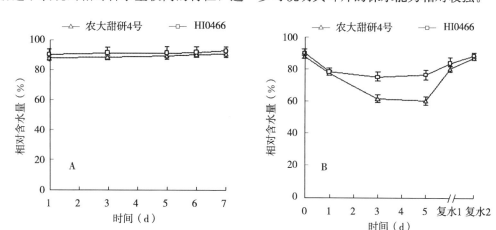

图 6-1 不同水分条件下甜菜幼苗叶片相对含水量变化(A 正常;B 胁迫)

二、干旱胁迫下甜菜叶片水分饱和亏变化

水分饱和亏缺(WSD)是衡量叶片水分状况的又一个重要指标,其变化反映了植物体内所持有水分与饱和状态水的差值。当植物体内出现水分亏缺,对水分代谢产生抑制时,WSD 可较好地反映出植物的缺水状况,WSD 愈大表明水分亏缺愈严重。本试验结果表明,正常水分条件下(图 6-2A),由于水分供应充足,叶片含水量较高,不存在水分亏缺现象,水分饱和亏不发生变化;在干旱胁迫下(图 6-2B),WSD 出现了不同幅度的上升。在干旱胁迫第 1 天,2 个品种升高趋势一致,而持续的胁迫明显地改变了两品种的升高幅度,此后抗旱材料 HI0466WSD 的变化趋于平缓,而农大甜研 4 号却大幅度升高,到干旱胁迫第 5d 出现峰值,2 个品种水分饱和亏值差异显著($P<0.01$),农大甜研 4 号WSD 显著高于 HI0466。复水后随着 2 品种甜菜叶片相对含水量的增高,水分饱和亏缺开始降低,并逐步恢复到对照水平。结果表明,在相同的干旱胁迫条件下,两品种叶片的失水程度不同,抗旱材料 HI0466 的较小,导致其叶片的相对持水能力较高,WSD 变化幅

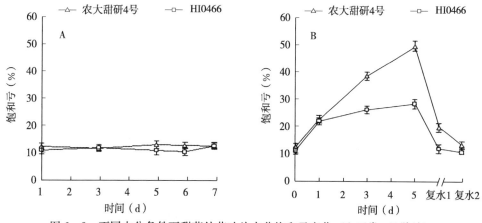

图 6-2 不同水分条件下甜菜幼苗叶片水分饱和亏变化(A 正常;B 胁迫)

度较小，水分亏缺程度较低，在干旱胁迫后期抗干旱能力较强。

三、干旱胁迫下甜菜叶片自由水与束缚水的分配

植物组织中的水分以自由水和束缚水两种状态存在。自由水参与到体内各种生理生化代谢过程中，而束缚水是植物体内被细胞胶粒所吸附不易移动散失的水分，其含量可反映细胞原生质胶体的亲水性及原生质胶体结构的稳定程度，自由水和束缚水含量的高低与植物的抗逆性密切相关。研究表明，在水分亏缺时，植物总含水量下降，但可借助增加束缚水相对含量来提高植物的保水能力，进而减轻干旱胁迫所造成的伤害，故通常将束缚水/自由水的比值作为植物抗旱性的指标。

在本试验中，正常供水条件下2个品种甜菜叶片自由水和束缚水含量变化不明显，种间无差异（表6-1）。通过控制土壤水分含量，随着干旱胁迫程度的加剧，2种甜菜叶片自由水含量降低，而束缚水的含量则相对升高，束缚水/自由水的比值随之增大（表6-2）。相比而言，抗旱性强的HI0466叶片束缚水/自由水比值增加的幅度更大，特别体现在胁迫后期。在干旱胁迫第5天，抗旱材料HI0466叶片束缚水/自由水比值较胁迫前增加约8.62倍，而抗旱性较弱材料农大甜研4号仅较胁迫前增加4.82倍。复水后，两种甜菜叶片自由水含量增多，束缚水含量开始降低，以促进各种代谢过程恢复正常。据此可见，干旱胁迫下束缚水增加的幅度更能体现植株真正的抗旱能力，叶片组织内水分通过在自由水和束缚水间的转化，提高植物的保水能力，增强其对干旱的适应性。

表6-1 正常供水条件下两种甜菜叶片自由水含量（%）与束缚水含量（%）的比较

测定时间	HI0466			农大甜研4号		
	自由水	束缚水	束缚水/自由水	自由水	束缚水	束缚水/自由水
1d	62.47a	27.80a	0.45a	60.32a	27.39a	0.45a
3d	63.52a	27.70a	0.44a	60.54a	27.85a	0.46a
5d	63.66a	27.53a	0.43a	60.79a	28.28a	0.47a
6d	63.79a	27.99a	0.44a	61.11a	29.08a	0.48a
7d	64.11a	28.38a	0.44a	61.25a	29.18a	0.48a

表6-2 干旱胁迫及复水条件下两种甜菜叶片自由水含量（%）与束缚水含量（%）的比较

测定时间	HI0466			农大甜研4号		
	自由水	束缚水	束缚水/自由水	自由水	束缚水	束缚水/自由水
0d	62.47E	27.80A	0.45A	60.32D	27.39A	0.45A
1d	39.22C	38.95B	0.99B	39.90B	37.55B	0.94B
3d	21.16B	53.86C	2.54C	21.33A	40.12b	1.88C
5d	15.70A	60.96D	3.88D	19.02A	41.33b	2.17D
复水1d	53.64D	30.11b	0.56b	47.10C	33.25a	0.71a
复水1d	60.86E	27.54A	0.45A	58.82D	28.14A	0.48A

第二节　干旱胁迫下不同基因型甜菜渗透调节能力分析

一、干旱胁迫与甜菜叶片渗透势变化

目前研究表明，植物细胞的渗透势对干旱等逆境胁迫较为敏感，且植物细胞的渗透调节作用是植物增强抗逆性、适应环境的基础。从本试验的图 6-3A 表明，正常水分条件下，2 个品种渗透势无明显差别；而图 6-3B 看出，干旱胁迫条件下，干旱胁迫 1d 前，随着胁迫时间延长，2 个品种渗透势均直线下降，变化趋势相似；干旱胁迫 1d 后，抗旱材料 HI0466 渗透势出现缓慢下降，但农大甜研 4 号渗透势变化却与 HI0466 不同，仍持续较大幅度下降，说明 1d 后，农大甜研 4 号体内失去的水分较多，进而使细胞质液浓度升高，渗透势迅速下降；相反 HI0466 借助其较强的抗失水能力，使体内保有相对较多的水分，细胞质液浓度还可维持在相对较低的状态，使其具有较高的渗透势，且品种间差异显著（$P<0.05$）。而复水后渗透势均可再次上升，变化趋势同相对含水量基本一致。

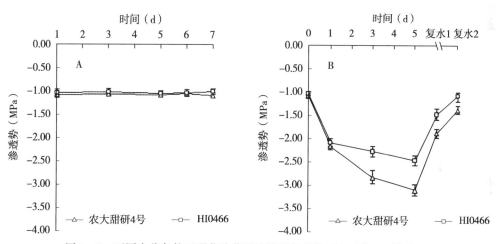

图 6-3　不同水分条件下甜菜幼苗叶片渗透势变化（A 正常；B 胁迫）

二、干旱胁迫与甜菜可溶性糖含量变化

干旱胁迫下植物体内可通过增加细胞原生质浓度来起到抗脱水作用，可溶性糖就是该类物质的一种。从图 6-4A，图 6-5A 可看出，在水分正常供给条件下，2 个品种甜菜叶片和根系的可溶性糖含量变化基本趋于稳定，上下波动起伏不大。而图 6-4B，图 6-5B 的结果表明，在干旱胁迫下，2 个品种甜菜叶片、根系可溶性糖含量均表现出升高趋势，但叶片、根系的升高幅度明显不同，叶片升高的程度明显强于根系，表明可溶性糖对叶片的渗透调节作用更为明显。在叶片的变化趋势上，干旱胁迫前 3d 品种的增幅一致，进一步胁迫至第 5 天后，抗旱材料 HI0466 的可溶性糖含量迅速升高并达最大 18.16mg/g·FW，远远超过了同期农大甜研 4 号的含量，方差分析结果表明，此时抗旱材料 HI0466 叶片可溶性糖含量与农大甜研 4 号达差异极显著水平（$P<0.01$）。复水后各材料叶片、根系的可溶性糖含量均呈下降恢复趋势，但在 2d 内均未恢复到正常对照水平。表明干旱

胁迫下，抗旱性强的 HI0466 可通过增加叶片内可溶性糖含量，达到降低叶片细胞内原生质的渗透势，增强吸水能力，以维持其正常的代谢活动。

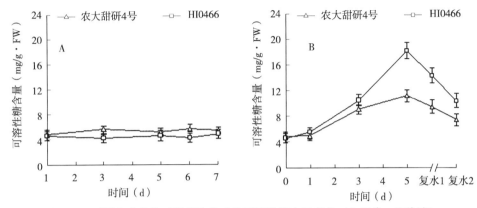

图 6-4　不同水分条件下甜菜幼苗叶片可溶性糖含量变化（A 正常；B 胁迫）

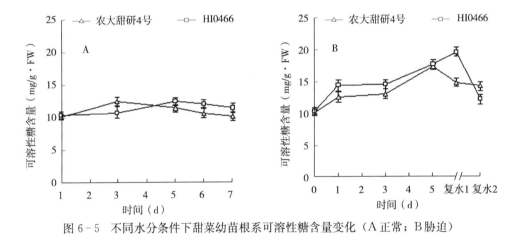

图 6-5　不同水分条件下甜菜幼苗根系可溶性糖含量变化（A 正常；B 胁迫）

三、干旱胁迫与甜菜可溶性蛋白含量变化

干旱胁迫下植物常会作出增加蛋白合成量或新合成某些蛋白的适应性调节反应，该类蛋白的产生与植物的干旱胁迫时间、强度及物种的类型、器官相关。蛋白质是生命活动的执行者，体内大多可溶性蛋白质是参与各种代谢的酶类，在干旱胁迫下，其含量及稳定性会受到一定影响，其含量的变化常作为评价植物抗逆性强弱的一个重要指标。图 6-6A，图 6-7A 的结果表明，在水分正常供应的条件下生长时，2 个品种甜菜叶片、根系的可溶性蛋白含量趋于稳定，HI0466 略高于农大甜研 4 号，且根系中的可溶性蛋白质含量随生长进程略有升高。从图 6-6B，图 6-7B 看出，在干旱胁迫处理下，两品种可溶性蛋白质含量变化明显不同，在胁迫第 0～1 天内，2 个品种可溶性蛋白质含量均小幅度升高，农大甜研 4 号叶片可溶性蛋白质含量甚至一度超过 HI0466；随着干旱胁迫时间的延长，胁迫程度的加剧，在胁迫 1～5d 内，抗旱材料 HI0466 叶片、根系可溶性蛋白质含量仍持续升高，并在干旱胁迫第 5 天达峰值，而农大甜研 4 号叶片、根系可溶性蛋白质含量迅速下

降，在干旱胁迫第 5 天达低谷。2 个品种甜菜在胁迫 3～5d 内变化趋势相反，抗旱材料 HI0466 叶片、根系可溶性蛋白质含量明显高于抗旱较弱材料农大甜研 4 号，方差分析结果表明其差异达极显著水平（$P<0.01$）。复水后抗旱材料 HI0466 叶片、根系可溶性蛋白质含量下降并接近正常水平，而农大甜研 4 号缓慢回升，在复水 2d 内未恢复到对照水平，表明由于蛋白质所具有的相对高级结构和较复杂的代谢，其一经破坏，不易短期内恢复。

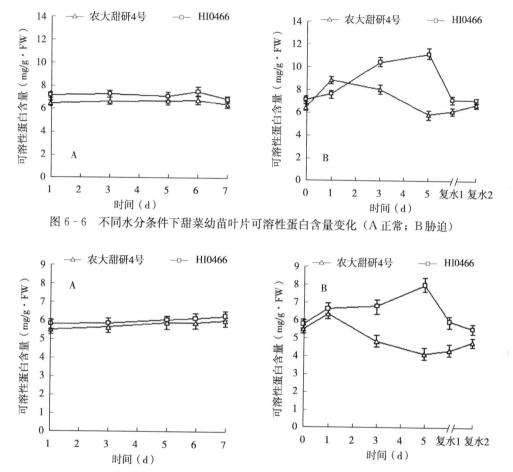

图 6-6　不同水分条件下甜菜幼苗叶片可溶性蛋白含量变化（A 正常；B 胁迫）

图 6-7　不同水分条件下甜菜幼苗根系可溶性蛋白含量变化（A 正常；B 胁迫）

四、干旱胁迫下甜菜游离脯氨酸含量变化

作为植物体内水溶性最大的氨基酸，脯氨酸一方面可降低细胞渗透势，起到渗透调节作用，另外在保护大分子物质稳定性方面也有一定作用。大量研究已证实，干旱条件下会使植物体内游离脯氨酸大量累积。在本试验中，正常供水条件下两种甜菜叶片、根系的 Pro 维持在基本恒定的状态，不发生波动变化，HI0466 叶片、根系 Pro 含量略高于农大甜研 4 号，但种间差异不显著（$P>0.05$）（图 6-8A，图 6-9A）。图 6-8B，图 6-9B 的结果显示，在干旱胁迫下，2 个品种甜菜叶片、根系游离脯氨酸含量均不同程度的升高，且随着干旱胁迫时间的延长，增加幅度进一步增大，且抗旱材料 HI0466 的增幅尤为

显著。在干旱胁迫第 1 天和 5 天内，抗旱材料 HI0466 叶片 Pro 含量分别增加为胁迫前的 4.96 倍、10.39 倍，在干旱胁迫第 5 天达到 135.54mg/g·FW，根系 Pro 含量分别增加为胁迫前的 3.95 倍、12.54 倍，在干旱胁迫第 5 天达到 89.30mg/g·FW；而抗旱性弱的农大甜研 4 号叶片 Pro 含量仅分别增加为胁迫前的 2.61 倍、6.50 倍，在干旱胁迫第 5d 仅为 81.19mg/g·FW，而根系 Pro 含量仅分别增加为胁迫前的 2.06 倍、6.39 倍，在干旱胁迫第 5 天也仅达到 27.43mg/g·FW。方差分析的结果表明，在干旱胁迫 1d 后，2 个品种间叶片、根系游离脯氨酸含量差异显著（$P < 0.05$），在干旱胁迫 3～5d 内差异达极显著水平（$P < 0.01$），抗旱材料 HI0466 在干旱胁迫下其叶片、根系游离脯氨酸含量明显高于农大甜研 4 号。在复水后两品种叶片、根系游离脯氨酸含量均迅速下降，并接近或略高于对照水平。上述结果表明，在干旱胁迫下，甜菜体内游离脯氨酸含量大幅度升高，抗旱性强的甜菜品种其含量增加尤为显著，表明脯氨酸是甜菜体内主要渗透调节物质之一，其含量的高低及增幅的大小可在一定程度上反映出甜菜抗旱性的强弱，并有助于细胞保水能力和防脱水能力的提高，增强其抗旱性。

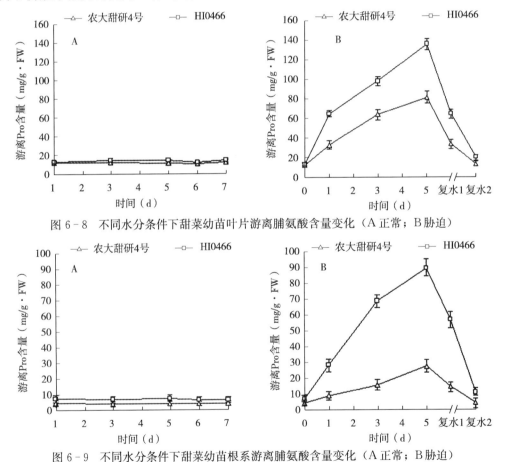

图 6-8　不同水分条件下甜菜幼苗叶片游离脯氨酸含量变化（A 正常；B 胁迫）

图 6-9　不同水分条件下甜菜幼苗根系游离脯氨酸含量变化（A 正常；B 胁迫）

五、干旱胁迫下甜菜甜菜碱含量变化

甜菜碱是植物体内另一类理想的亲和性渗透物质，在抗逆中具有渗透调节和稳定生物大分子的作用。从研究结果看，正常供水条件下，不同甜菜品种的甜菜碱含量叶片在 0.5～ 1.0 μmol/g·DW、根系在 1.0～1.5 μmol/g·DW 范围内波动，含量比较稳定（图 6-10A、图 6-11A）。图 6-10B、图 6-11B 的结果表明，干旱胁迫下，不同品种甜菜叶片、根系甜菜碱含量出现程度不同的积累。抗旱材料 HI0466 在胁迫程度较轻时，其含量缓慢升高，以至在干旱胁迫第 0～1 天内种间差异不显著，HI0466 叶片甜菜碱含量还低于农大甜研 4 号。随着干旱胁迫程度增加，在 3～5d 内，两参试材料的叶片、根系甜菜碱含量迅速大量累积，但累积幅度有所差异，抗旱材料 HI0466 的增幅明显高于农大甜研 4 号，在干旱胁迫第 3d、5d 内叶片甜菜碱含量分别较胁迫第 1 天提高 264.29％、334.69％，根系甜菜碱含量分别较胁迫第 1 天提高 54.42％、211.56％；而抗旱性弱材料农大甜研 4 号在干旱胁迫第 3d、5d 内叶片甜菜碱含量分别较胁迫第 1 天仅提高 53.52％、112.68％，根系甜菜碱含量分别较胁迫第 1 天仅提高 3.13％、88.28％。累积幅度的差异致使抗旱性不同的两甜菜品种在胁迫后期叶片、根系内甜菜碱含量差异显著，在干旱胁迫第 5 天达到差异

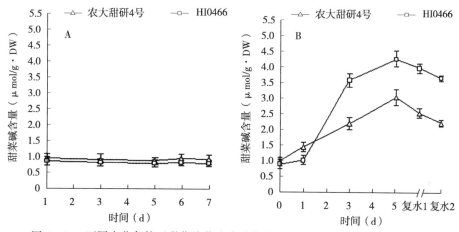

图 6-10　不同水分条件下甜菜幼苗叶片甜菜碱含量变化（A 正常；B 胁迫）

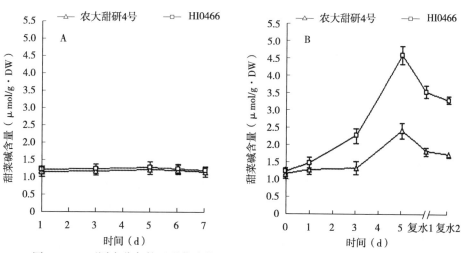

图 6-11　不同水分条件下甜菜幼苗根系甜菜碱含量变化（A 正常；B 胁迫）

极显著水平（$P<0.01$），抗旱材料 HI0466 叶片、根系内甜菜碱大量累积，其含量远远高于农大甜研 4 号。复水解除胁迫后，两甜菜品种组织内的甜菜碱含量下降缓慢，在复水后第 2 天仍保持相对较高的水平。从上述分析表明，干旱胁迫可造成甜菜体内甜菜碱的累积，且抗旱材料的累积量更多，特别在胁迫后期。说明甜菜碱是甜菜体内另一类主要渗透调节物质，通过其累积量的多少可在一定程度上来评价甜菜抗旱性的强弱。

六、干旱胁迫下甜菜 K^+ 含量变化

作为离子渗透调节物质，K^+ 主要调节液泡的渗透势，来维持细胞膨压等生理过程。研究表明，正常供水情况下，叶片 K^+ 含量变化较平缓，随生长进程略有升高，农大甜研 4 号略高于 HI0466，品种间无差异（图 6-12A）。干旱胁迫处理下，在胁迫第 1 天，农大甜研 4 号 K^+ 含量高于 HI0466，随着干旱胁迫程度加剧，HI0466 K^+ 含量快速升高，在胁迫 3～5d 内 K^+ 含量超过农大甜研 4 号，但 2 个品种间 K^+ 含量差异仍未达显著水平。复水后 K^+ 含量均下降并恢复到对照水平（图 6-12B）。表明抗旱性强的材料 HI0466 在持续水分胁迫下可提高 K^+ 的积累能力，但对比可知，K^+ 在渗透调节过程中其作用并不显著。

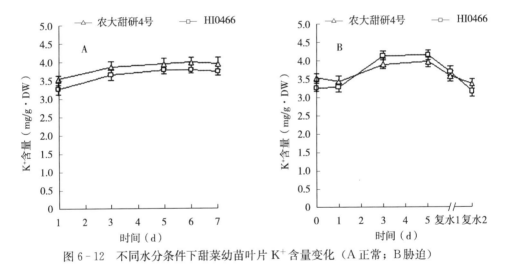

图 6-12 不同水分条件下甜菜幼苗叶片 K^+ 含量变化（A 正常；B 胁迫）

第三节 不同水分状况下渗透调节 对提高甜菜抗旱性的作用

植物的抗旱性与植株自身的水分状况密切相关，因为水分既作为植物生长发育必需的成分之一，又可为其他矿质元素的吸收、运转及合成提供媒介，并参与体内各种生理生化活动。因此，研究甜菜植株水分生理特性对抗旱性的研究意义重大。从本试验研究表明，在干旱胁迫下，不同抗旱性品种甜菜叶片水势在逐步降低，但总体上抗旱强的甜菜叶片水势下降幅度低于抗旱性差的甜菜叶片，体现出抗旱性强的甜菜叶片自身的保水能力较高，研究也已证实干旱条件下较高水势的维持能力是植物抗旱的一个重要机制。这一方面依赖

于抗旱材料的叶片相对含水量下降程度较低,水分亏缺程度较小,自由水转化为束缚水的比例较大,而相对散失的水分较少,为干旱胁迫条件下较正常的生理代谢活动的进行奠定了基础;另一方面还可能与体内渗透调节物质的累积有关。

渗透调节是植物适应干旱逆境的重要生理机制,在干旱胁迫下植物细胞内通过主动积累溶质,使细胞的渗透势下降,利用这一生理功能,可促使细胞从外界水势低的区域中不断吸水,细胞的膨压在一定程度上得以维持,保证植物的生理代谢活动能够相对正常进行。目前,有关参与渗透调节物质的种类、该类物质的积累以及与此相关的一系列生理生化代谢过程的规律和生理意义及分子机制等方面展开了广泛的研究。诸多研究表明,植物在水分亏缺的条件下,渗透调节能力在一定范围内随胁迫程度的延续而增强,确保体内正常代谢活动的进行,特别是光合作用得以正常进行,在一定程度上提高了植物的抗旱能力。从本研究结果表明,在干旱胁迫下,抗旱性不同的 2 种甜菜体内迅速合成两种主要渗透调节物质(脯氨酸、甜菜碱),其总量逐步增加,在渗透调节作用中的贡献较大,用以调节渗透势,维持细胞一定的膨压,表明甜菜可通过渗透调节作用来适应干旱逆境,与在其他作物的研究结论相一致。而可溶性糖和 K^+ 在干旱胁迫下虽也有一定程度的增加,但其含量经 T 检验在 2 品种中差异不显著,表明可溶性糖和 K^+ 作为渗透调节物质与脯氨酸、甜菜碱相比,其渗透调节作用是有限的。有研究也报道了抗旱性强的植物体内渗透调节物质变化幅度小,抗旱性弱的品种变化大,本试验的研究结果在主要渗透调节物质脯氨酸、甜菜碱的变化幅度上与该观点不完全一致。

目前,大部分的研究结果倾向于在逆境胁迫下作为渗透调节主要物质之一的游离脯氨酸会产生累积,但是关于脯氨酸的累积变化规律却存在一定的争议。Singh(1972)通过对大麦的研究,认为脯氨酸的积累与抗性呈正相关;邹琦等(1994)利用抗旱性不同的 7 个小麦品种进行试验,结果显示抗性不同的品种间脯氨酸积累的规律性不强,其含量除了受逆境调控之外,还与胁迫方式的差异、植物的生育期及不同组织部位有关;刘娥娥等(2000)研究水稻幼苗在干旱胁迫时脯氨酸的变化时发现,抗性弱的品种比抗性强的品种脯氨酸的累积能力更强,进而推测脯氨酸更应该是一个胁迫敏感指标。而近年通过不同处理、不同品种的研究则多认为抗性强品种较抗性弱品种积累脯氨酸的能力强。总之,诸多研究已证实脯氨酸积累在其抗胁迫过程中的作用事实是不可否认的,至少认为对不同原因引起的干旱胁迫过程中脯氨酸应是一种有效渗透调节剂,在植物体内可作为一个比较敏感的生化参数。本试验中的结果分析表明,甜菜幼苗在干旱胁迫条件下,抗旱性强的甜菜品种游离脯氨酸增幅大且含量增加显著,说明脯氨酸作为了甜菜体内的主要渗透调节物质,其含量的多少及增幅度的大小可反映出甜菜抗旱性的强弱,抗旱性强的甜菜品种较抗旱性差的甜菜品种有着更强的脯氨酸积累能力。

第四节 小结与展望

本章节对不同基因型甜菜干旱胁迫下渗透调节物质的研究结果表明,脯氨酸、甜菜碱、可溶性糖、可溶性蛋白含量的升高对甜菜均起到渗透调节作用。其中脯氨酸、甜菜碱是两种甜菜的主要渗透调节物质,其含量的多少及增幅的大小可反映甜菜的抗旱性强弱,而可溶性糖、可溶性蛋白可作为辅助调节作用。在渗透调节作用下，甜菜保水能力提高，叶片相对含水量较高、水分饱和亏缺较小、束缚水含量与自由水含量的比值也较高。

基于大量研究基础上有关作物渗透胁迫的应用已经有了许多方法和途径，其中通过转基因技术提高作物渗透调节能力已被广泛认可和接受。但大部分的研究集中于某些单一基因的转入，其抗性提高效果有限。因此，今后在甜菜种质资源抗旱性改良上应考虑多个基因同步转入方法来获得高抗性；或者采用逆境诱导的特异启动子来获得高抗性的转基因甜菜。近年来虽在基因工程上取得了一些进展，但是仍有许多实际问题亟待解决，比如，目前对于甜菜抗渗透胁迫分子机制的了解仍十分有限，导致分子精准育种目的性较差；在获得抗渗透胁迫新品种的同时，其产量和品质是否会受到影响，如何权衡诸多方面因素来获得真正高抗旱优质甜菜品种等还有待于今后不断努力来寻求更好的解决办法。

参考文献

陈吉宝，赵丽英，景蕊莲，等，2010. 植物脯氨酸合成酶基因工程研究进展 [J]. 生物技术通报（2）：8-10.

陈龙，罗志良，谭光轩，等，2000. 小麦灌浆期叶片游离脯氨酸和可溶性蛋白质含量与抗旱性的关系 [J]. 周口师范高等专科学校学报，17（2）：1-3.

陈晓远，凌木生，高志红，2006. 水分胁迫对水稻叶片可溶性糖和游离脯氨酸含量的影响 [J]. 河南农业科学，12：25-30.

高俊凤，2000. 植物生理学实验技术 [M]. 西安：世界图书出版公司.

康俊梅，杨青川，樊奋成，2005. 干旱对苜蓿叶片可溶性蛋白的影响 [J]. 草地学报，13（3）：199-202.

缪义民，赖宝清，2001. 对屋顶花园中几个常见问题的认识与探讨 [J]. 中国园林（4）：31-33.

刘娥娥，宗会，郭振飞，等，2000. 旱、盐和低温胁迫对水稻幼苗脯氨酸含量的影响 [J]. 热带亚热带植物学报，8（3）：235-238.

刘娥娥，汪沛洪，郭振飞，2001. 植物的干旱诱导蛋白 [J]. 植物生理学通讯，37（2）：155-160.

刘根红，谢应忠，兰剑，等，2008. NaCl、水分复合胁迫下宁夏5种禾本科牧草幼苗体内脯氨酸含量的变化 [J]. 农业科学研究，29（1）：31-34.

刘灵娣，李存东，高雪飞，2008. 干旱对不同铃重棉花不同区位果枝叶可溶性蛋白及脯氨酸含量的影响 [J]. 华北农学报，23（5）：165-169.

吕全，雷增普，2000. 外生菌根提高板栗苗木抗旱性能及其机理的研究 [J]. 林业科学研究，13（3）：249-256.

孙国荣，张睿，阎秀峰，2001. 干旱胁迫下白桦（Betula platyphylla）实生苗叶片的水分代谢与部分渗透调节物质的变化 [J]. 植物研究，21（3）：413-415.

汤章城，2004. 现代植物生理学实验指南 [M]. 北京：科学出版社.

魏琴，赖家业，周锦霞，等，2004. 干旱胁迫下麻疯树毒蛋白的 Western 杂交分析 [J]. 北京林业大学学报，26（5）：26-30.

尉庆丰，张英利，曹秀华，等，1995. 旱地农业中综合保水技术的抗旱增产效应 [J]. 土壤学报，26（3）：108-110.

谢演峰，沈惠娟，罗爱珍，等，1999. 南方7个造林树种幼苗抗旱生理指标的比较 [J]. 南京林业大学学报，23（4）：13-16.

徐民俊，刘桂茹，杨学举，等，2002.冬小麦品种干旱诱导蛋白的研究［J］.河北农业大学学报，25（4）：11-15.

杨德光，刘永玺，张倩，等，2015.作物渗透调节及抗渗透胁迫基因工程研究进展［J］.作物杂志（1）：6-13.

张明生，彭忠华，谢波，等，2004.甘薯离体叶片失水速率及渗透调节物质与品种抗旱性的关系［J］.中国农业科学，37（1）：152-156.

张明生，谈锋，谢波，等，2003.甘薯膜脂过氧化作用和膜保护系统的变化与品种抗旱性的关系［J］.中国农业科学，36（11）：1395-1398.

张志良，1994.植物生理实验指导（第二版）［M］.北京：高等教育出版社.

赵天宏，沈秀瑛，杨德光，等，1999.水分胁迫对玉米小花分化期叶片蛋白质的影响初探［J］.国外农学-杂粮作物，19（5）：22-25.

周海燕，2002.中国东北科尔沁沙地两种建群植物的抗旱机理［J］.植物研究，22（1）：51-55.

邹琦，李德全，郑国生，等.1994.作物抗旱生理生态研究［M］.济南：山东科学技术出版社.

朱虹，祖元刚，王文杰，等，2009.逆境胁迫条件下脯氨酸对植物生长的影响［J］.东北林业大学学报，37（4）：86-89.

朱志华，王绪，昌小平，等，1995.渗透调节在小麦抗干旱鉴定和育种中的应用［J］.作物品种资源（3）：36-39.

Allice L A, Campbell C S, 1999. Phylogeny of Rubus (Rosaceae) based on nuclear ribosomal DNA internal transcribed spacer region sequences ［J］. Amer J Bot, 86 (1)：81-97.

Flagella Z, Campanile R G, Ronga G, 1996. The maintenance of photosynthetic electron transport in relation to osmotic adjustment in durum wheat cultivars differing in drought resistance ［J］. Plant Science, 118：127-133.

Harevey H P, Driessche R D, 1999. Nitrogen and potassium effects on xylen cavitation and water-use efficiency in poplars ［J］. Tree Physiol, 19：943-950.

Hong Z L, Lakkineni K, Zhang Z H, et al., 2000. Removal of feedback inhibition of Δ'-Pyrroline-5-Carboxylate synthetase results in increased proline accumulation and protection of plants from osmotic stress ［J］. Plant physiol, 122：1129-1136.

Hu C A A, Delauney A J, Verma D P S, et al., 1992. A bifunctional enzylne (Δ'-pyrroline-5-carboxylate synthetase) catalyzes the first two steps in proline biosynthesis in plants ［J］. Proc Nail Acad Sci USA, 89：9354-9358.

Hanson A D, May A M, Grumet R, et al., 1985. Betaine synthesis in chenopods：localization in chloroplasts ［J］. Proc Natl Acad Sci USA, 82：3678-3682.

Luo A L, Liu J Y, Ma D Q, et al., 2001. Relationship between drought resistance and betaine aldehyde dehydrogenase in the shoots of different genotypic wheat and sorghum ［J］. Acta Botanica Sinica, 43 (1)：108-110.

Shao H B, Chen X Y, Chu L Y, et al., 2006. Investigation on the relationship of proline with wheat anti-drought under soil water deficits ［J］. Colloids and Surfaces B：Biointerfaces, 53：113-119.

Singh T N, Aspinall D, Palag L G, 1972. Proline accumulation and varietal adaptability to drought in barley：A potential metabolic measure of drought resistance ［J］. Nature New boil, 236：188-190.

第七章 甜菜光合作用变化与抗旱性的关系

植物光合作用通过利用太阳能，将无机物转化为有机物，是地球上最重要的化学反应，是植物生长发育的基础，同时也是植物对各种内外因子最敏感的生理过程之一。植物光合生理过程对某种环境的适应性，很大程度上与植物在该区域的竞争力和生存力相关。由于光合作用效率是作物质量和植物生产力高低的决定性因素，深入了解各种外界因子对光合作用的影响及其相应的适应机制，就可以通过某些人为措施进行干预，使植物（作物）的光合作用效率最大限度地提高，来解决当前人类所面临的粮食、资源和环境等问题。因此，探讨光合作用对不同外界因子的响应长期以来成为植物环境生理学研究的一个焦点内容。干旱作为主要环境胁迫因子之一，对光合作用和光合器官的影响不容忽视，了解光合作用及光合器官在水分亏缺条件下的变化规律及内在机制，可使我们更深入地了解干旱对植株伤害过程的机理，进一步明确干旱伤害的内在规律和本质，积累更多的相关理论证据。近年来，便携式光合测定系统、叶绿素荧光测定系统等先进的仪器设备已广泛应用于植物生理学、植物生理生态学研究的各个领域，为研究各种逆境条件对植物光合作用的影响提供了便利。而且，叶绿素荧光动力学技术为研究叶片光合作用过程中光能的吸收、传递、耗散、分配等方面开辟了新途径。该技术也被称为测定叶片光合功能的快速、无损伤探针。

本专题利用光合测定系统（LI‑6400，美国）和脉冲调制式叶绿素荧光测定系统（FMS‑2，英国）研究了不同干旱胁迫条件下不同抗旱基因型甜菜其光合作用参数和叶绿素荧光参数的变化，旨在明确甜菜水分代谢与光合生理之间的关系，为抗旱甜菜的选育、栽培及应用提供光合生理方面的科学依据和鉴定评价指标。

第一节 干旱胁迫对甜菜光合性能的影响

一、干旱胁迫下甜菜叶片净光合速率（Pn）的变化

从图7‑1A的结果表明，在正常供水条件下，2个甜菜品种的Pn变化相对稳定，没有大幅度的波动，但抗旱材料HI0466的Pn值稍高于农大甜研4号，品种间存在一定差异。在干旱胁迫下（图7‑1B），抗旱性不同的2个甜菜品种Pn都开始下降，但随着胁迫的延续和程度的加强，下降幅度明显不同，农大甜研4号的下降幅度明显大于抗旱材料HI0466，特别在干旱胁迫程度较重的3～5d内。在干旱胁迫第3天，第5天时，农大甜研4号分别较胁迫前下降了26.82%、59.79%，而抗旱材料HI0466仅较胁迫前下降了20.21%、37.42%。复水后，随着水分代谢逐步地恢复正常，Pn也开始迅速恢复。方差

分析结果表明，在胁迫程度较严重时期（干旱胁迫 3d 后），抗旱性不同的材料间 Pn 值差异显著（$P<0.05$），表明水分亏缺对甜菜 Pn 值会造成一定的影响。

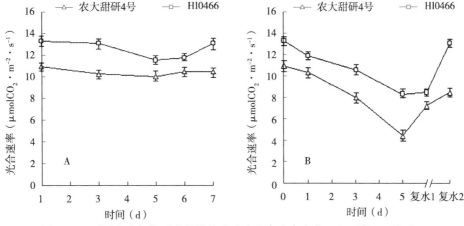

图 7-1　不同水分条件下甜菜幼苗叶片净光合速率变化（A 正常；B 胁迫）

二、干旱胁迫下甜菜叶片蒸腾速率（Ts）的变化

蒸腾作用是植物体水分散失的主要途径，通过蒸腾作用一方面可以适当降低叶片温度，促进物质运输，更为重要的是蒸腾作用产生的蒸腾拉力可为水分的吸收和运输提供动力来源。本研究的结果表明，在正常供水条件下（图 7-2A），抗旱性不同的甜菜间蒸腾速率变化稳定，随生育进程略呈升高趋势，相比而言，抗旱材料 HI0466 在水分充足条件下其蒸腾速率要略低于农大甜研 4 号。在干旱胁迫过程中（图 7-2B），随着胁迫时间的延续，2 个品种甜菜蒸腾速率都表现出较大幅度的下降，但相同条件下不同品种的蒸腾速率下降趋势不同。在干旱胁迫第 1 天、3 天和 5 天内，抗旱材料 HI0466 的下降幅度显著，分别较胁迫前下降了 13.91%、28.40% 和 72.37%；而敏感材料农大甜研 4 号在不同干旱胁迫程度下却分别较胁迫前仅下降了 3.05%、27.93% 和 54.54%。表明在水分亏缺条件下，抗旱性材料可通过适当地降低蒸腾速率，减少水分散失来使体内的水分含量得以维持。

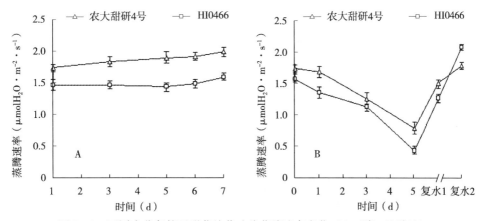

图 7-2　不同水分条件下甜菜幼苗叶片蒸腾速率变化（A 正常；B 胁迫）

三、干旱胁迫下甜菜叶片气孔导度的变化

气孔作为植物体与外界环境进行水分、气体交换的主要通道，其开度的大小与蒸腾作用和光合作用的强弱密切相关。从图 7-3A 的结果看出，在正常供水情况下，不同品种间的气孔导度值存在差异，HI0466 的气孔导度值较农大甜研 4 号略低。在干旱胁迫下（图 7-3B，图 7-4B），随着胁迫程度的加剧，各品种的气孔导度均呈下降趋势，变化规律与蒸腾速率的趋势基本吻合。通过相关分析表明，在正常供水及持续的干旱胁迫下，参试材料的气孔导度与蒸腾速率呈极显著正相关，相关系数分别为 0.979 和 0.984，表明通过气孔的调控可明显影响到蒸腾速率的变化。在复水后气孔导度逐渐增大，而抗旱材料 HI0466 的增大程度明显高于胁迫前，这可能与其内部对 CO_2 的大量需求有关。

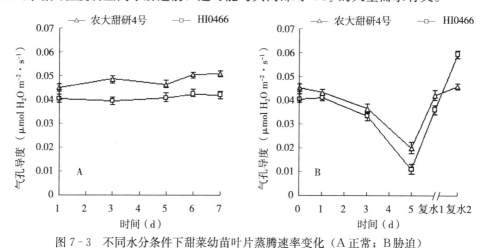

图 7-3 不同水分条件下甜菜幼苗叶片蒸腾速率变化（A 正常；B 胁迫）

四、干旱胁迫下甜菜叶片胞间 CO_2 浓度（Ci）与大气 CO_2 浓度（Ca）比值的变化

图 7-4A 显示，在正常水分条件下，2 个甜菜品种的 Ci/Ca 比值变化稳定，但品种间

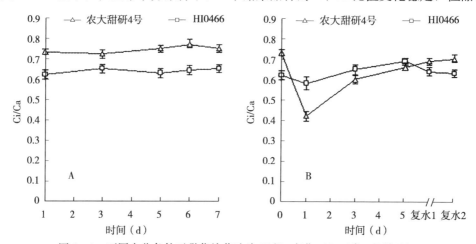

图 7-4 不同水分条件下甜菜幼苗叶片 Ci/Ca 变化（A 正常；B 胁迫）

存在差异，抗旱材料 HI0466 的 Ci/Ca 比值低于农大甜研 4 号，可能与品种间同化 CO_2 的能力差异有关。图 7 - 4B 的结果表明，干旱胁迫程度较轻时，2 个甜菜品种 Ci/Ca 比值均呈下降趋势，但农大甜研 4 号与胁迫前相比下降了 42.47%，下降幅度较大；而抗旱材料 HI0466 下降幅度较小，仅下降为胁迫前的 6.45%。在干旱胁迫程度进一步加强时，其 Ci/Ca 比值均开始回升，并明显高于轻度胁迫时的 Ci/Ca 值，表明在干旱胁迫程度加重时，造成 Pn 减低的主导因素已发生了变化。复水后在短期内该指标可恢复到接近对照水平。

第二节　甜菜叶绿素荧光参数对干旱胁迫的响应

一、干旱胁迫下甜菜叶片 Fv/Fm 和 Fv/Fo 的变化

Fv/Fm 值常用于表示植物叶片在暗适应下 PSⅡ的最大光能转换效率，与光合电子传递能力呈正相关，表明 PSⅡ利用光能的能力及光抑制的程度，可反映出植物在遭受胁迫时光合机构的损伤程度。当非胁迫环境条件下叶片的荧光参数 Fv/Fm 较为稳定，通常波动范围在 0.8 左右，与物种和生长进程关系不大。在遭受到光抑制时该参数的变化明显，是植物光抑制程度的良好指标和探针。Fv/Fo 则通常用来反映 PSⅡ的潜在活性。Fv/Fm 和 Fv/Fo 是用来衡量光化学反应状况的重要参数。从本试验的结果看出，未受胁迫时（图 7 - 5A，图 7 - 6A），2 个甜菜品种的 Fv/Fm 值恒定于 0.862～0.872 之间，稳定性较好；Fv/Fo 的值没有大幅度的变化，农大甜研 4 号 Fv/Fo 值稍高于 HI0466，但差异不显著。在干旱胁迫下 Fv/Fm 与 Fv/Fo 比值均表现出显著降低的趋势（图 7 - 5B，图 7 - 6B），但 2 个甜菜品种的 Fv/Fm 与 Fv/Fo 值下降幅度有所不同，总体表现出抗旱材料叶绿素荧光受干旱胁迫影响程度较小，其 Fv/Fm 与 Fv/Fo 值下降幅度小。结果显示，在干旱胁迫第 1 天、第 3 天和第 5 天，抗旱材料 HI0466 Fv/Fm 与 Fv/Fo 值的下降幅度分别为干旱胁迫前的 9.45%、11.29% 和 11.87% 与 12.02%、12.86% 和 13.10%；而水分敏感性材料农大甜研 4 号在相同胁迫程度下与胁迫前相比 Fv/Fm 与 Fv/Fo 值的下降幅度可高达

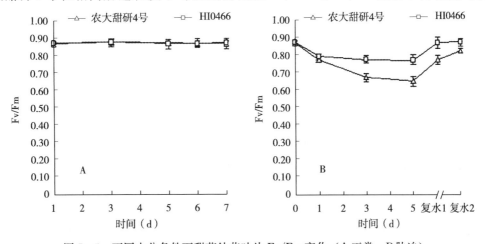

图 7 - 5　不同水分条件下甜菜幼苗叶片 Fv/Fm 变化（A 正常；B 胁迫）

10.79%、22.51%和25.17%与13.23%、29.14%和47.08%。表明干旱胁迫下抗旱性强的甜菜品种 HI0466 PSⅡ的最大光能转化效率的降低程度较低，其 PSⅡ潜在活性中心受损较轻。在复水后两种甜菜 Fv/Fm 与 Fv/Fo 值均有所回升，变化规律相近。其中抗旱材料 HI0466 在复水 2d 后 Fv/Fm 与 Fv/Fo 值基本恢复到对照水平，而农大甜研 4 号虽有一定程度的恢复，但未能恢复到最初水平。

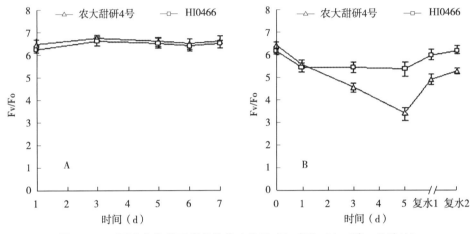

图 7-6　不同水分条件下甜菜幼苗叶片 Fv/Fo 变化（A 正常；B 胁迫）

二、干旱胁迫下甜菜叶片 qP、qN 的变化

叶绿素荧光参数可作为研究光系统在逆境下受损情况的手段之一，其中叶绿素荧光光化学淬灭系数（qP）和非光化学淬灭系数（qN）是主要参考指标。qP 值的大小反映 PSⅡ原初电子受体 QA 的氧化还原状态和 PSⅡ反应中心开放程度大小，qP 越大，表示 PSⅡ反应中心开放程度越大，PSⅡ的电子传递活性越大。qN 可表示 PSⅡ天线色素所吸收的但不能用于光化学电子传递最终以热能形式耗散掉的那部分光能。通过非光化学能量耗散的提高，使过剩的激发能以热能形式耗散掉，可在一定程度上缓解逆境对光合作用的影响。因此非光化学淬灭是一种自我保护机制，对光合机构有一定的保护作用。在本试验中，正常水分条件下（图 7-7A，图 7-8A），qP、qN 不随生育进程发生改变，种间无显著差异（$P > 0.01$）。在干旱胁迫下（图 7-7B，图 7-8B），2 个参试材料 qP 值总体呈降低趋势。而抗旱材料 HI0466 下降缓慢，而农大甜研 4 号下降迅速。到干旱胁迫第 5 天，与胁迫前相比，HI0466 下降了 13.10%，而农大甜研 4 号下降达 23.17%；在胁迫期间，方差分析表明品种间差异显著（$P < 0.05$）。表明干旱胁迫下参试材料叶片的 PSⅡ反应中心电子传递活性均受到了一定的影响，HI0466 维持缓慢下降表明受到的影响相对较小。而干旱胁迫下 qN 值却出现了不同程度的升高，但升高程度也表现出品种间的差异，农大甜研 4 号缓慢上升，而 HI0466 的上升幅度较农大甜研 4 号显著。在干旱胁迫到第 5 天，与胁迫前相比，HI0466 升高了 30.43%，而农大甜研 4 号升高到胁迫前的 21.54%。方差分析结果表明在胁迫期间 2 品种间的差异同样达显著水平（$P < 0.05$）。表明随着胁迫程度的增强，抗旱性强的甜菜 PSⅡ反应中心的开放程度高，并可保持相对较强的电子传递

和热耗散能力，进而有效地避免了光能过剩对光合机构的损伤。复水后 2 个参试材料的 qP 都基本恢复到正常水平，表明在干旱胁迫解除后甜菜叶片的 PSⅡ 反应中心电子传递活性均得到了改善；复水后 2 个参试材料的 qN 恢复程度不一致，HI0466 在复水后第 2 天 qN 值接近正常，但农大甜研 4 号在复水后第 2 天仅恢复到正常的 81.18%。

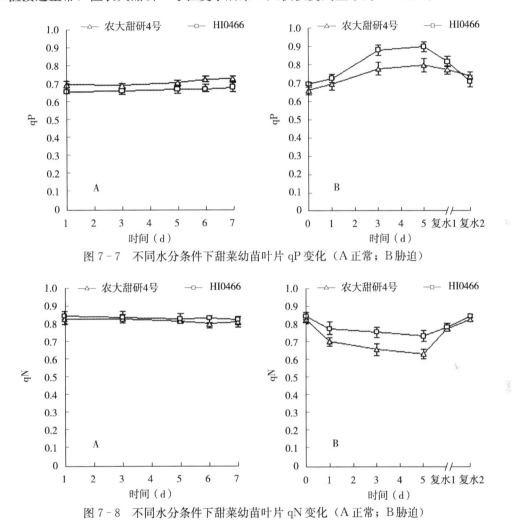

图 7-7　不同水分条件下甜菜幼苗叶片 qP 变化（A 正常；B 胁迫）

图 7-8　不同水分条件下甜菜幼苗叶片 qN 变化（A 正常；B 胁迫）

三、干旱胁迫下甜菜叶片光合量子产额（Yield）的变化

Yield 是植物 PSⅡ 实际光能转化效率，是所吸收光能中用于光合电子传递的能量所占的比例，可作为植物叶片光合电子传递速率快慢的相对指标，也可反映 PSⅡ 反应中心的开放程度。本试验中，正常供水条件下（图 7-9A），2 个甜菜品种幼苗叶片光合量子产额保持稳定，随生育进程没出现明显变化。干旱胁迫下（图 7-9B），2 个甜菜品种幼苗叶片 Yield 都有较大幅度的下降，并且大幅度下降主要出现在干旱胁迫第 1 天和第 3 天，与胁迫前相比，抗旱材料 HI0466 在干旱胁迫第 1 天和第 3 天分别降低了 8.39% 和 21.25%，而农大甜研 4 号在同期的下降幅度却高达 25.32% 和 40.46%，农大甜研 4 号的下降幅度

更大。下降幅度的不同造成在胁迫过程中两品种间的 Yield 表现出显著差异（$P<0.05$），也表明干旱胁迫对抗旱性较弱材料农大甜研 4 号的光合电子传递过程造成的抑制较大，胁迫的延续其损伤也进一步加大。在复水 2d 后供试材料的叶片 Yield 均有较大幅度的回升，但都未能恢复到最初水平，表明其光合电子传递速率的恢复正常在短期内难以完成。

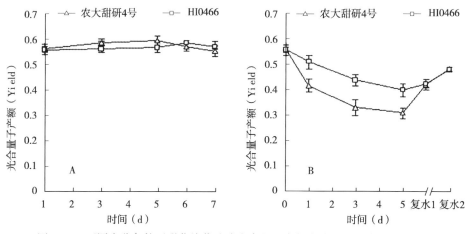

图 7-9　不同水分条件下甜菜幼苗叶片光合量子产额变化（A 正常；B 胁迫）

第三节　光合参数在甜菜抗旱性评价中的作用

一、光合效率与甜菜抗旱性的关系

作物在干旱胁迫下光合作用的影响应考虑气孔限制和非气孔限制因素。在区分哪种因素占据主导时，细胞间 CO_2 浓度（Ci）可作为加以区分的重要指标之一。当光合速率（Pn）随同 Ci 表现出同步下降时，此时导致 Pn 下降的主要因素是气孔限制因素；如果出现 Pn 下降而同时伴随 Ci 的上升时，则导致 Pn 下降的主导因素是非气孔限制。考虑到大气 CO_2 浓度（Ca）的不稳定性，进而会对 Ci 产生影响，故通常利用 Ci/Ca 比值来反映植株对 CO_2 吸收的动态变化，其准确性相对更高，判别 Pn 限制因素的类别可信度更强。本研究结果显示，在干旱胁迫第 1 天，胁迫程度较轻时，参试 2 个品种甜菜 Pn 下降的同时伴随 Ci/Ca 降低，表明在胁迫初期，造成甜菜光合作用降低的主导因素是气孔限制因素；在干旱胁迫程度进一步增强的情况下，不同基因型甜菜的 Pn 仍在进一步降低，但 Ci/Ca 比值在同期均出现了不同程度的上升，说明随着胁迫程度的加深，非气孔限制因素逐步占据主导，叶肉细胞活性下降成为胁迫后期 Pn 降低的主因。可能与光合碳同化的主要酶 RuBP 活性有关，应对该酶活性变化做进一步研究。

二、叶绿素荧光参数与甜菜抗旱性的关系

在叶绿素荧光参数体系中，可变荧光（Fv）与最大荧光（Fm）的比值 Fv/Fm 可表示 PSⅡ最大光能转换效率，可用来反映植物在胁迫下光合机构的损伤程度，是研究逆境生理的重要参数，在任何逆境下只要影响到 PSⅡ的效能 Fv/Fm 均会降低。在适宜的环境

条件下，高等植物叶片 Fv/Fm 通常在 0.8 左右波动。本试验中，正常水分条件下，参试材料的叶片 Fv/Fm 在 0.862～0.872 范围内。在干旱胁迫下，2 个甜菜品种 Fv/Fm 比值均为降低趋势。表明水分胁迫使 PSⅡ受到了伤害，PSⅡ最大光能转化效率降低，PSⅡ潜在活性中心受到不同程度损伤，光合电子的传递受到影响。由于光化学效率的高低直接影响光合作用的强弱，因此，逆境对光化学效率的影响会成为限制光合作用的主要因素。对本研究干旱胁迫下 HI0466、农大甜研 4 号的 Pn 与 Fv/Fm 进行相关分析，结果表明二者呈正相关关系，相关系数分别为 0.796 和 0.797，进一步说明光化学效率的降低成为限制 Pn 的关键因素。

光合机构捕获的光能主要有三条相互竞争的出路：叶绿素荧光发射、光化学电子传递和热耗散。当光能过剩时，如不能将过剩光能及时耗散会导致光抑制的发生，严重时可能会导致反应中心的降解。在多数情况下植物主要通过非光化学淬灭机制，以热耗散的形式来对过剩的激发能进行分流，从而避免吸收过剩的光能对光合器官的损伤。热耗散程度通常用荧光的非光化学淬灭（qN）来检测，qN 上升表示热耗散增加。在本研究中，干旱胁迫下参试 2 个甜菜品种的 Fv/Fm 下降表明其 PSⅡ最大光能转化效率在逐步减小，光抑制程度在逐步加大；但同时非光化学淬灭系数（qN）在增大，表明不同品种甜菜在通过热耗散这种自我保护机制，对自身的光合机构进行着不同程度的保护。相比而言，抗旱材料 HI0466 在受到持续干旱胁迫时，其 PSⅡ最大光能转化效率、电子传递及热耗散能力均可长时间维持一个相对较高的水平，使光合机构的受损程度得以减轻，在一定程度上提高了其抗旱能力。

第四节 小结与展望

本章节结果表明，随着干旱胁迫的持续，不同基因型甜菜光合速率、蒸腾速率、气孔导度值均有不同程度的降低。其中强抗旱品种光合速率下降幅度小、速度慢，且复水后可在短期内恢复至正常状态。相比而言弱抗旱甜菜品种其光合速率下降幅度大、速度较快。表明干旱胁迫对甜菜光合能力产生了直接的影响。

干旱胁迫下，Fv/Fm 与 Fv/Fo 值均显著降低，总体上表现为抗旱性越强的品种下降幅度越小；qP 值总体呈降低趋势，表明在干旱胁迫下甜菜叶片的 PSⅡ反应中心电子传递活性受到了不同程度的影响，抗旱性强的甜菜同样受到的影响较小。干旱胁迫下不同抗旱性甜菜 qN 值均升高，其中抗旱甜菜品种随胁迫时间的延长其 qN 值增幅明显，表明干旱胁迫下其 PSⅡ反应中心的开放程度高，电子传递与热耗散能力较强，自身保护能力强。

甜菜体内的生理反应是相互关联、相互影响的，因此，干旱对甜菜光合作用的影响也是多方面的，错综复杂的。今后就干旱胁迫下甜菜光合作用的研究应综合考虑相关方面内容，如保护酶的活力、膜系统的伤害、各种酶的调控等对光合作用的影响，特别应关注叶绿素荧光特性以及抗旱基因的研究。随着干旱对光合作用影响研究的不断深入及分子生物技术水平的提高，研究干旱胁迫对甜菜光合作用的影响及各个相互关联的生理过程，选育干旱胁迫下高光效的甜菜品种，寻找甜菜高光效关键基因，通过传统的遗传杂交与现代生物技术方法得到新的耐旱高光效甜菜品种将是未来研究的主要方向。

参考文献

陈建明，俞晓平，程家安，2006. 叶绿素荧光动力学及其在植物逆境生理研究中的应用 [J]. 浙江农业学报，18（1）：51-55.

丛雪，齐华，孟凡超，等，2010. 干旱胁迫对玉米叶绿素荧光参数及质膜透性的影响 [J]. 华北农学报，25（5）：141-144.

冯晓钰，周广胜，2018. 夏玉米叶片水分变化与光合作用和土壤水分的关系 [J]. 生态学报，38（1）：177-185.

冯志立，冯玉龙，曹坤芳，2002. 光强对砂仁叶片光合作用光抑制及热耗散的影响 [J]. 植物生态学报，26（1）：77-82.

纪瑞鹏，于文颖，冯锐，等，2019. 作物对干旱胁迫的响应过程与早期识别技术研究进展 [J]. 灾害学，34（2）：153-160.

姜闯道，高辉远，邹琦，2002. 缺锰降低大豆叶片叶绿素荧光的高能态淬灭 [J]. 植物生理与分子生物学学报，28（4）：287-291.

李敦海，宋立荣，刘永定，2000. 念珠藻葛仙米叶绿素荧光与水分胁迫的关系 [J]. 植物生理学通讯，36（3）：205-208.

李冬，申洪涛，王艳芳，等，2019. 干旱胁迫下外源硫化氢对烤烟幼苗光合荧光参数及抗氧化系统的影响 [J]. 西北植物学报（9）：1609-1617.

李合生，2019. 植物生理学（第4版）[M]. 北京：高等教育出版社.

李佳，刘济明，文爱华，等，2019. 米槁幼苗光合作用及光响应曲线模拟对干旱胁迫的响应 [J]. 生态学报，39（03）：160-169.

李志军，罗青红，伍维模，等，2009. 干旱胁迫对胡杨和灰叶胡杨光合作用及叶绿素荧光特性的影响 [J]. 干旱区研究，26（1）：45-52.

卢琼琼，宋新山，严登华，2012. 干旱胁迫对大豆苗期光合生理特性的影响 [J]. 中国农学通报，28（9）：42-47.

史胜青，袁玉欣，杨敏生，等，2004. 水分胁迫对4种苗木叶绿素荧光的光化学淬灭和非光化学淬灭的影响 [J]. 林业科学，40（1）：168-173.

汪本福，黄金鹏，杨晓龙，等，2014. 干旱胁迫抑制作物光合作用机理研究进展 [J]. 湖北农业科学，53（23）：5628-5632.

肖春旺，周广胜，2001. 毛乌素沙地中间锦鸡儿幼苗生长、气体交换和叶绿素荧光特性对模拟降水量变化的响应 [J]. 应用生态学报，12（5）：692-696.

许大全，2002. 光合作用效率 [M]. 上海：上海科学技术出版社.

杨晓青，张岁岐，梁宗锁，等，2004. 水分胁迫对不同抗旱类型冬小麦幼苗叶绿素荧光参数的影响 [J]. 西北植物学报，24（5）：812-816.

姚庆群，谢贵水，2005. 干旱胁迫下光合作用的气孔与非气孔限制 [J]. 热带农业科学，4：84-89.

张姣，吴奇，周宇飞，等，2018. 苗期和灌浆期干旱-复水对高粱光合特性和物质生产的影响 [J]. 作物杂志（3）：148-154.

张教林，曹坤芳，2002. 光照对两种热带雨林树种幼苗光合能力、热耗散和抗氧化系统的影响 [J]. 植物生态学报，26（6）：639-646.

张仁和，马国胜，柴海，等，2010. 干旱胁迫对玉米苗期叶绿素荧光参数的影响 [J]. 干旱地区农业研究，28（6）：170-176.

张守仁，1999. 叶绿素荧光动力学参数的意义及讨论 [J]. 植物学通报，16（4）：444 - 448.

张兴华，高杰，杜伟莉，等，2015. 干旱胁迫对玉米品种苗期叶片光合特性的影响 [J]. 作物学报，41（1）：154 - 159.

赵霞，王秀萍，李潮海，等，2009. 麦茬处理方式对夏玉米荧光参数日变化及产量的影响 [J]. 玉米科学，17（2）：64 - 67.

Arunyanark A，Jogloy S，Akkasaeng C，et al.，2010. Chlorophyll Stability is an indicator of drought tolerance in peanut [J]. Journal of Agronomy & Crop Science，194（2）：113 - 125.

Attila S，Gáspár S G，László K，et al.，2020. Evaluation of nitrogen nutrition in diminishing water deficiency at different growth stages of maize by chlorophy II fluorescence parameters [J]. Plants，9（6）：676.

Bader M R，Ruuska S，Nakano H，2000. Electron flow to oxygen in higher plants and algae: rates and control of direct photoreduction（Mehler reaction）and rubisco oxygenase [J]. Biological Sciences，1402：1433 - 1445.

Farquar G D，Sharkey T D，1982. Stomatal conductance and photosynthesis [J]. Ann. Rev. Plant Physiol，33：317 - 345.

Filek M，Łabanowska M，Kościelniak J，et al.，2015. Characterization of barley leaf tolerance to drought stress by chlorophy II fluorescence and electron paramagnetic resonance studies [J]. Journal of Agronomy & Crop Science，201（3）：228 - 240.

Krause G H，1988. Photoinhibition of photosyn thesis. An evaluation of damaging and protective mechanisms [J]. Physiologia Plantarum，74：566 - 574.

Pflug E E，Nina B，Siegwolf R TW，et al.，2018. Resilient leaf physiological response of european beech（*Fagus sylvatica* L. ）to summer drought and drought release [J]. Frontiers in Plant science，9：187.

Pompelli M F，Barata-Luis R，Vitorino H S，et al.，2010. Photosynthesis, photoprotection and antioxidant activity of purging nut under drought deficit and recovery [J]. Biomass & Bioenergy，34（8）：1207 - 1215.

第八章 甜菜内源激素变化与品种抗旱性关系

在植物的生长发育过程中,除了大量的水分、矿质元素和有机物质作为构成植物体细胞的结构物质和营养物质外,一类微量的用来调节与控制植物体内各类代谢过程的生长物质也是必不可少的,通过其含量的变化对植物的生长进程进行调控,以适应外界环境条件的变化。在非胁迫条件下,植物体内各激素间的平衡可使植物的新陈代谢和生长发育维持正常,但在遭受逆境时,不同激素间的平衡常被打破,以至于植物正常的生命活动规律被破坏,正常的生理生化代谢功能发生紊乱。在一定的胁迫限度内,通过内源激素水平在一定范围内的变化可使植物的生长状况和生理机能得以改善和协调,增强适应逆境的能力。目前,有关干旱胁迫下植物体内 ABA 的作用被作为研究的热点。大量的研究已证实,在干旱胁迫下,大多植物体内的 ABA 含量会增加,并表现出促进脯氨酸积累、加速气孔关闭、延缓地上部生长及抑制光合作用等生理效应。近年来的研究还表明 ABA 在信号传导过程中也充当重要角色,干旱胁迫下根系可先行合成 ABA 来感知土壤干旱程度,并与其他激素形成复合物共同作为胁迫信号调控其他生理过程。因此,研究干旱胁迫下不同激素含量及其比值的动态变化对揭示植物的抗旱性机制具有重要意义。

本专题采用酶联免疫法对抗旱性不同的甜菜品种在不同水分处理及复水条件下的主要内源激素 IAA 和 ABA 进行了研究,初步明确了干旱胁迫下甜菜主要内源激素变化的规律及对干旱胁迫下的响应情况,为外源激素调控甜菜抗旱栽培和育种提供参考。

第一节 甜菜部分内源激素对干旱胁迫下的响应分析

一、干旱胁迫下甜菜 IAA 代谢

作为促进植物生长的关键内源激素 IAA,主要由植物顶端分生组织和正在生长的叶片来合成,并通过极性的方式运输到其他组织器官,其含量与生长的各组织之间保持一种互动的平衡反馈关系。目前在对缺水条件下植物体内 IAA 含量的研究发现,不同种类植物、不同组织部位 IAA 含量的变化比较复杂,有些植物表现为增加趋势,而在有些植物上则表现为降低。

研究发现,在正常水分条件下 2 个甜菜品种叶片、根系 IAA 含量均维持稳定,且不同品种间的 IAA 含量存在差异,HI0466 的叶片、根系 IAA 含量高于农大甜研 4 号(图 8 - 1A,图 8 - 2A)。在干旱胁迫下(图 8 - 1B,图 8 - 2B),2 个甜菜品种叶片、根系 IAA 含量变化明显不同。抗旱材料 HI0466 叶片在干旱胁迫第 1 天 IAA 含量未发生变化,随后开始降低,在干旱胁迫第 3 天,第 5 天分别降低为胁迫前的 91.25% 和 83.90%,在胁迫第 5

天达最低，为401.77ng/g·FW。而农大甜研4号叶片在整个干旱胁迫过程中均呈下降趋势，且降低幅度明显大于抗旱材料HI0466，在干旱胁迫第1天、3天、5天分别降低为胁迫前的91.36%、84.35%和64.03%，在第5天达最低仅为262.30ng/g·FW。方差分析结果显示，在干旱胁迫过程中不同材料间IAA含量差异显著（$P<0.05$），抗旱材料叶片相对较高的IAA含量为其在干旱条件下地上部分的生长提供保障；其根系的IAA含量在干旱胁迫第1天均有一定程度的增长，而后开始下降，但农大甜研4号根系下降幅度显著，在干旱胁迫第3天，第5天分别降低为胁迫前的89.60%和67.47%，在干旱胁迫第5天达最低仅为232.16ng/g·FW，抗旱材料HI0466根系IAA含量在干旱胁迫第3天，第5天只降低为胁迫前的98.53%和87.60%，在干旱胁迫第5天也达最低却为352.56ng/g·FW。方差分析结果表明在干旱胁迫第3天、5天2个甜菜品种间根系IAA含量差异显著（$P<0.05$），在干旱胁迫第5天差异达极显著水平（$P<0.01$）。表明轻度的水分胁迫对促进根系的生长有一定的作用，干旱胁迫的进一步加强会使根系的生长由于IAA含量的降低而受抑，其抗性不同的材料受抑程度不同。在复水后两种甜菜叶片、根系的IAA含量均有较大幅度的升高，基本可恢复到最初水平。

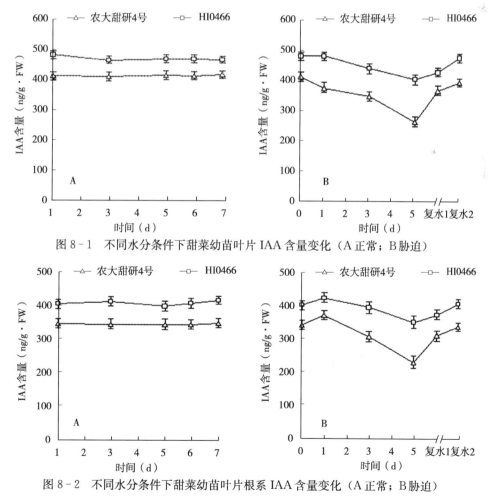

图8-1 不同水分条件下甜菜幼苗叶片IAA含量变化（A正常；B胁迫）

图8-2 不同水分条件下甜菜幼苗叶片根系IAA含量变化（A正常；B胁迫）

二、干旱胁迫下甜菜 ABA 代谢

脱落酸（abscisic acid，ABA）参与植物对多种环境胁迫的响应，大量研究证实干旱会引起内源 ABA 的增加，产生水分亏缺反应，通过调节气孔、调整保卫细胞离子通道、降低钙调素蛋白的转录水平等方面的影响，增加逆境存活机会。

本研究结果表明，在水分充足的条件下（图 8-3A，图 8-4A），2 个甜菜品种叶片、根系内 ABA 含量稳定，根系较叶片含有更多的 ABA。干旱胁迫下（图 8-3B，图 8-4B），2 个甜菜品种叶片的 ABA 含量在胁迫第 1 天，第 3 天呈增加趋势，且增加幅度相近；方差分析表明品种间差异不显著。至干旱胁迫第 5 天，抗旱材料 HI0466 仍持续增加，且幅度较大，达到 371.87ng/g·FW，而农大甜研 4 号却明显下降，方差分析表明该时期 2 品种间叶片 ABA 含量达极显著水平（$P<0.01$）。在根系内，抗旱材料 HI0466 在干旱胁迫程度较轻的第 1 天 ABA 含量就显著增加，达到 418.24ng/g·FW，其增加幅度远远

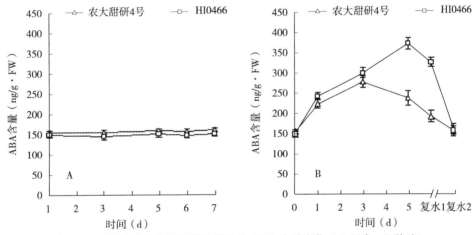

图 8-3 不同水分条件下甜菜幼苗叶片 ABA 含量变化（A 正常；B 胁迫）

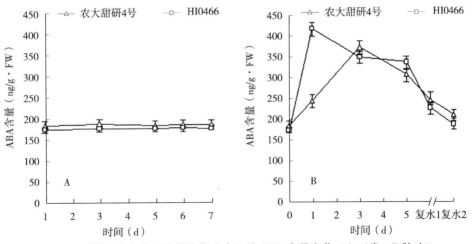

图 8-4 不同水分条件下甜菜幼苗叶片根系 ABA 含量变化（A 正常；B 胁迫）

高于农大甜研 4 号，干旱胁迫进一步持续则开始下降。而农大甜研 4 号在干旱胁迫 1～3d 内含量升高，重度干旱胁迫下含量开始降低。方差分析显示在轻度干旱胁迫下 2 个品种根系 ABA 含量差异达极显著水平（$P<0.01$），而胁迫程度较重时差异不显著。复水后不同部位的 ABA 含量均有较大幅度的下降，并接近正常。表明不同部位对水分的敏感度存在差异，根系的敏感度较强，轻度胁迫可促使其 ABA 的积累，而叶片相对滞后。

第二节　部分内源激素在甜菜抗旱中的调控作用

一、IAA 代谢与甜菜抗旱性

在水分亏缺条件下，植物的生长会受到不同程度的抑制，而这种抑制除了受细胞膨压的影响以外，还受自身细胞壁伸展程度的控制。而细胞壁的可塑性与植物激素密切相关，IAA 含量的增加可使胞壁的可塑性增强，提高细胞的伸展性；而 ABA 则可使细胞壁可塑性降低。在本研究中，抗旱性强的甜菜品种 HI0466 在干旱胁迫条件下，IAA 的含量尽管总体呈下降趋势，但与抗旱性较弱材料农大甜研 4 号相比，仍体现出较高 IAA 含量的优势，特别是根系在干旱胁迫初期还有一定程度的升高，这可能是 HI0466 在遭遇水分亏缺时生长较农大甜研 4 号迅速地主要原因之一。同时也说明在苗期适度的干旱胁迫，可促进根系 IAA 含量的增加，有助于根系的生长，增强根系的吸水能力。

二、ABA 代谢与甜菜抗旱性

作为一种"胁迫激素"，ABA 参与地上部与地下部的干旱信号传递。干旱的刺激促进根系 ABA 的合成，并运输到地上部参与气孔的调节，通过降低气孔开度进而减少水分散失。在干旱条件下，许多植物叶片 ABA 浓度可增加几倍甚至几十倍。本研究结果表明，干旱胁迫下两种甜菜叶片、根系不同部位的 ABA 含量变化趋势不一致。在根系抗旱性较强的 HI0466 在胁迫初期 ABA 含量升高，且升高幅度最大，表明其根系对水分亏缺较为敏感，程度较轻的水分胁迫就可刺激根系合成大量的 ABA，并参与到地上部的抗旱性调控中；而叶片与根系相比，其 ABA 含量的升高明显滞后于根系，抗旱性较强的 HI0466 在胁迫过程中 ABA 含量虽持续升高，但升高幅度明显增大是出现在干旱胁迫较为严重的后期，说明其在严重水分亏缺条件下，可通过 ABA 含量大幅度的增多来对干旱胁迫进行直接抵抗，其中 ABA 含量增加的一部分来源可能与胁迫前期根系的合成有关。

在干旱胁迫下激素间的作用通常不是单一的，彼此间相互协调、互相促进，共同完成对干旱胁迫的调控。本研究中干旱胁迫下抗旱材料 IAA、ABA 间协调的总趋势是朝着诱导气孔关闭，促进根系生长的方向发展，通过在胁迫初期根系 IAA 含量的提高来促进根系的生长能力，当水分亏缺严重时则通过 ABA 的累积来诱导气孔关闭，减少水分的散失，提高保水能力；同时该时期 IAA 含量的降低可使生长速率趋于减缓，可有效地避免缺水伤害，增强干旱适应能力。由于本研究仅对 2 种内源激素在干旱胁迫下的变化规律进行了研究，就总体内源激素而言还缺乏全面性，其他内源激素在干旱胁迫下的作用还有待于今后进一步系统研究。

第三节 小结与展望

在干旱胁迫对农业影响日益严重的背景下，全面了解并深入系统研究干旱胁迫下激素影响甜菜生长发育的生理基础与作用机理，不仅为如何利用外源植物激素对甜菜发育进行调控和培育抗旱耐旱甜菜新品系提供理论依据；还将为充分发掘利用甜菜自身抗逆潜力，提高土壤水分资源利用率，最大限度地减轻干旱及水资源危机带来的甜菜安全生产威胁提供实践依据。初步的研究结果表明，在干旱胁迫下，不同基因型甜菜 ABA 含量总体呈上升趋势，但上升的时间和幅度随品种和部位不同而存在差异。抗旱品种根系在胁迫初期 ABA 含量大幅度升高，并显著高于弱抗旱性材料，随着胁迫的延续，根系的 ABA 含量开始下降而叶片的逐步升高，并在胁迫后期品种间差异显著。同时，干旱胁迫下不同基因型甜菜叶片 IAA 含量均呈下降趋势，但抗旱材料保持较低的下降幅度，特别在胁迫后期更为明显，表明干旱虽对其地上部生长产生一定的影响，但其仍具有相对较强的生长潜能；根系在胁迫初期 IAA 含量升高，表明适度的干旱可促进根系的生长，持续胁迫下，根系 IAA 含量开始下降，但抗旱材料的降幅较低。

目前有关甜菜抗旱性与激素代谢的关系还有许多有待解决的问题，如干旱胁迫如何调控激素信号转导和代谢途径的分子机制尚不清晰；不同激素协同调控甜菜发育的研究远远落后于模式植物和水稻、玉米、小麦等大作物。今后我们应关注甜菜在干旱胁迫下不同激素合成、信号转导及运输相关基因在转录及蛋白水平的变化；系统研究甜菜如何识别干旱胁迫信号及胁迫程度，进而如何通过激素含量变化来调控生长发育；不同激素之间的互作网络关系以及多种激素如何协同参与甜菜干旱胁迫下的生长发育的作用机制；这些研究对深入了解甜菜在干旱胁迫下复杂的抵御性生理及分子机制将具有更加深远的实践意义，可为利用基因工程等现代分子生物技术手段培育新的甜菜品种、提高甜菜的水分亏缺耐受力奠定坚实的基础，也为甜菜抗旱新种质材料创制提供新思路。

参考文献

郭爱霞，胡亚，朱燕芳，等，2018. 脱落酸对苹果砧木幼苗抗旱性的影响（英文）[J]. Agricultural Science & Technology，19（2）：5-12.

郭宾会，戴毅，宋丽，2018. 干旱下植物激素影响作物根系发育的研究进展 [J]. 生物技术通报，312（7）：54-62.

郝建军，尹智超，秦萍，等，2013. 绿豆不同抗旱性品种叶片脱落酸含量的比较研究 [J]. 东北农业科学，38（4）：11-14.

胡秀丽，杨海荣，李潮海，2009. ABA 对玉米响应干旱胁迫的调控机制 [J]. 西北植物学报（11）：2345-2351.

胡志群，冯学兰，吴楚彬，等，2015. 脱落酸和细胞分裂素对香根草抗旱性的影响 [J]. 草地学报，23（6）：1220-1225.

李宗霆，周燮，1996. 植物激素及其免疫检测技术 [M]. 南京：江苏科学技术出版社.

马文涛，樊卫国，2014. 不同种类柑橘的抗旱性及其与内源激素变化的关系 [J]. 应用生态学报，25

（1）：147-154.

任敏，何金环，2010. 自然干旱胁迫下紫花苜蓿叶片和根部 ABA 的代谢变化 [J]. 安徽农业科学（4）：1771-1772.

谭云，叶庆生，李玲，2001. 植物抗旱过程中 ABA 生理作用的研究进展 [J]. 植物学报，18（2）：197-201.

张炜，高巍，曹振，等，2014. 干旱胁迫下小麦（*Triticum aestivum* L.）幼苗中 ABA 和 IAA 的免疫定位及定量分析 [J]. 中国农业科学，47（15）：2940-2940.

赵志光，李海燕，陈拓，等，2006. 干旱与氧化胁迫对小麦根氧化还原状态和叶片 ABA 积累的影响 [J]. 西北植物学报（4）：736-742.

种培芳，曾继娟，单立山，等，2016. 干旱胁迫下荒漠草地植物红砂幼苗对外源 ABA 的生理响应 [J]. 草地学报，24（5）：1001-1008.

Burbidge A，Grieve T M，Jackson A，et al.，1999. Characterization of the ABA-deficient tomato mutant notabilis and its relationship with maize [J]. The Plant Journal，14（17）：427-431.

Chan K Y，Heenan D P，1996. Effect of tillage and stubble management on soil water store，crop growth and yield in a wheat-lupine rotation southern NSW [J]. Aust Jagric Res，47：479-488.

Chandler P M，Robertson M，1994. Gene expression regulated by abscisic acid and its relation to stress tolerance [J]. Annu Rev Plant Physiol Plant Mol Biol，45：113-141.

Davies W J，Zhang J，1991. Root signals and the regulation of growth and development of plants in drying soil [J]. Annu Rev Plant Mol Biol，42：55-76.

Faghihi R，Zadeh F H，Razavi K，et al.，2010. Drought and ABA content and photosynthetic pigments relationship in Zea mays [C] //2nd Iranian Plant Physiology Conference.

Fei R，2012. Progress in ABA and SA improving plant drought resistance and salt resistance [J]. Biotechnology Bulletin，29（3）：17-21.

Folkard A，Mathias N A，2001. Ovary abscisic acid concentration does not induce kernel abortion in field-grown maize subjected to drought. [J]. European Journal of Agronomy，15（2）：119-129.

Iuchi S，Kobayashi M.，Taji T，et al.，2001. Regulation of drought tolerance by gene manipulation of 9-cis-epoxycarotenoid dioxygenase，a key enzyme in abscisic acid biosynthesis in *Arabidopsis* [J]. The Plant Journal，27：325-333.

Jilong X，Jiancheng Z，Kaipeng X，et al.，2014. Effects of exogenous ABA on wheat drought resistance and yield [J]. Crops，28（3）：105-108.

Li C，Yin C Y，Liu S R，2004. Different responses of two contrasting *Populus davidiana* populations to exogenous abscisic acid application [J]. Environmental and Experimental Botany，51（3）：237-246.

Qin X，Zeevaart J A D，2002. Over expression of a 9-cis-epoxycarotenoid dioxygenase gene in *Nicotiana plumbaginifolia* increases abscisic acid and phaseic acid levels and enhances drought tolerance [J]. Plant Physiology，128：544-551.

Schwartz S H，Qin X，Zeevaart J A D，2003. Elucidation of the indirect pathway of abscisic acid biosynthesis by mutants，genes，and enzymes [J]. Plant Physiology，131：1591-1601.

Shanker A K，Shanker C，2016. Abiotic and biotic stress in plants-recent advances and future perspectives // role of ABA in *Arabidopsis* salt，drought，and desiccation tolerance [J]. 10.577 2/60477 (Chapter 22).

Shinohara T，Agehara S，Leskovar D I，2010. Growth and physiology of artichoke transplants exposed to ABA，heat and drought stresses [J]. Hortscience A Publication of the American Society for Horticultural Science, 45 (8): 225 - 234.

Stewart J D, 1995. Stomatal and mesophyll limitations of photosynthesis in black spruce seedlings during multiple cycles of drought [J]. Tree Physiol, 15: 57 - 64.

Tawainga K, Tillage, Rotation, 2002. Effects on soil physical characteristics [J]. Agronomy Journal, 94: 299 - 304.

Thompson A J, Jackson A C, Symonds R C, et al., 2000. Ectopic expression of a tomato 9-cis-epoxycarotenoid dioxygenase gene causes over-production of abscisic acid [J]. The Plant Journal, 23: 363 - 374.

Xiong L, Zhu J, 2003. Regulation of abscisic acid biosynthesis [J]. Plant Physiology, 133: 29 - 36.

Yin C, Baoli D, Wang X, et al., 2004. Morphological and physiological responses of two contrasting Poplar species to drought stress and exogenous abscisic acid application [J]. Plant Science, 167 (5): 1091 - 1097.

CHAPTER 3 | 第三篇

甜菜抗旱的
分子生物学基础

第九章 基于转录组测序技术挖掘
甜菜抗旱相关基因

干旱已经成为严重制约农业发展的全球性问题，干旱对作物造成的损害仅次于生物胁迫造成的损失，在所有非生物胁迫中居首位。干旱会降低植物生长发育的速率，引起活性氧损伤，抑制气孔开度，干扰光化学过程等，严重影响作物的正常生长和产量、质量提高。我国的干旱、半干旱地区面积较广，约占国土总面积的 1/2。近年来，我国部分地区大面积严重性干旱已给农业生产带来灾难性影响。目前，有效缓解干旱胁迫、发展旱作农业的关键途径是培育耐旱作物新品种。传统育种方式周期长、效率低，已经不能满足当前生产需要。植物抗旱分子机制的深入研究和生物技术的飞速发展为培育高效抗旱作物新品种开辟了一条新的途径。

随着生物技术的发展，人们利用基因工程技术挖掘了包括转录因子在内的大量抗旱相关基因，进一步明确了部分抗旱相关基因的功能，进而对干旱胁迫信号传导途径及其机制有了相对深入的了解。作物抗旱性是非常复杂的数量性状，涉及很多基因、microRNAs的调控以及激素、离子、代谢物等含量的变化。作物可以感受干旱胁迫信号，并对干旱胁迫信号作出相应的响应以避免干旱胁迫对其自身造成伤害。如在干旱条件下，植物细胞膜渗透压增加，细胞质壁之间产生机械摩擦，将干旱刺激传给膜上的受体；或质膜上的离子通道和跨膜蛋白可直接感知渗透胁迫，激发第二信号系统，进而引发蛋白激酶级联反应，最终控制和调节下游基因的表达来应对干旱胁迫。目前，干旱胁迫信号转导途径分为依赖ABA 和非依赖 ABA 2 条途径。同时，作物对胁迫的响应是一个动态变化过程，可划分为不同阶段，即预警阶段、适应阶段和抵抗阶段。当胁迫持续时间很长或胁迫程度很严重时，还会出现衰老死亡阶段。胁迫因子去除后，作物会从胁迫条件下恢复并建立新的动态平衡，即恢复阶段。干旱可诱导作物发生三种存在相互作用的变化：改变基因的表达（包括上调、下调、共表达），改变蛋白质的合成、转运与降解，改变代谢途径，导致代谢物的变化。这些变化综合调控作物对干旱胁迫的抗性。

随着 DNA 测序和生物信息学等技术的发展，基因组学、转录组学、蛋白质组学、表型组学等组学手段逐步被用于植物抗旱相关基因的发掘和植物抗旱分子机制的解析。这类技术的优势在于能够对植物的某一特定器官、组织中的全部基因表达情况或蛋白、代谢物的含量进行准确高效的鉴定（定量、定性），可以从整体了解特定器官或组织对干旱胁迫的响应机制，鉴定出参与干旱信号转导的基因、蛋白、代谢物等。组学数据和传统育种的整合还可以定位新的抗旱数量性状位点（QTLs），加快植物耐旱性改良进度。

本专题主要介绍以筛选鉴定的强抗旱材料 HI0466 为研究对象，选取正常供水（CK）、干旱胁迫 10d（DS10）、恢复正常供水（RW）条件下甜菜幼苗叶片，利用转录组学技术进行深度测序，分析了其响应干旱胁迫的转录组水平变化，筛选甜菜抗旱相关差异表达基因，对甜菜响应干旱的分子机制进行初步探讨认识，为利用组学手段进一步揭示甜菜抗旱分子机理提供参考。

第一节　甜菜抗旱相关差异表达基因的筛选与分析

依据甜菜抗旱性筛选结果（详见第四章），以抗旱性较强的甜菜品种 HI0466 为材料，对正常供水（CK）、干旱胁迫 10d（DS10）、恢复正常供水（RW）条件下甜菜幼苗进行了转录组深度测序，获得了大量的表达基因信息，分析了其响应干旱胁迫的转录组水平变化。

一、干旱胁迫下甜菜转录组测序结果概况

1. 转录组测序质量评估

通过 Illumina HiSeq™ 2000 对上述 3 组样品进行了测序，获得 3 组不同处理的 Raw read，然后对所获取的 Raw read 数据进行质控处理，最后过滤得到 CK、DS10、RW 的 clean reads，数量分别为 50 366 550，50 412 840 和 50 365 672，占各自 Raw read 的 97.14%、97.22% 和 97.13%（彩图 1）。对过滤后得到的 clean reads 进行碱基的组成和质量分布分析（彩图 2），3 个处理的碱基组成平衡，A、T 曲线重合，G、C 曲线重合，低质量（<20）的碱基比例较低，表明测序的质量比较好。

2. 基因比对情况分析

将 CK、DS10、RW 的 clean reads 与甜菜参考序列进行比对，得到了与甜菜参考基因组和基因的对比统计结果。统计结果分别明确了所得到的总 reads 条数与对比参考序列的匹配情况，包括基因组匹配情况和基因匹配情况。分别就完美匹配比例、错误匹配比例、未匹配以及单一位置、多位置匹配比例情况进行了统计。图 9-1 的结果表明，3 个处理样品的 reads 在基因上的分布基本一致，都比较均匀地分布于基因上，说明 3 组样品的测序随机性较好，有利于后续的进一步分析。

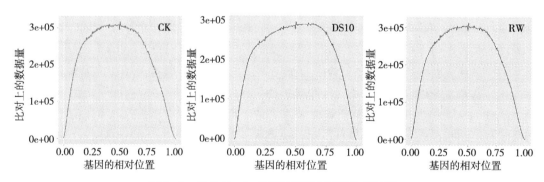

图 9-1　样品 Reads 在参考基因上随机分布情况

二、差异基因表达水平分析

不同处理条件下样品的基因表达量相关分析结果表明（表 9-1），随着胁迫程度的逐

步增强，对照（CK）与不同胁迫处理间基因表达情况的相关性逐渐降低，表明随着胁迫程度的加剧，对照（CK）与不同胁迫处理间基因表达的相似性差异逐步变大，且干旱胁迫10d（DS10）时与CK的基因表达相似性达到最低水平。

表 9-1　不同处理间基因表达水平相关性分析

样品	CK	DS10	RW
CK	1	0.582 8	0.958 2
DS10	0.582 8	1	0.596 8
RW	0.958 2	0.596 8	1

通过泊松分布分析法对差异表达进行综合分析，筛选出不同处理样品间差异表达基因的具体情况，明确各处理间差异表达基因的上、下调表达情况和基因数量。彩图3的结果表明，随着干旱胁迫程度的逐步加剧，较对照（CK）相比差异上、下调基因表达量均显著增加，进一步证实了干旱胁迫是诱导基因差异表达的主要因素之一。对不同处理样品间显著差异表达的基因数量进行了统计（彩图3），结果表明，与CK相比，DS10处理条件下显著下调表达基因达到1 826个，显著上调表达基因达到7 153个；而复水（RW）处理干旱胁迫解除后，与CK相比，显著下调表达基因896个，显著上调表达基因1 097个，显著差异表达基因数量明显降低；植物耐旱性是受多基因调控的数量性状，随着干旱胁迫程度的加重，导致体内许多生物进程受到影响，表现出响应干旱的上、下调表达基因的数量在不断增加，通过大量基因的上、下调表达来最大程度对植物体内的代谢途径进行调控，以适应逆境对植物的影响。本研究的结果也表明，在重度干旱胁迫下（DS10），显著上、下调表达的基因数量明显增多，特别是显著上调表达基因数量增量较大，这可能与抗旱品种通过大量相关基因的上调表达来进一步激活被干旱胁迫抑制的生物进程，以期达到抗旱的目的。因此，重度胁迫处理下（DS10）大量的上、下调差异表达基因可为后期进一步筛选抗旱关键调控基因提供依据，本研究后期也重点关注DS10处理下的差异表达基因。

三、差异基因的深入挖掘分析

1. 差异基因表达模式聚类分析

利用cluster软件，以欧氏距离为距离矩阵计算公式，对DS10处理条件下的差异表达基因进行分层聚类分析（彩图4）。从聚类分析结果表明，按照图中从上到下的顺序将DS10胁迫下显著上调表达的7 153个基因依据表达量的不同聚为3类，显著下调表达的1 826个基因按照表达量的不同聚为4类。我们可以根据不同表达量的聚类结果有针对性的筛选不同表达量的基因，根据数据库比对信息及相关基因注释了解基因信息，为相关基因后续的发掘和深入研究提供参考。

2. 差异基因的GO功能显著性富集分析

依据Gene Ontology基因功能分类体系，对甜菜差异表达基因进行基因生物学功能分类。通过检索比对分析发现，在差异表达的8 979个基因中，有3 419个差异基因归属于生物学过程的 23 个功能组,有 4 140 个差异基因归属于分子功能的 12 个功能组,有 3 366 个差异基因归属于细胞组成 13 个功能组。其中,在生物学过程中,代谢过程和细胞进程占有较高比例;在细胞组成中,细胞和细胞组分占有较高比例;而在分子功能中,催化活性和连接占有较高比例(彩图 5)。

3. 差异基因的 Pathway 显著性富集分析

借助于 Pathway 的主要公共数据库 KEGG,笔者对干旱胁迫 10d(DS10)样品的差异表达基因进行了 Pathway 显著性富集分析,共有 3 194 个差异表达基因富集于 105 个已知的代谢通路,其中富集程度前 20 的代谢通路中共涵盖了 578 个基因(彩图 6,表 9 - 2),富集程度最高的是磷酸戊糖途径、氮代谢、谷胱甘肽代谢、过氧物酶体和磷脂酰肌醇途径,共涵盖了 200 个基因,而参与基因数最多的是 ABC 转运体,共有 62 个基因。对于每一条富集到的代谢通路,还可通过链接到 KEGG 数据库来详细分析该通路中覆盖的基因所参与的具体代谢调控位点。如在磷酸戊糖途径中(彩图 7),共有 37 个基因参与了磷酸戊糖代谢途径中的 17 个具体反应过程的调控(图中标星号位点),参与每个反应过程的具体调控基因数量、名称及表达上下调情况都可以得到相应的注解信息。通过 Pathway 显著性富集分析进一步明确了干旱胁迫处理条件下差异表达基因在不同生化代谢及信号转导途径中的参与情况,富集到的这些基因有助于后续开展对差异表达基因所参与的主要生化代谢途径和信号转导途径进行准确的定位分析和深入的调控研究。

表 9 - 2　前 20 位代谢通路富集与调控基因

序号	通路名称	差异表达基因数量	通路 ID	调控基因
1	磷酸戊糖途径	37	ko00030	Bv_ropm, $Bv4\_qtuq$, Bv_efoc, $Bv3\_oicz$, $Bv2\_zzcx$, $Bv9\_ohea$, $Bv2\_ifdq$, $Bv2\_pxru$, $Bv9u\_jifh$, $Bv8\_dtpx$, $Bv6\_oqtu$, $Bv6\_fixy$, $Bv9\_wffmt3$, $Bv1\_gazr$, $Bv2\_trgu$, Bv_nsyu, $Bv2\_pupf$, $Bv3\_wkjf$, Bv_sdiy, $Bv3\_jiwx$, Bv_kqrd, $Bv2\_mejm$, $Bv9\_wffm$, $Bv5\_qxks$, $Bv5\_khqy$, $Bv4\_jofx$, $Bv9\_wffm$, $Bv3\_ueqe$, $Bv4\_cyuu$, $Bv6\_fskg$, $Bv5\_yppi$, $Bv2u\_jizk$, $Bv1\_snqy$, $Bv6\_unms$, $Bv7\_scxi$, $Bv6\_nnwg$, $Bv3u\_zdqe$
2	氮代谢	26	ko00910	$Bv7\_cjsp$, $Bv7u\_rkjz$, $Bv7\_ocrc$, Bv_nphg, Bv_nphg, Bv_mqoc, $Bv6\_ggos$, $Bv6\_kmaz$, $Bv9\_djdz$, $Bv9\_ccox$, $Bv6\_ptmy$, $Bv4u\_kgpn$, $Bv5u\_syoe$, $Bv7u\_hsqa$, $Bv3\_kzes$, $Bv3\_cdxa$, $Bv3u\_ckae$, $Bv3\_zqfa$, $Bv6\_wrxd$, $Bv8\_rkme$, $Bv8\_rkme$, $Bv6\_qdph$, $Bv6\_ygec$, Bv_jfau, $Bv4\_sycw$, $Bv6\_uyxu$
3	谷胱甘肽代谢	46	ko00480	$Bv7\_zrwk$, $Bv5\_hhkz$, Bv_iseq, Bv_kscz, $Bv1\_epjo$, $Bv4\_qtuq$, $Bv5\_jraa$, $Bv5\_jsyf$, $Bv7\_giri$, $Bv6\_akcu$, Bv_igiq, Bv_arzk, Bv_aore, Bv_zmts, $Bv7\_zxca$, $Bv9\_ndzq$, Bv_rgfa, $Bv5\_fumy$, Bv_juiz, $Bv9\_xmir$, Bv_fznp, $Bv6\_epah$, $Bv6\_cdaj$, $Bv7\_turi$, $Bv7\_fmpq$, $Bv3\_koon$, $Bv1u\_prnw$, Bv_wpzq, $Bv4\_cgqi$, $Bv5\_thze$, $Bv9u\_qdzz$, $Bv5\_tyws$, $Bv7\_rnzo$, $Bv1\_gazr$, Bv_erom, $Bv6\_gcjr$, $Bv8\_suzn$, $Bv3\_hjpe$, $Bv2\_pupf$, $Bv3\_wkjf$, Bv_sdiy, $Bv6\_kwiz$, Bv_kqrd, $Bv3u\_epjf$, Bv_igzt, $Bv2\_aygx$

（续）

序号	通路名称	差异表达基因数量	通路 ID	调控基因
4	过氧物酶体	47	ko04146	*Bv9 _ cugg*, *Bv _ qqae*, *Bv _ xjzj*, *Bv7 _ uxow*, *Bv6u _ qtds*, *Bv2 _ jayh*, *Bv4 _ yegi*, *Bv1 _ psht*, *Bv3 _ keji*, *Bv6u _ qtds*, *Bv4 _ unsw*, *Bv2 _ jayh*, *Bv2 _ jayh*, *Bv _ xjzj*, *Bv _ rwzr*, *Bv5 _ dqji*, *Bv8 _ xsxe*, *Bv4 _ mhcr*, *Bv6u _ qtds*, *Bv7u _ dkoc*, *Bv2 _ qtwy*, *Bv3 _ ydfh*, *Bv1u _ ajnf*, *Bv3 _ mafz*, *Bv9 _ chaa*, *Bv4 _ axuz*, *Bv7 _ fmtj*, *Bv9 _ chaa*, *Bv5 _ qico*, *Bv9 _ umey*, *Bv9 _ rnuz*, *Bv8 _ dzzp*, *Bv3 _ uyto*, *Bv8 _ pgzn*, *Bv9 _ cugg*, *Bv5 _ iekq*, *Bv4 _ rxey*, *Bv9 _ nkga*, *Bv3u _ epjf*, *Bv4 _ rdsq*, *Bv9 _ xpds*, *Bv5 _ arxs*, *Bv1u _ auuk*, *Bv1u _ eqpx*, *Bv9 _ yadt*, *Bv4 _ iswc*, *Bv _ jgpp*
5	磷脂酰肌醇途径	44	ko04070	*Bv5 _ rxhc*, *Bv _ szmt*, *Bv4 _ xtmr*, *Bv5 _ khxa*, *Bv4 _ owrs*, *Bv9 _ aixa*, *Bv4 _ axjc*, *Bv3 _ pzry*, *Bv _ osrn*, *Bv7 _ dkdu*, *Bv9 _ iapx*, *Bv4 _ gaih*, *Bv4 _ ucnj*, *Bv3 _ iwys*, *Bv6 _ cwir*, *Bv _ xtnp*, *Bv2 _ mqjd*, *Bv5 _ zeho*, *Bv3 _ cceg*, *Bv _ fhhu*, *Bv _ fgsz*, *Bv6 _ wcrq*, *Bv4 _ wwmd*, *Bv1 _ oxhx*, *Bv5 _ cygp*, *Bv7 _ drpr*, *Bv _ ipsh*, *Bv3 _ zdce*, *Bv7u _ jgzz*, *Bv9 _ mpwf*, *Bv6 _ krna*, *Bv7u _ tcya*, *Bv1 _ nkif*, *Bv6 _ oayz*, *Bv4 _ mnqt*, *Bv4 _ mntc*, *Bv7 _ zoac*, *Bv4 _ wwmd*, *Bv _ szmt*, *Bv8 _ hyzn*, *Bv1 _ fdjg*, *Bv4 _ ytmx*, *Bv9 _ goft*, *Bv _ wkgm*
6	缬氨酸、亮氨酸和异亮氨酸的降解	32	ko00280	*Bv8 _ esuy*, *Bv8 _ uooi*, *Bv8 _ odgu*, *Bv7 _ uxow*, *Bv9 _ roux*, *Bv1 _ wjkq*, *Bv1u _ gurs*, *Bv9 _ odxp*, *Bv8 _ xzxy*, *Bv9 _ roux*, *Bv4 _ tmhx*, *Bv8 _ uooi*, *Bv1 _ aqjn*, *Bv5 _ uacf*, *Bv6 _ rrqz*, *Bv9 _ roux*, *Bv7u _ dkoc*, *Bv7 _ pwtf*, *Bv9 _ zfec*, *Bv4 _ ydmi*, *Bv1 _ zqgd*, *Bv5 _ odai*, *Bv _ wehk*, *Bv1u _ zdum*, *Bv2 _ kdso*, *Bv3 _ uyto*, *Bv _ sdin*, *Bv2 _ ksqi*, *Bv9 _ csrh*, *Bv4 _ xrfg*, *Bv7 _ ztcp*, *Bv3 _ tshd*
7	基础转录因子	39	ko03022	*Bv3 _ ugws*, *Bv _ pdih*, *Bv1 _ hfps*, *Bv _ cezd*, *Bv _ pdih*, *Bv9 _ cfeg*, *Bv4 _ sjor*, *Bv4 _ ytif*, *Bv _ xmrg*, *Bv8 _ smmf*, *Bv _ cjcj*, *Bv4 _ sjor*, *Bv7 _ sfxm*, *Bv4 _ isux*, *Bv8 _ faka*, *Bv _ hqnf*, *Bv9 _ jyat*, *Bv _ hqnf*, *Bv2u _ xpti*, *Bv5 _ tkwy*, *Bv2 _ zxig*, *Bv3 _ njkp*, *Bv _ achz*, *Bv8 _ hcmi*, *Bv4 _ suti*, *Bv1u _ jmpg*, *Bv8u _ unnr*, *Bv8u _ unnr*, *Bv7 _ ncxh*, *Bv1 _ hdmy*, *Bv _ kmxd*, *Bv5 _ qzur*, *Bv7 _ acju*, *Bv4 _ ptxz*, *Bv8 _ jgai*, *Bv4 _ sjor*, *Bv3 _ jhqu*, *Bv _ zaaw*, *Bv5 _ yxfw*
8	MAPK 信号通路	50	ko04011	*Bv _ rjwd*, *Bv4 _ hfai*, *Bv6u _ qtds*, *Bv9 _ mrrk*, *Bv _ cshm*, *Bv6 _ ikuq*, *Bv6u _ qtds*, *Bv6 _ hxmy*, *Bv6 _ hxmy*, *Bv _ gxwx*, *Bv7 _ enuy*, *Bv6 _ sqku*, *Bv6 _ erga*, *Bv5 _ swpa*, *Bv2u _ hnqx*, *Bv9 _ iwgc*, *Bv2u _ hnqx*, *Bv3 _ kqjn*, *Bv5 _ njec*, *Bv4u _ jdsp*, *Bv6 _ koge*, *Bv2 _ dxnt*, *Bv9 _ dnmp*, *Bv3 _ anun*, *Bv6u _ qtds*, *Bv _ jyko*, *Bv2 _ ohtq*, *Bv6 _ fmnu*, *Bv9 _ gwwz*, *Bv9 _ csys*, *Bv4 _ hfai*, *Bv5 _ momh*, *Bv7 _ wjts*, *Bv6 _ hjoj*, *Bv7 _ rsco*, *Bv8 _ srqr*, *Bv2u _ nreu*, *Bv _ oaqg*, *Bv5 _ gprg*, *Bv1 _ rqak*, *Bv6 _ edyz*, *Bv _ mdhp*, *Bv _ rjyp*, *Bv9 _ fpui*, *Bv8 _ mfug*, *Bv _ kxth*, *Bv2 _ kpcd*, *Bv _ mdhp*, *Bv _ idkw*, *Bv9 _ cqjo*

（续）

序号	通路名称	差异表达基因数量	通路 ID	调控基因
9	乙醛酸和二羧酸代谢	28	ko00630	$Bv8\_mqrg$，$Bv6u\_qtds$，Bv_ypxd，$Bv9\_dfpa$，$Bv6u\_qtds$，$Bv4\_tmhx$，Bv_rwzr，$Bv6\_ggos$，$Bv6\_kmaz$，$Bv9\_cgga$，$Bv9\_djdz$，$Bv6u\_qtds$，Bv_msih，$Bv4\_hogm$，$Bv7\_fmtj$，$Bv9\_pmqf$，Bv_iafp，$Bv4\_miaa$，Bv_jfau，$Bv1\_ysgz$，$Bv5\_ipey$，$Bv9\_xogt$，$Bv9\_xogt$，$Bv4\_sycw$，$Bv4\_iswc$，$Bv8\_guso$，Bv_jgpp，$Bv5\_jddy$
10	β-丙氨酸代谢	24	ko00410	$Bv8\_uooi$，$Bv1u\_gurs$，$Bv9\_odxp$，$Bv6\_uxzh$，$Bv8\_uooi$，$Bv5\_xpuu$，Bv_qxpd，$Bv9\_cyaf$，$Bv6\_fwum$，$Bv7\_pwtf$，$Bv9\_zfec$，$Bv1\_zqgd$，$Bv4\_uqnm$，$Bv4\_mioq$，$Bv9\_ddmf$，Bv_wehk，$Bv2\_kdso$，$Bv8\_szic$，$Bv3\_hjpe$，$Bv7\_xxzd$，Bv_sdin，$Bv2\_ksqi$，$Bv9\_zcfo$，$Bv9\_csrh$
11	蛋白质输出	27	ko03060	$Bv4\_xake$，$Bv5\_rjfc$，$Bv4\_amjy$，$Bv4\_oysr$，$Bv5\_wqiw$，$Bv4\_amjy$，$Bv5\_jsmj$，$Bv3\_jtjm$，$Bv8\_tfjt$，$Bv8\_pcot$，$Bv2\_qkmz$，$Bv6\_pejk$，Bv_ohrk，$Bv5u\_qmpf$，Bv_fszh，$Bv1u\_shtm$，$Bv6\_toek$，$Bv6\_eodk$，$Bv4\_iucu$，$Bv6\_qofw$，$Bv9\_ohsk$，$Bv4\_znfq$，$Bv1u\_rcps$，$Bv5\_cizd$，$Bv4\_gdmq$，$Bv4\_fagd$，$Bv8\_gejc$
12	咖啡因代谢	6	ko00232	Bv_xjzj，$Bv4\_yegi$，$Bv4\_unsw$，Bv_xjzj，$Bv4\_mhcr$，Bv_uxef
13	维生素 B_6 代谢	10	ko00750	$Bv3\_awrt$，$Bv3\_ksik$，$Bv9\_quws$，$Bv9\_hjzj$，$Bv3\_nqzd$，$Bv2\_nymw$，$Bv3\_wrxj$，$Bv9\_fwjf$，$Bv7\_jusr$，Bv_meew
14	ABC 转运体	62	ko02010	$Bv9\_usps$，$Bv9\_zoog$，$Bv7\_zgqg$，$Bv6\_nsuc$，$Bv1\_oxzh$，$Bv7\_mjpg$，$Bv6\_uaqs$，$Bv4\_zacs$，$Bv4\_usud$，$Bv6\_zgmg$，$Bv7\_znip$，$Bv9\_qmpa$，$Bv6\_yppe$，$Bv3\_dqyp$，$Bv2\_gisw$，$Bv9\_zyoj$，$Bv2\_qkgm$，$Bv5\_ksnk$，$Bv9\_mzaj$，$Bv2\_gisw$，$Bv7u\_cdct$，Bv_otsr，$Bv5\_ifrk$，$Bv3\_ayqp$，Bv_wxdy，$Bv6u\_guem$，$Bv5\_patw$，$Bv7u\_giof$，$Bv5\_catn$，$Bv3\_fxjn$，$Bv5\_catn$，$Bv7\_mkqe$，$Bv1u\_cfcu$，$Bv9\_ioks$，$Bv8u\_fqcz$，$Bv6\_nsuc$，$Bv7\_dort$，$Bv7\_ghhf$，$Bv5u\_ghuu$，$Bv6\_nscm$，$Bv7\_mjyd$，$Bv1\_mxoz$，$Bv3\_rsmn$，$Bv4\_cgig$，$Bv1u\_axnd$，$Bv6u\_jetw$，Bv_rfnt，$Bv6\_tgpf$，$Bv9u\_kgfn$，$Bv7\_zitp$，$Bv6\_ypki$，$Bv9\_csak$，$Bv3\_hiwj$，$Bv5\_dtfi$，$Bv5\_ozdh$，$Bv7\_wxtj$，$Bv5\_zdip$，$Bv7\_mxym$，$Bv8\_zfgu$，Bv_sjfj，$Bv6\_sazd$，Bv_ugca
15	泛酸盐和 CoA 生物合成	18	ko00770	$Bv8\_odgu$，Bv_cemz，$Bv1\_wjkq$，Bv_cemz，$Bv4u\_hkof$，$Bv6\_cwye$，$Bv7\_dtth$，$Bv5\_yzto$，$Bv4\_uqnm$，$Bv6\_zmqu$，$Bv9\_ddmf$，$Bv6\_cwye$，$Bv6\_ujrk$，$Bv5\_qoxm$，$Bv7\_xxzd$，$Bv4\_pkiz$，$Bv5u\_ruxq$，$Bv4\_msgy$
16	同源重组	36	ko03440	$Bv4u\_wquw$，$Bv6\_wpxj$，$Bv3\_qrut$，$Bv6\_qkag$，$Bv5\_iere$，$Bv1\_qcgj$，Bv_tjxe，$Bv9\_tnot$，$Bv9\_rsoo$，Bv_cshm，$Bv4u\_wquw$，$Bv9\_nstj$，$Bv9\_rsoo$，$Bv4u\_wquw$，$Bv5\_rtui$，$Bv1\_sjxh$，$Bv3\_ecre$，$Bv4\_iupg$，$Bv4u\_wyuc$，$Bv6\_qkag$，$Bv6\_xcmy$，$Bv4\_rjdw$，$Bv5d\_mai$，$Bv6\_etan$，$Bv4u\_wquw$，$Bv6\_jcix$，Bv_tpym，$Bv8\_yocn$，$Bv3\_qrut$，$Bv9\_ampt$，$Bv4z\_nsr$，$Bv9\_cyxs$，$Bv8u\_kipn$，$Bv7\_argm$，$Bv7\_srpw$，$Bv9\_sfpc$

（续）

序号	通路名称	差异表达基因数量	通路 ID	调控基因
17	烟酸和烟酰胺代谢	6	ko00760	$Bv1\_tqpz$, Bv_cxxq, $Bv5\_dpcc$, $Bv8u\_uneq$, Bv_ihpj, $Bv7\_erng$
18	SNARE 囊泡运输中的相互作用	22	ko04130	$Bv5\_jypk$, $Bv9\_haxs$, $Bv9\_wgen$, $Bv3\_msua$, $Bv6\_dejq$, $Bv7\_jmzu$, Bv_wffg, $Bv9\_wgen$, $Bv3\_wkqi$, $Bv1\_zfme$, $Bv3\_msxr$, $Bv7\_cteq$, Bv_kxzf, $Bv7\_kjpj$, Bv_ayzn, $Bv7\_xztj$, $Bv3\_qqfk$, $Bv2\_ydmx$, $Bv7\_itqu$, $Bv2\_geum$, $Bv4\_kgxf$, $Bv1u\_ckug$
19	亚麻酸代谢	9	ko00592	$Bv6\_oznf$, $Bv7\_uxow$, $Bv7\_hsgs$, Bv_zpzk, $Bv5\_dqji$, $Bv7u\_dkoc$, $Bv9\_chaa$, $Bv9\_chaa$, $Bv6\_crxq$
20	核黄素的新陈代谢	9	ko00740	$Bv5\_wepq$, $Bv1\_jemf$, Bv_acmm, $Bv8\_agnq$, $Bv9\_ycxw$, $Bv7\_wnmr$, $Bv9\_enpj$, $Bv6\_fctz$, $Bv7u\_jtqe$

四、新转录本的预测与注释

为获取到新转录本区域，通过 Cufflinks 软件对 reads 进行组装，将组装的转录本距离现有的注释基因 200bp 以上，长度不短于 180bp，测序深度不小于 2 的与参考序列注释的转录本进行比较，获得了包括该转录本所属染色体及其正负链、新转录本外显子数目、新转录本每个外显子大小、每个外显子起始位点在染色体上的位置等详细信息；为了进一步研究新转录本功能，通过 Coding Potential Calculator 对新转录本的编码能力进行预测（图 9 - 2），确定出 CK 含有新转录本 540 个，可编码蛋白质转录本 217 个，非编码 323 个；干旱胁迫处理（DS10）下样品中含有新转录本 915 个，可编码蛋白质转录本 402 个，非编码 513 个；结果表明，干旱胁迫下会出现新转录本增加，这些新增加的转录本特别是可编码蛋白质的新转录本可为今后发掘和鉴定抗旱相关新功能基因奠定基础。

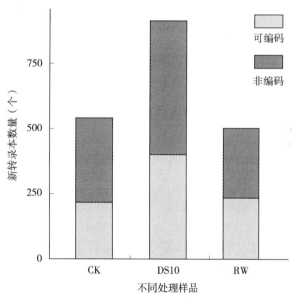

图 9 - 2　不同处理样品新转录本数量统计情况

五、转录因子差异表达分析

转录因子蛋白质能调控其靶基因的转录，具有 DNA 结合结构域和转录激活结构域。通过利用 Hmmsearch 搜索植物中的转录因子的特征结构域来预测编码转录因子的基因，在干旱胁迫样品中共鉴定到具有特定蛋白质结构域的差异表达转录因子家族 38 个，共有家族成员 145 个。其中已报道与非生物胁迫相关的转录因子家族种类共有 12 个，包括 AP2、bZIP、WRKY、MYB、NAC、bHLH、C3H、MADS、GRAS 等，共涉及相关基因 76 个。其中 MYB 转录因子家族成员 15 个，全部表达上调；WRKY 转录因子家族成员 10 个，均上调表达；AP2 转录因子家族成员 9 个，6 个上调表达，3 个下调表达；bHLH 转录因子家族成员 9 个，其中 1 个表达下调；NAC 转录因子家族有 5 个上调表达基因；同时还鉴定到 1 个上调表达 bZIP 转录因子家族成员；以及 C3H、MADS、GRAS 等家族成员（表 9 - 3）。这些差异表达抗逆相关转录因子基因的明确，可为后续相关功能基因的调控研究提供参考依据，也可为甜菜抗旱分子机理的深入研究提供理论基础。

表 9 - 3 显著差异表达甜菜转录因子情况

序号	基因名称	转录因子家族名称	具有蛋白结构域	差异表达情况
1	Bv _ yyxp	MYB	Myb _ DNA-binding	上调
2	Bv _ hpci	MYB	Myb _ DNA-binding	上调
3	Bv2 _ omhe	MYB	Myb _ DNA-binding	上调
4	Bv2 _ huqy	MYB	Myb _ DNA-binding	上调
5	Bv3 _ zcce	MYB	Myb _ DNA-binding	上调
6	Bv4 _ rwwj	MYB	Myb _ DNA-binding	上调
7	Bv5 _ jzcm	MYB	Myb _ DNA-binding	上调
8	Bv5 _ tcwd	MYB	Myb _ DNA-binding	上调
9	Bv5u _ pjux	MYB	Myb _ DNA-binding	上调
10	Bv6 _ such	MYB	Myb _ DNA-binding	上调
11	Bv6 _ nsis	MYB	Myb _ DNA-binding	上调
12	Bv6 _ trfu	MYB	Myb _ DNA-binding	上调
13	Bv7 _ gthp	MYB	Myb _ DNA-binding	上调
14	Bv7 _ ksge	MYB	Myb _ DNA-binding	上调
15	Bv9u _ ntcu	MYB	Myb _ DNA-binding	上调
16	Bv _ sgmx	WRKY	WRKY	上调
17	Bv2 _ azhc	WRKY	WRKY	上调
18	Bv2 _ wzwm	WRKY	WRKY	上调
19	Bv2 _ uroe	WRKY	WRKY	上调
20	Bv3 _ ykdf	WRKY	WRKY	上调
21	Bv5 _ ygdi	WRKY	WRKY	上调
22	Bv6 _ fgrg	WRKY	WRKY	上调
23	Bv6 _ gyua	WRKY	WRKY	上调
24	Bv7 _ kchi	WRKY	WRKY	上调
25	Bv9 _ gijo	WRKY	WRKY	上调

（续）

序号	基因名称	转录因子家族名称	具有蛋白结构域	差异表达情况
26	Bv1 _ quwj	AP2-EREBP	AP2	上调
27	Bv1 _ kyxu	AP2-EREBP	AP2	上调
28	Bv3 _ kacx	AP2-EREBP	AP2	上调
29	Bv6 _ stch	AP2-EREBP	AP2	上调
30	Bv8 _ noqg	AP2-EREBP	AP2	上调
31	Bv8 _ oogs	AP2-EREBP	AP2	上调
32	Bv6 _ zkhw	AP2-EREBP	AP2	下调
33	Bv5 _ qqci	AP2-EREBP	AP2	下调
34	Bv9 _ kecu	AP2-EREBP	AP2	下调
35	Bv _ qxaa	bHLH	HLH	上调
36	Bv _ ifhw	bHLH	HLH	上调
37	Bv8 _ xzxy	bHLH	HLH	上调
38	Bv3 _ gszt	bHLH	HLH	上调
39	Bv5 _ mzap	bHLH	HLH	上调
40	Bv5 _ czkq	bHLH	HLH	上调
41	Bv5 _ oezy	bHLH	HLH	上调
42	Bv8 _ tntc	bHLH	HLH	上调
43	Bv1 _ gcco	bHLH	HLH	下调
44	Bv9 _ kjzy	NAC	NAM	上调
45	Bv _ noyn	NAC	NAM	上调
46	Bv5 _ pjnp	NAC	NAM	上调
47	Bv6 _ hdfh	NAC	NAM	上调
48	Bv8 _ ktgn	NAC	NAM	上调
49	Bv _ satd	C3H	zf-CCCH	上调
50	Bv1 _ waer	C3H	zf-CCCH	上调
51	Bv1u _ dmnk	C3H	zf-CCCH	上调
52	Bv6 _ cgqe	C3H	zf-CCCH	上调
53	Bv7 _ mykp	C3H	zf-CCCH	上调
54	Bv9 _ feno	C3H	zf-CCCH	上调
55	Bv1 _ jyqa	MADS	SRF-TF	上调
56	Bv1u _ cgkm	MADS	SRF-TF	上调
57	Bv5 _ scro	MADS	SRF-TF	上调
58	Bv5 _ zztx	MADS	SRF-TF	上调
59	Bv9 _ scjj	MADS	SRF-TF	上调
60	Bv3 _ jijh	GRAS	GRAS	下调
61	Bv6 _ fjig	GRAS	GRAS	下调

（续）

序号	基因名称	转录因子家族名称	具有蛋白结构域	差异表达情况
62	Bv7_npoz	GRAS	GRAS	上调
63	Bv8_hfws	GRAS	GRAS	上调
64	Bv5_psah	bZIP	bZIP_1，bZIP_2，bZIP_Maf	上调
65	Bv3_exji	G2-like	G2-like	上调
66	Bv3_jzfr	G2-like	G2-like	上调
67	Bv3_hwur	G2-like	G2-like	上调
68	Bv6_phiu	G2-like	G2-like	上调
69	Bv6_qftx	FAR1	FAR1	上调
70	Bv6_uijh	FAR1	FAR1	上调
71	Bv9_dkhx	FAR1	FAR1	上调
72	Bv9u_fwpg	FAR1	FAR1	上调
73	Bv1_ktzs	FHA	FHA	上调
74	Bv1_xxie	FHA	FHA	上调
75	Bv1u_pdsk	FHA	FHA	上调
76	Bv5_cyri	FHA	FHA	上调

第二节　基于转录组测序筛选的差异表达基因功能分析

转录组学是从整体水平上研究细胞中基因转录的情况及其转录调控规律，是基因组学中功能基因组学研究范畴的重要内容。随着转录组测序平台及辅助分析技术手段的不断完善以及植物基因组测序的不断公布，转录组测序技术近年来被广泛应用于非生物胁迫下植物代谢通路分析、新转录本发现、转录因子发掘、完善基因组注释以及关键功能基因的筛选等研究。基于高通量测序技术的转录组测序，目前已经对许多植物、动物、微生物开展了基于响应非生物胁迫调控机理的转录组分析，从不同层面分析了调节基因和功能基因在各种非生物胁迫下的调控网络。利用高通量测序技术能够为植物基因表达的全面分析提供合理的数据资源，对揭示植物耐旱机制、发掘耐旱基因、培育抗性品种具有重要意义。

干旱是影响植物生长发育最严重的逆境。植物在长期进化过程中响应干旱胁迫而形成了特定的生长习性和形态、生理特征。阐明植物适应干旱胁迫的分子机制，有利于通过分子育种手段快速培育抗旱性强的作物品种。在像我国这样水资源分布不平衡、淡水资源日益亏缺的国家，加快基础理论研究，明确抗旱分子机理显得尤为迫切。通过对多种经济作物和模式植物的抗旱机制研究表明，植物抗旱的分子机制主要体现在：诱导水孔蛋白、离子通道和小分子可溶性有机物的合成，提高细胞渗透调节能力；诱导 LEA 蛋白、膜蛋白合成，提高生物膜和蛋白质稳定性；诱导抗氧化保护酶系统，清除自由基。其中，ABA在上述抗旱机制中起着重要作用。近年来的研究还发现，干旱胁迫能促进萜类、黄酮类、生物碱类等次级代谢产物的积累，这些化学成分具有渗透调节、清除自由基等功能，有利于植物适应干旱环境。

一、差异表达基因功能分析

本专题对干旱胁迫的甜菜叶转录组进行了测序和差异表达基因分析。随着胁迫程度的加剧，响应胁迫的显著差异表达基因数量呈增加趋势，重度胁迫下共有显著差异表达基因 8 979 个。对这些显著差异表达基因 GO 富集分析表明，在细胞组成方面显著富集到的差异表达基因共 423 个，其功能主要集中在参与合成膜固有成分、膜锚定成分和光系统Ⅰ组成成分，表明干旱胁迫可能会对细胞质膜和内膜系统结构成分产生不同程度破坏，影响细胞的正常代谢和某些功能如光合作用的正常进行。富集到这些基因通过参与到膜结构成分的构成，对干旱引起的膜结构变化起到调控作用。在分子功能方面显著富集到的差异表达基因共 6 183 个，这些基因的主要功能是通过调控催化活性来维持干旱胁迫下的代谢运转，包括调控蛋白激酶活性、磷酸转移酶活性、氧化还原酶活性、GTP 酶激活剂活性、蛋白质酪氨酸激酶活性等方面，可能涉及逆境胁迫下信号转导调节、转录和修饰调控及直接保护功能等。还有部分基因调控磷脂转运蛋白活性和脂质转运蛋白活性，对干旱胁迫下膜结构的稳定和修复具有一定的作用。还发现部分基因是关于调控翻译终止因子活性，通过影响蛋白质的合成速度来响应干旱胁迫。研究还发现部分基因与 UDP - 糖基转移酶活性有关，该类基因目前研究认为和植物体内类黄酮的合成有关，大量研究表明类黄酮物质在参与植物生长发育和抵抗胁迫的过程中发挥重要作用。有关生物学过程显著富集到的差异表达基因共 1 112 个，其中大部分基因的功能与细胞蛋白代谢、修饰有关。植物在受逆境诱导时通常会抑制原来正常蛋白质的合成，同时诱导形成新的蛋白质，如热激蛋白、LEA 蛋白等。这些逆境蛋白的合成很大程度上依赖于这些参与相关蛋白质的合成、修饰和降解的基因，通过基因表达改变，某些正常基因表达下调，一些与抗性有关的基因启动表达，从而诱导逆境蛋白合成，以增强细胞对各种逆境的抵抗能力，提高生存能力。部分基因的功能与含卟啉的复合代谢过程有关，而卟啉的复合代谢与植物体叶绿素的生物合成密切关联，可为今后从提高叶绿素含量、维持光合作用稳定性方面去深入研究。同时还富集到一些参与脂肪酸分解过程、苯丙烷代谢过程的功能基因，其中，苯丙烷代谢是植物体一条非常重要的次生代谢途径，其代谢过程中产生的肉桂酸、香豆素、绿原酸以及木质素、类黄酮等代谢产物可清除植物体内因逆境胁迫而积累的活性氧及自由基，保护植物免受因逆境胁迫而造成的氧化性损伤，增强植物抗倒伏及抗旱能力。这些基因功能的富集可为深入发掘甜菜抗旱相关关键基因等研究提供目标和基础数据。

二、差异表达基因与代谢通路分析

为进一步了解甜菜适应干旱胁迫的分子机制，本研究对筛选到的潜在耐旱相关基因进行代谢通路分析。发现参与谷胱甘肽、MAPK 信号通路、磷脂酰肌醇途径、氮代谢、磷酸戊糖途径、ABC 转运体等代谢通路都有基因显著表达情况，说明与甜菜耐旱存在一定关联性。研究已表明，谷胱甘肽在生物的抗逆过程中具有重要的作用，生物对环境胁迫的耐受性通常与谷胱甘肽在生物内的水平有关（段喜华等，2010）。本研究中有 46 个基因参与了谷胱甘肽的代谢途径，干旱胁迫下这些基因的协同作用必然显著影响甜菜谷胱甘肽的代谢途径，因此，甜菜耐旱特性可能与谷胱甘肽代谢途径的调节关系密切。呼吸作用是植物对逆境胁迫较为敏感的代谢过程之一，已有报道表明胁迫可改变呼吸途径，如以磷酸戊糖途径替代糖酵解过程，可在一定程度上破坏或抑制有害物质的合成，提供 NADPH 作为供氢体，可参与多种代谢反应。本研究干旱胁迫下，在甜菜中也富集到部分与磷酸戊糖途径相关的基因，这些基因其生物学意义值得深入研究。MAPK 信号通路是动、植物细胞中广泛存在的一种级联现象，是信号转导主要途径之一，它能被激素、细胞因子等不同的细胞外物质刺激，从而使细胞在生长、发育等多种重要的生理过程发生一系列反应来响应外界刺激胁迫。在植物中抗旱研究中已证实，MAPK4 和 MAPK6 受冷、盐和干旱的激活，而 MAP2K1 在转录中受到盐胁迫、干旱和寒冷诱导。同时，寒冷、干旱和盐碱胁迫等所有刺激会促使兼容渗透剂和抗氧化剂的积累而激活 MAPK 途径。目前已在拟南芥、水稻、杨树、马铃薯等多种植物中鉴定出许多非生物胁迫应答的 MAPK 基因，并在一定程度上明确了基因表达的改变对植物抗逆性所起的重要作用。本研究发现有 50 个基因富集到 MAPK 信号通路中，这些基因是受到何种信号刺激从而使其特异性表达，最终使甜菜获得与干旱胁迫相应的各种生理防卫反应，也是我们今后深入研究甜菜抗旱分子机理的切入点。

此外，本研究发现大量与 ABA 转运体有关的差异表达基因，有报道指出 ABC 转运体与植物适应逆境关系密切，但目前关于 ABC 转运体响应植物逆境胁迫的机理尚不清楚。

三、差异表达基因与转录因子

转录因子通过直接结合其特定的 DNA 识别序列来激活或抑制许多靶基因的表达，在植物的非生物胁迫中起着重要的调节作用。转录因子在调控过程中通常并不是由单个转录因子发生作用，而是有一系列转录因子参与胁迫应答，组成相互协调又相互抑制的调控网络。如在干旱胁迫下不同品种水稻差异表达分析，bHLH、ERF、WRKY 家族转录因子在响应干旱胁迫中可能起着重要的作用。在玉米研究中也发现转录因子数量较多，调控方式也多种多样，干旱逆境胁迫下，转录因子家族成员中通过上调或下调表达，促进或者抑制某些基因的表达以调节机体的生命活动，从而减少干旱胁迫对自身的伤害。本研究通过转录组分析甜菜苗期干旱胁迫处理过程中转录因子表达量变化，共鉴定出具有特定蛋白质结构域的差异表达转录因子家族 38 个，共有家族成员 145 个。其中已报道与非生物胁迫相关的转录因子家族种类共有 12 类，包括 AP2、bZIP、WRKY、MYB、NAC、bHLH、C3H、MADS、GRAS 等，共涉及相关基因 76 个。这些基因绝大多数在干旱胁迫下表达上调，研究结果为甜菜抗旱相关转录因子基因的筛选及其功能研究提供了理论依据和基础资料，今后进一步明确各类转录因子通过不同表达方式如何激活或抑制相关靶基因的表达，对深度阐明甜菜抗旱分子机理具有重要意义。

第三节　小结与展望

转录组测序分析能够在不同生物学模式条件下定量动态表达相应转录本，确定信使 RNA、非编码 RNAs 序列和转录基因的结构。本专题基于转录组测序技术在干旱胁迫下筛选甜菜抗旱相关差异表达基因 8 979 个，并依据表达特性进行了聚类；GO 功能显著性富集分析表明有 423 个参与细胞组成，6 183 个参与分子功能，1 112 个参与生物学过程；Pathway 显著性富集分析表明共有 3 194 个差异表达基因富集于 105 个已知的代谢通路，其中谷胱甘肽代谢、MAPK 信号通路、磷脂酰肌醇途径、氮代谢、磷酸戊糖途径、ABC 转运体等代谢通路富集程度显著；获得新转录本 915 个，其中可编码蛋白质转录本 402 个；鉴定到与非生物胁迫相关的转录因子家族 12 类，差异表达基因 76 个。研究结果在转录组水平上明确了干旱胁迫下甜菜基因的表达响应情况，为进一步明确甜菜抗旱分子机制和通过生物育种技术提高甜菜抗旱性奠定基础。

随着测序技术的不断发展和完善，转录组测序技术已逐步在甜菜时空特异表达、抗逆机制、遗传图谱构建及其生长发育调控等研究领域开展了相关研究并取得了一定的成果。但由于甜菜属于非模式作物，受关注度较低，基因组资源相对少且质量低，可供其他作物参考利用价值较低，相对于水稻、玉米、小麦及棉花等大作物而言，仍处于落后地位。今后可有效利用各测序平台，将转录组测序分析技术与分子标记、全基因组关联分析、QTL 定位高效结合，挖掘出重要功能基因，将会促进甜菜全基因组表达模式研究及分子育种的发展。

参考文献

巩檑，张丽，聂峰杰，等，2015. 旱胁迫和复水处理后马铃薯转录因子的转录组分析 [J]. 分子植物育种，8：1745-1756.

李晓艳，周敬雯，严铸云，等，2020. 基于转录组测序揭示适度干旱胁迫对丹参基因表达的调控 [J]. 中草药（6）：1600-1608.

梁文裕，杨佳，王玲霞，等，2017. 发菜 RNA-seq 转录组分析及耐旱相关基因筛选 [J]. 基因组学与应用生物学，36（9）：3783-3794.

梁玉青，李小双，高贝，等，2017. 基于 RNA-Seq 数据筛选的银叶真藓耐旱相关基因表达模式研究 [J]. 植物生理学报，53（3）：388-396.

司灿，张君毅，徐护朝，2014. 药用植物在干旱胁迫下生长代谢变化规律及应答机制的研究进展 [J]. 中国中药杂志，39（13）：2 432.

王丹，龚荣高，2017. 干旱胁迫下枇杷叶片的转录组分析 [J]. 华北农学报，32（1）：60-67.

韦秀叶，赵信林，郭媛，等，2020. 麻类作物转录组测序分析研究进展 [J]. 中国麻业科学，42（3）：128-134.

解林峰，任传宏，张波，等，2019. 植物类黄酮生物合成相关 UDP-糖基转移酶研究进展 [J]. 园艺学报，46（9）：28-42.

张春兰，秦孜娟，王桂芝，等，2012，转录组与 RNA-Seq 技术 [J]，生物技术通报（12）：51-56.

张春荣，桑雪雨，渠萌，等，2015. 基于转录组测序揭示适度干旱胁迫对甘草根基因表达的调控 [J]. 中国中药杂志，40（24）：4817-4823.

张鹏钰，王国瑞，曹丽茹，等，2020. 干旱胁迫和复水处理下玉米差异表达转录因子基因分析 [J]. 农业生物技术学报，28（2）：25-36.

张麒，陈静，李俐，等，2018. 植物 AP2/ERF 转录因子家族的研究进展 [J]. 生物技术通报，34（8）：1-7.

张贤，王建红，喻曼，等，2015. 基于 RNA-seq 的能源植物芒转录组分析，生物工程学报，31（10）：1437－1448.

Bowman M J，Park W，Bauer P J，et al.，2013. RNA-Seq transcriptome profiling of upland cotton (*Gossypium Hirsutum* L.) root tissue under water deficit stress [J]. PLOS ONE，8（12）：e82634.

Cai R H，Dai W，Zhang C S，et al.，2017. The maize WRKY transcription factor ZmWRKY17 negatively regulates salt stress tolerance in transgenic *Arabidopsis* plants [J]. Planta，246（6）：1215－1231.

Cai R H，Zhao Y，Wang Y F，et al.，2014. Overexpression of a maize *WRKY*58 gene enhances drought and salt tolerance in transgenic rice [J]. Plant Cell，Tissue & Organ Culture，119（3）：565－577.

Droillard M J，Boudsocq M，Barbier-Brygoo H，et al.，2004. Involvement of MPK4 in osmotic stress response pathways in cell suspensions and plantlets of *Arabidopsis thaliana*：activation by hypoosmolarity and negative role in hyperosmolarity tolerance [J]. FEBS Letters，574：42－48.

Fang Y，Xiong L，2015. General mechanisms of drought response and their application in drought resistance improvement in plants [J]. Cell Mol Life Sci，72（4）：673－689.

Grabherr M G，Haas B J，Yassour M，et al.，2011. Full-length transcriptome assembly from RNA-Seq data without a reference genome [J]，Nature Biotechnology，29（7）：644－652.

Grassmann F，2019. Conduct and quality control of differential gene expression analysis using high-throughput transcriptome sequencing（RNA-Seq）[J]. Methods in Molecular Biology，1834：29－43.

Hasegawa P M，Bressan R A，Zhu J K，et al.，2000. Plant cellular and molecular responses to high salinity [J]. Annu Rev Plant Mol Plant Physiol，51：463－99.

Ichimura K，Mizoguchi T，Yoshida R，et al.，2000. Various abiotic stresses rapidly activate *Arabidopsis* MAP kinases ATMPK4 and ATMPK6 [J]. The Plant Journal，24：655－665.

Je J，Chen H，Song C，et al.，2014. *Arabidopsis* DREB2C modulates ABA biosynthesis during germination [J]. Biochemical and Biophysical Research Communications，452（1）：91－98.

Li J J，Guo X，Zhang M H，et al.，2018. OsERF71 confers drought tolerance via modulating ABA signaling and proline biosynthesis [J]. Plant Science，270：131－139.

Lu Y B，Chi M H，Li L X，et al.，2018. Genome-wide identification，expression profiling，and functional validation of oleosin gene family in *Carthamus tinctorius* L. [J]. Frontiers in Plant Science，9：1393－1404.

Luo Y，Yu S S，Li J，et al.，2018. Molecular characterization of WRKY transcription factors that act as negative regulators of o-methylated catechin biosynthesis in tea plants (*Camellia sinensis* L.) [J]. Journal of Agricultural and Food Chemistry，66（43）：11234－11243.

Mizoguchi T，Hayashida N，Yamaguchi-shinozaki K，et al.，1993. At MPKs：a gene family of MAPK in *Arabidopsis thaliana* [J]. FEBS Letter，336：440－444.

Nie H Y，Geng H Y，Lin Y，et al.，2018. Genome-Wide identification and characterization of Fox genes in the Honeybee，Apis cerana and comparative analysis with other Bee Fox genes [J]. International Journal of Genomics，1－12.

Nowak K，Wojcikowska B，Gaj M D，2015. ERF022 impacts the induction of somatic embryogenesis in *Arabidopsis* through the ethylene-related pathway [J]. Planta，241（4）：967－985.

Ramakrishna A，Ravishankar G A，2011. Influence of abiotic stress signals on secondary metabolites in plants [J]. Plant Signal Behav，6（11）：1720－1731.

Taj G，Agarwal P，Grant M，et al.，2010. MAPK machinery in plants recognition and response to diffrent stresses through multiple signal transduction pathways [J]. Plant Signaling and Behavior，5：

1370 – 1378.

Trapnell C，Williams B A，Pertea G，et al.，2010. Transcript assembly and quantification by RNA-Seq reveals unannotated transcripts and isoform switching during cell differentiation ［J］. Nature Biotechnology，28（5）：511 – 515.

Wang P J，Yue C，Chen D，et al.，2018. Genome-wide identification of WRKY family genes and their response to abiotic stresses in tea plant（*Camellia sinensis*）［J］. Gene &Genomics，41（1）：1 – 17.

Xie T.，Chen C，Li C H，et al.，2018. Genome-wide investigation of WRKY gene family in pineapple evolution and expression profiles during development and stress ［J］. BMC Genomics，19：490 – 508.

Zhang X，Zhang Y，Wang Y H，et al.，2018. Transcriptome analysis of cinnamomum chago：A revelation of candidate genes for abiotic stress response and terpenoid and fatty acid biosyntheses ［J］. Frontiers in Genetics，9：505 – 518.

Zhao Y，Cheng X Y，Liu X D，et al.，2018. The wheat MYB transcription factor TaMYB31 is involved in drought stress responses in *Arabidopsis* ［J］. Frontiers in Plant Science，9：1426 – 1438.

第十章 甜菜抗旱相关基因表达模式分析

植物的生存环境是不断变化的，植物只能被动地应对复杂的环境条件变化。然而在大多数的环境中有些极端条件的发生具有偶然性，无法保障长期适应性的进化压力，因此，植物要求具备一种安全保障机制来应对突发逆境胁迫的压力。而生物适应性应答通常是由多基因控制的，这种协调控制在一定程度上依赖基因表达的动态变化，特别是在转录水平上通过逆境诱导的一系列基因的激活或抑制性表达。因此，通过对相关核酸、基因和蛋白质的分离、表达、代谢、调控、功能等一系列分子水平上的变化来研究逆境对植物分子水平上的影响，是明确植物逆境响应机制和提高植物抗逆性的有效手段。关于植物对环境胁迫的基因应答研究在过去一段时间已广泛开展，研究范围涉及胁迫下单个基因调控表达、特定信号通路以及全基因组转录模式等不同层面。这些研究获得大量关于植物对干旱、高盐、温度等非生物环境胁迫做出应答的详细信息，获得的部分信息已在提高作物抗逆性方面得以应用。在干旱胁迫下，植物通常会接受外界干旱胁迫刺激，并将刺激信号传递到相应调控因子从而诱导特定基因的表达，获得植物抗旱能力的增强。本专题主要介绍甜菜不同抗旱性品种部分抗逆相关基因对干旱胁迫的表达响应情况，以期为利用该基因进行作物抗旱性遗传改良提供可靠的理论依据。

第一节 干旱胁迫下甜菜抗旱相关基因表达分析

一、甜菜 *SOD* 基因表达模式分析

植物在进化过程中，衍生出通过调节抗氧化酶系活性等机制以响应外界逆境胁迫。植物基因组中编码多个抗氧化酶基因，其中，超氧化物歧化酶（SOD）负责清除逆境胁迫下产生的超氧自由基，将其转化成过氧化氢，而后进一步在 CAT、APX 等作用下将其分解成分子氧和水，使得植物免受或减少胁迫伤害，进而在植物应答逆境胁迫和衰老过程中发挥作用。通过对甜菜根系 *SOD* 基因表达分析表明（图 10-1），根系 *SOD* 基因表达在抗旱性不同品种间的差异比较明显，在整个干旱胁迫过程中，抗旱材料 HI0466 的根系 *SOD* 基因表达量均高于农大甜研 4 号。农大甜研 4 号仅在干旱胁迫第 1 天根系 *SOD* 基因表达量有所增加，以后开始下降并维持稳定，直到复水。而抗旱材料 HI0466 根系 *SOD* 基因表达量一直保持相对较高的稳定水平。表明甜菜抗旱性不同的材料间 *SOD* 基因表达量在干旱胁迫下存在一定差异，这种差异可能是造成根系 *SOD* 含量不同的原因之一。

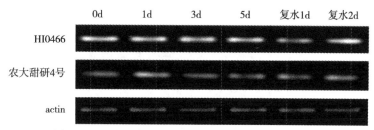

图 10-1　干旱胁迫对甜菜根系 *SOD* 基因表达的响应

不同抗旱性甜菜叶片 *SOD* 基因表达研究表明（图 10-2），在正常供水条件下，不同抗旱性甜菜品种叶片 *SOD* 基因表达量就存在一定差异，抗旱材料 HI0466 的表达量较大。干旱胁迫下，对水分敏感型材料农大甜研 4 号的 *SOD* 基因表达量影响不大，而抗旱材料 HI0466 叶片 *SOD* 基因表达量在干旱胁迫第 1～3 天内逐步升高，在第 3 天达最大，然后开始明显下降。复水后其表达量恢复到正常水平。抗旱材料 HI0466 叶片 *SOD* 基因的相对较高表达量为其具有高活性氧清除能力提供了保障。

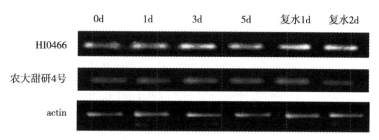

图 10-2　干旱胁迫对甜菜叶片 *SOD* 基因表达的响应

二、甜菜 *POD* 基因表达模式分析

过氧化物酶（POD）是一种广泛存在于植物中的氧化还原酶，其生物学功能是催化除去 H_2O_2，并参与有毒还原剂的氧化、木质素的生物合成和降解、生长素分解代谢、植物形态建成，还参与环境胁迫响应如干旱、高温伤害、病原体攻击和氧化应激反应等。目前，已经在拟南芥、水稻、甘蔗、棉花、银杏等许多植物中克隆到 *POD* 基因，并且发现该基因受干旱、高温、伤害等因素的刺激诱导表达。研究发现干旱胁迫对甜菜根系 *POD* 基因的表达量有一定的诱导作用（图 10-3）。抗旱材料 HI0466 在干旱胁迫 1～3d 内表达量持续增强，在第 3 天达最大，胁迫程度继续增强其表达量会急剧下降，到第 5 天其表达量几乎为零，复水后可恢复到对照水平；农大甜研 4 号该基因的表达量在干旱胁迫 1d 后就达最高，此后明显下降，到胁迫第 5 天达到最低谷，复水后其表达量也可逐步恢复到正常水平。相比而言，抗旱材料 HI0466 最高时的表达量要明显强于农大甜研 4 号的最高表达量。通过与根系内 *POD* 的含量变化比对分析表明，根系 *POD* 基因表达的趋势与其内部 *POD* 的含量变化基本一致，表明胁迫下不同抗旱性材料间 *POD* 含量的差异产生原因与该基因的差异表达存在一定的关联。

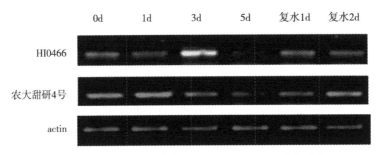

图 10-3　干旱胁迫对甜菜根系 *POD* 基因表达的响应

在对不同抗旱性材料叶片 *POD* 基因表达量的分析结果表明（图 10-4），抗旱材料 HI0466 叶片 *POD* 基因表达量在干旱胁迫第 1 天升高，进一步胁迫使其表达量下降，到第 5 天几乎不表达；而农大甜研 4 号的叶片 *POD* 基因表达最大量出现在干旱胁迫后第 3 天，到胁迫第 5 天表达量也接近为零。在复水后均可以恢复其表达。表明干旱胁迫同样会对叶片 *POD* 基因的表达产生诱导，进一步引起叶片内部 *POD* 含量发生变化，在一定程度上影响到对活性氧的清除能力。

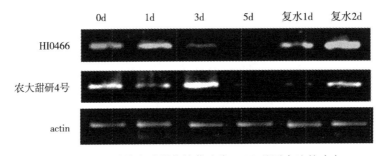

图 10-4　干旱胁迫对甜菜幼苗叶片 *POD* 基因表达的响应

三、甜菜 *P5CS* 基因表达模式分析

大量实验已证实脯氨酸累积与植物对干旱等逆境胁迫的适应性呈正相关，通过对植物体吡咯啉-5-羧酸氧化酶（P5CS）编码基因的过量表达研究发现，*P5CS* 在植物体中的过量表达可促进脯氨酸的大量合成，提高植物的耐旱抗逆能力，进而使克隆该基因成为植物抗逆基因工程研究的热点。图 10-5，图 10-6 的结果显示，正常供水条件下，2 个甜菜品种 *P5CS* 基因在不同器官的表达稍有差异，在叶片中抗旱材料 HI0466 的 *P5CS* 基因表达略高于农大甜研 4 号，而根系中该基因的表达相近，表明 HI0466 叶片中游离脯氨酸含量在正常供水水平略高于农大甜研 4 号与该基因的表达差异有关。在干旱胁迫诱导下，不同抗旱性材料叶片、根系该基因诱导表达的趋势基本一致，随着胁迫时间的延长，*P5CS* 基因表达量逐步增强，在干旱胁迫第 5 天表达量均达最大。但抗旱性不同的材料间在表达量上存在差异，抗旱材料 HI0466 不论叶片、根系，*P5CS* 基因在干旱胁迫下其表达量均显著增强，表达量的增强程度明显高于同时期的农大甜研 4 号，以至于随着干旱胁迫的延续，抗旱材料 HI0466 与弱抗旱性材料农大甜研 4 号叶片、根系 *P5CS* 基因的表达量差异

显著，抗旱材料 HI0466 叶片、根系 *P5CS* 基因表达量显著高于农大甜研 4 号。复水后表达减弱并接近对照。说明在干旱胁迫下，抗旱材料 HI0466 叶片、根系游离脯氨酸含量明显升高与其体内 *P5CS* 基因的过量表达密切相关。

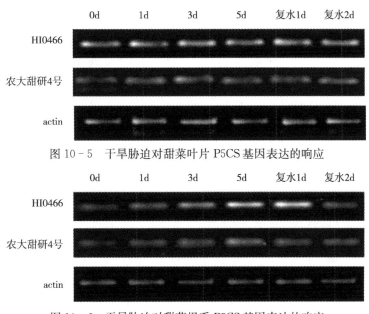

图 10 - 5　干旱胁迫对甜菜叶片 P5CS 基因表达的响应

图 10 - 6　干旱胁迫对甜菜根系 P5CS 基因表达的响应

四、甜菜 *BADH* 基因表达模式分析

甜菜碱作为渗透调节的另一类主要物质，其在不同条件下含量的变化对植物的生长发育及产质量形成过程意义重大。而甜菜碱醛脱氢酶（BADH）是甜菜碱生物合成过程中的关键酶，不同基因型材料内 *BADH* 含量可作为种质资源抗旱性评价鉴定的参考，而该酶含量的多少在一定程度上取决于 *BADH* 基因表达的强弱。图 10 - 7、图 10 - 8 的 PCR 结果表明，干旱胁迫对不同抗旱性甜菜品种 *BADH* 基因表达的诱导趋势基本一致，随着胁迫时间的延长 *BADH* 基因表达量在叶片、根系均逐步增强，复水后开始下降并恢复到对照水平。但干旱胁迫对 *BADH* 基因诱导在不同甜菜品种间存在差异，其中抗旱材料 HI0466 被诱导后 *BADH* 基因表达量升高，且升高幅度显著，叶片在干旱胁迫第 3 天、根系在干旱胁迫第 5 天表达量分别达最大；而弱抗旱型材料农大甜研 4 号在干旱胁迫期间

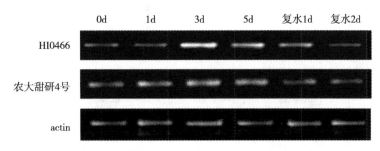

图 10 - 7　干旱胁迫对甜菜叶片 BADH 基因表达的响应

BADH 基因表达量虽也有一定的上升，但升高程度远低于 HI0466，致使抗旱材料 HI0466 的 *BADH* 基因诱导表达水平高于弱抗旱型材料农大甜研 4 号的表达量，在干旱胁迫后期表达量差异显著。说明抗旱材料 HI0466 在干旱胁迫过程中体内甜菜碱的累积量显著增加并显著高于农大甜研 4 号有赖于 *BADH* 基因的过量诱导表达。

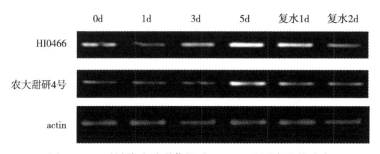

图 10 - 8　干旱胁迫对甜菜根系 *BADH* 基因表达的响应

五、甜菜 *NCED* 基因表达模式分析

脱落酸（abscisic acid，ABA）在植物对外界恶劣环境的反应中起着极其重要的作用，是一种非常重要的植物内源激素。诸多研究已表明，9 - 顺环氧类胡萝卜素双加氧酶（NCED）是高等植物 ABA 生物合成的关键酶之一。目前，在干旱胁迫调控方面对 *NCED* 基因的研究较多，并已证实超表达 *NCED* 基因能增加植物的抗旱性。本研究通过定量 RT-PCR 研究了 2 个不同抗旱性甜菜品种在干旱胁迫下叶片、根系内 *NCED* 基因的表达。结果显示（图 10 - 9，图 10 - 10），干旱胁迫下抗旱材料 HI0466 叶片中 *NCED* 基因的表达表现为持续升高的趋势，在干旱胁迫第 5 天达到高峰；而农大甜研 4 号叶片中 *NCED* 基因的表达在干旱胁迫 1～3d 内持续升高，在干旱胁迫第 3 天达到高峰，继续胁迫表达量下降，在干旱胁迫后期表达量差异显著，各品种中叶片 ABA 含量的变化趋势基本一致；*NCED* 基因在根系中的表达模式与叶片中有一定不同，抗旱材料 HI0466 根系中 *NCED* 基因的表达量在胁迫初期升高显著，随着干旱胁迫程度进一步增强则开始下降，而农大甜研 4 号在干旱胁迫过程中根系 *NCED* 基因的表达量趋于稳定，不随干旱胁迫程度的增强而发生大幅度的变化，趋势与根系内 ABA 含量变化趋势也基本吻合。*NCED* 基因的表达与 ABA 含量变化趋势相一致的现象表明干旱胁迫下 2 个不同抗旱性甜菜品种不同部位 ABA 的生物合成可能在一定程度上受 *NCED* 基因的调

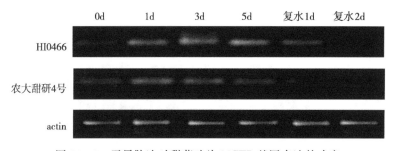

图 10 - 9　干旱胁迫对甜菜叶片 *NCED* 基因表达的响应

控。不同部位该基因在复水后表达量均降低到接近对照水平，正常水分条件下表达量很低。

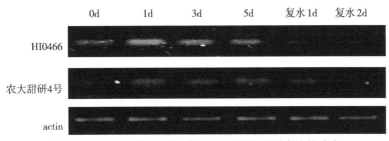

图 10 - 10　干旱胁迫对甜菜根系 NCED 基因表达的响应

第二节　基因表达调控对增强甜菜抗旱性的作用

当植物因水分亏缺造成机体出现各种损伤现象之前，植物会对胁迫作出包括基因表达在内的适应性调节反应，来对自身作出最优化的选择，以适应逆境。植物的抗旱力是由多基因综合调控，但抗旱效应的发生是受蛋白质（酶）的直接控制。干旱胁迫信号转导的最终结果是通过转录因子量的增加和活性的增强，并和基因启动子区域中顺式作用元件或与其他转录因子的功能区域发生特异性相互作用，实现基因的诱导表达。干旱胁迫下诱导表达的基因主要包括两类：一类是功能蛋白，如水孔蛋白、渗透调节物质（如脯氨酸、甜菜碱）合成酶、保护性大分子以及膜蛋白保护蛋白（如 LEA 蛋白、热激蛋白、mRNA 结合蛋白等）、蛋白转换酶以及脱毒蛋白酶；另一类是调节蛋白，包括蛋白激酶、转录因子、磷脂酶等，这类蛋白是通过参与植物胁迫信号转导途径或通过调节其他效应分子的表达活性来实现其作用。

目前基于对拟南芥 ABA 不敏感突变体和 ABA 缺失突变体的研究报道，认为干旱胁迫的基因表达存在着依赖 ABA 和不依赖 ABA 两条途径。其中依赖 ABA 的基因表达有两种方式：一种是 ABA 结合因子 ABF 和具有亮氨酸拉链结构域的调节蛋白 AREB 与 ABA 保守顺式作用元件 ABRE 结合，引起抗旱功能基因的表达，如 LTI65；另一种是 ABA 通过逆境诱导合成的蛋白转录因子 MYC/MYB 和顺式作用元件 MYBR、MYCR 特异结合，从而引起相应的抗旱功能基因的表达。目前已发现的如拟南芥基因 rd22、渗透胁迫诱导基因 CBF4/DREB1D 的表达均受 ABA 诱导来响应干旱胁迫。通过对拟南芥 ABA 突变体的研究还发现许多基因在冷或者干旱条件下的诱导表达不需要借助 ABA，但这些基因对外源 ABA 有响应。而进一步研究发现这些基因在干旱胁迫中的表达可能与 NAC、AP2/EREBP 等转录因子调控有关。

植物受到干旱胁迫时，一方面通过自身生理生化代谢功能在一定程度上来实现适应；而另一方面依赖于某些相关基因的实时、过量表达，最终实现某类蛋白合成量增多或新合成某类蛋白以适应外界的胁迫环境。本章节 RT-PCR 研究的结果表明，编码 SOD、POD 两种酶的基因表达量在不同抗旱性甜菜品种间存在差异，干旱胁迫下甜菜 SOD、POD 基因被诱导大量表达，基因的表达量与酶活性的变化趋势基本吻合，通过合成酶蛋白量增多来清除活性氧，维持细胞的正常代谢；同时，抗旱甜菜品种自身会产生某些特异物质如脯氨酸、甜菜碱等来降低细胞渗透势，增强细胞保水能力，提高植株抗旱性。而这些主要渗透调节物质在胁迫过程中所体现出的作用与 *P5CS* 基因、*BADH* 基因的实时、过量表达密切相关。同时 ABA 含量的变化与 *NCED* 基因的差异表达密切相关，表明甜菜抗旱性增强在一定程度上依赖于 ABA 调控途径。

第三节　小结与展望

植物长期进化形成了主动应答胁迫的逆境响应机制，而该机制通常是一个涉及多基因、多信号途径的复杂过程。逆境下植物的形态、生理生化特性会发生适应性变化，但分子水平上的变化起决定性的作用。本章节通过 RT-PCR 对干旱胁迫下甜菜 *SOD*、*POD*、*P5CS*、*BADH* 以及 *NCED* 基因的表达情况进行了分析，结果表明甜菜抗旱性的提高与 *SOD*、*POD*、*P5CS*、*BADH* 基因的协同表达密切相关。同时也发现干旱胁迫可诱导甜菜 *NCED* 基因的表达而促进 ABA 的合成。

甜菜抗逆的机制非常复杂，并非由单个或者几个基因简单控制，而是大量基因相互作用形成的调控网络。随着基因组学、代谢组学、蛋白组学和生物信息学等学科的发展和结合，揭示逆境胁迫下甜菜整个基因组水平的表达情况已成为可能。今后应加强对干旱胁迫下甜菜全基因组表达分析的系统研究，并结合代谢组学分析鉴别大量与抗旱相关的代谢产物的变化，鉴别出代谢途径相关的关键基因，发现甜菜干旱胁迫响应的新途径。同时，结合干旱条件下甜菜转录组和代谢组等数据，探明干旱胁迫响应的分子调控网络，发掘干旱胁迫相关的重要基因，为从分子水平上剖析甜菜干旱胁迫抗性机理，明确甜菜干旱胁迫抗性生物学机制，克隆抗旱相关基因及选育耐旱甜菜新品种提供依据。

参考文献

曹慧，许雪峰，韩振海，等，2004. 水分胁迫下抗旱性不同的两种苹果属植物光合特性的变化 [J]. 园艺学报，31 (3)：285-290.

窦玲玲，胡海超，马龙，等，2018. 一个水稻铜锌 SOD 酶基因在应答亚砷酸盐胁迫中的作用 [J]. 中国水稻科学，32 (5)：437-444.

贾笛迩，朱紫薇，孙功祥，等，2019. 夏玉米对高温胁迫的生理响应及抗逆基因表达研究进展 [J]. 农业灾害研究，9 (3)：86-88.

雷东阳，旷浩源，陈立云，2012. 利用基因芯片研究植物非生物逆境响应基因表达的进展 [J]. 湖南农业大学学报（自然科学版），38 (2)：156-161.

刘莉，孙虹丽，程召阳，等，2013. 砀山酥梨褐皮芽变果皮中木质素生物合成相关基因克隆与表达分析 [J]. 华北农学报，28 (6)：88-92.

刘强，张贵友，陈受宜，2000. 植物转录因子的结构与调控作用 [J]. 科学通报，45 (14)：1465-1474.

宋国琦，李玮，张淑娟，等，2019. 干旱和复水条件下小麦叶片 TaNCED1 表达与 ABA 积累的关系 [J]. 麦类作物学报，39 (4)：400-406.

涂升斌，龙文波，栾丽，等，2007. 作物抗旱机理及基因工程研究进展 [J]. 生物技术通报，12：11-16.

王建华，刘鸿先，徐同，1989. 超氧化物歧化酶（SOD）在植物逆境和衰老生理中的作用 [J]. 植物生理学报（1）：1-7.

夏时云，麦瑜玲，林书瀚，等，2007. 红掌叶片离体培养过程中酶活性及可溶性蛋白质含量的变化 [J]. 华北农学报，22（6）：195-198.

杨尚谕，李立芹，陈倩，等，2018. 烟草过氧化物酶基因 NtPOD1 的克隆及表达模式分析 [J]. 华北农学报，33（3）：106-112.

赵琳，王璞，吴琦，等，2020. 非生物胁迫下植物组蛋白修饰参与基因表达调控的研究进展 [J]. 生物技术通报，36（7）：182-189.

Babita M，Maheswari M，Rao L M，et al.，2010. Osmotic adjustment，drought tolerance and yield in castor (*Ricinus communis* L.) hybrids [J]. Environmental and Experimental Botany，69（3）：243-249.

Bae E K.，Lee H，Lee J S，et al.，2006. Molecular cloning of a peroxidase gene from poplar and its expression in response to stress [J]. Tree Physiology，26（11）：1405-1412.

Batlang U，Baisakh N，Ambavaram M M R，et al.，2013. Phenotypic and physiological evaluation for drought and salinity stress responses in rice [J]. Methods Mol Biol，956：209-225.

Boudsocq M，Lauriere C，2005. Osmotic signaling in plants Multiple pathways mediated by emerging kinase families [J]. Plant Physiol.，138：1185-1194.

Bray E A，1997. Plant responses to water deficit [J]. Trends Plant Sci.，2：48-54.

Budak H，Hussain B，Khan Z，et al.，2015. From genetics to functional genomics：improvement in drought signaling and tolerance in wheat [J]. Frontiers in Plant Science，6：1012.

Burbidge A，Grieve T M，Jackson A，1999. Characterization of the ABA-deficient tomato mutant notabilis and its relationship with maize [J]. The Plant Journal，14（17）：427-431.

Chandler P M，Robert son M，1994. Gene expression regulated by abscisic acid and its relation to stress tolerance [J]. Annu Rev Plant Physiol Plant Mol Biol，45：113-141.

Cutler S R，Rodriguez P L，Finkelstein R R，et al.，2010. Abscisic acid：emergence of a core signaling network [J]. Annual Review of Plant Biology（61）：651-679.

Davies W J，Zhang J，1991. Root signals and the regulation of growth and development of plants in drying soil [J]. Annu Rev Plant Mol Biol，42：55-76.

Flagella Z，Campanile R G，Ronga G，1996. The maintenance of photosynthetic electron transport in relation to osmotic adjustment in durum wheat cultivars differing in drought resistance [J]. Plant Science，118：127-133.

Haake V，2002. Transcription factor CBF4 is a regulator of drought adaptation in *Arabidopsis* [J]. Plant Physiol，130：639-648.

Hong Z L，Lakkineni K，Zhang Z H，et al.，2000. Removal of feedback inhibition of Δ'-Pyrroline-5-Carboxylate synthetase results in increased proline accumulation and protection of plants from osmotic stress [J]. Plant physiol，122：1129-1136.

Hu C A A，Delauney A J，Verma D P S，et al.，1992. A bifunctional enzylne（Δ'-pyrroline-5-carboxylate synthetase）catalyzes the first two steps in proline biosynthesis in plants [J]. Proc Nail Acad Sci USA，89：9354-9358.

Ingram J，Bartels D，1996. The molecular basis of dehydration tolerance in plant [J]. Plant Mol Biol，

47: 377 - 403.

Iuchi S, Kobayashi M, Taji T, et al. , 2001. Regulation of drought tolerance by gene manipulation of 9-cis-epoxycarotenoid dioxygenase, a key enzyme in abscisic acid biosynthesis in *Arabidopsis* [J]. The Plant Journal, 27: 325 - 333.

Junghe H, Ki-H J, Choon-H L, et al. , 2004. Stress-inducible *OsP5CS2* gene is essential for salt and cold tolerance in rice [J]. Plant Science, 167: 417 - 426.

Kavi Kishor P B K, Hong Z, Miao G, et al. , 1995. Overexpression of Δ'-Pyrroline-5-Carboxylate synthetase increases proline overproduction and confers osmotolerance in transgenic plants [J]. Plant physiol, 108: 1387 - 1394.

Kohorn B D, 2001. WAKs: cell wall associated kinases [J]. Current Opinion in Cell Biology, 13: 529 - 533.

Levitt J, 1980. Responses of plants to environmental stresses [M]. New York, USA: Academic Publisher.

Liu Q, 1998. Two transduction factors: DREB1 and DREB2, with an EREBP/AP2 DNA binding domain separate two cellular signal transduction pathways in drought and low-temperature responsive gene expression, respectively, in *Arabilopsis* [J]. Plant Cell, 10: 1391 - 1406.

Luo A L, Liu J Y, Ma D Q, et al. , 2001. Relationship between drought resistance and betaine aldehyde dehydrogenase in the shoots of different genotypic wheat and sorghum [J]. Acta Botanica Sinica, 43 (1): 108 - 110.

Mishra G, Zhang W, Deng F, et al. , 2006. A bifurcating pathway directs abscisic acid effects on stomatal closure and opening in *Arabidopsis* [J]. Science, 312: 264 - 266.

Nakashima K, 1997. A nuclear gene, *erd*1, encoding a chloroplast-targeted Clp protease regulatory subunit homolog is not only induced by water stress but also developmentally up-regulated during senescence in *Arabidopsis thaliana* [J]. Plant J. , 12: 851 - 861.

Pei Z M, Murata Y, Benning G, et al. , 2000. Calcium channels activated by hydrogen peroxide mediate abscisic acid signaling in guard cells [J]. Nature, 406: 731 - 734.

Qin X, Zeevaart J A D, 2002. Over expression of a 9-cis-epoxycarotenoid dioxygenase gene in *Nicotiana plumbaginifolia* increases abscisic acid and phaseic acid levels and enhances drought tolerance [J]. Plant Physiology, 128: 544 - 551.

Saidi Y, Finka A, Goloubinoff P, 2011. Heat perception and signalling in plants: a tortuous path to thermotolerance [J]. New Phytologist, 190 (3): 556 - 565.

Schwartz S H, Qin X, Zeevaart J A D, 2003. Elucidation of the indirect pathway of abscisic acid biosynthesis by mutants, genes, and enzymes [J]. Plant Physiology, 131: 1591 - 1601.

Shanker A K, Maheswari M, Yadav S K, et al. , 2014. Drought stress responses in crops [J]. Functional and Integrative Genomics, 14 (1): 11 - 12.

Shinozaki K. , 1997. Gene expression and signal transduction in water-stress response [J]. Plant Physiol, 115: 327 - 334.

Shinozaki K, Yamaguchi-Shinozaki K, 2007. Gene networks involved in drought stress response and tolerance [J]. Journal of Experimental Botany, 58 (2): 221 - 227.

Shinozaki K, Yamaguchi-Shinozaki K, 2000. Molecular responses to dehydration and low temperature: differences and cross-talk between two stress signaling pathways [J]. Current Opinion Plant Biol, 3: 217 - 223.

Singh D, Laxmi A, 2015. Transcriptional regulation of drought response: a tortuous network of transcriptional factors [J]. Frontiers in Plant Science (6): 895.

Strizhov N, Abraham E, Okresz L, et al., 1997. Differential expression of two *P5CS* genes controlling proline accumulation during salt -stress requires ABA and is regulated by ABA Ⅰ, ABA Ⅱ and AXR2 in *Arabidopsis* [J]. Plant J, 12: 557 - 569.

Tang X L, Mu X M, Shao H B, et al., 2015. Global plant-responding mechanisms to salt stress: physiological and molecular levels and implications in biotechnology [J]. Critical Reviews in Biotechnology, 35 (4): 425 - 437.

Thompson A J, Jackson A C, Symonds R C, 2000. Ectopic expression of a tomato 9-cis-epoxycarotenoid dioxygenase gene causes over -production of abscisic acid [J]. The Plant Journal, 23: 363 - 374.

Tian G, Li H, Qiu W, 2001. Advances on research of plant peroxidases [J]. Journal of Wuhan Botanical Research, 19 (4): 332 - 344.

Tran, Ls. P, 2004. Isolation and functional analysis of *Arabidopsis* stress-inducible NAC transcription factors that bind to a drought-responsive cis-element in the early responsive to dehydration stress promoter [J]. Plant Cell, 16: 2481 - 2498.

Valério L, De Meyer M, Penel C, et al., 2004. Expression analysis of the *Arabidopsis* peroxidase multigenic family [J]. Phytochemistry, 65 (10): 1331 - 1342.

Wang L C, Wu J R, Chang W L, et al., 2013. *Arabidopsis* HIT4 encodes a novel chromocentre-localized protein involved in the heat reactivation of transcriptionally silent loci and is essential for heat tolerance in plants [J]. Journal of Experimental Botany, 64 (6): 1689 - 1701.

Wang H, Wang H, Shao H, et al., 2016. Recent advances in utilizing transcription factors to improve plant abiotic stress tolerance by transgenic technology [J]. Frontiers in Plant Science (7): 67.

Xue G P, Mcintyre C L, Chapman S, et al., 2006. Differential gene expression of wheat progeny with contrasting levels of transpiration efficiency [J]. Plant Molecular Biology, 61 (6): 863 - 881.

第十一章　NAC 转录因子与甜菜抗旱性

NAC（NAM、ATAF 和 CUC）转录因子家族是植物特有的一类转录因子，也是目前发现最大的转录因子家族之一。目前，大量转录因子基因已陆续在模式植物拟南芥、烟草及主要粮食作物水稻、玉米中被克隆，对部分基因的功能研究已证实 NAC 转录因子基因在调控植物生长发育和响应植物逆境胁迫等过程中发挥着重要作用。本章内容主要介绍甜菜 NAC 转录因子家族成员的鉴定，并对部分基因功能进行初步验证，为进一步阐明NAC 家族基因在甜菜抗旱性中的作用提供依据，为甜菜抗旱性遗传改良奠定理论基础。

第一节　植物 NAC 转录因子家族研究概况

1996 年，Souer 等在矮牵牛中首次克隆到 NAC 转录因子基因。随后研究人员相继从拟南芥、水稻、小麦、大豆等作物中鉴定出越来越多的 NAC 转录因子基因。通过全基因组测序分析研究表明，拟南芥中 NAC 转录因子家族有 117 个成员，水稻 NAC 转录因子家族有 151 个成员、大豆中有 101 个成员、烟草中 NAC 转录因子家族成员有 152 个之多。众多植物中 NAC 转录因子家族成员信息的明确表明 NAC 家族是植物中的大家族。

一、NAC 蛋白的结构特征

NAC 家族转录因子具有共同的结构特点：在 N 端含有由大约 150 个氨基酸残基组成的高度保守的 NAC 结构域，此区域可以结合 DNA 和其他蛋白质；C 端为高度变异的转录调控区域。利用 X-射线观察拟南芥 ANAC019 蛋白发现，NAC 结构域与经典的"螺旋—转角—螺旋"结构不同，是由几个螺旋环绕一个反向平行的 β-折叠的新式折叠结构。Olsen 等在 2005 年研究发现，NAC 结构域不含有已知结合 DNA 的基序，而是通过盐桥作用等形式形成了具备功能的 NAC 蛋白二聚体，二聚体表面一侧富含可能与 DNA 结合相关的正电荷；NAC 转录因子 C 端富含丝氨酸、苏氨酸、脯氨酸、谷氨酸等，具有较高的变异性，是转录激活的主要功能区。许多 NAC 蛋白存在与之类似的二聚体结合位点，表明其可能以同源二聚体的形式发挥调控作用。研究已表明 NAC 保守结构域中包含有 A、B、C、D、E 5 个亚结构域，其中亚结构域中第一、第三、第四部分为高度保守区域，第二和第五结构域的保守性不强。在拟南芥突变体中，发现等位基因 *CUC1-1* 编码蛋白在 B 亚结构域由赖氨酸突变为苏氨酸，影响了 NAC 蛋白核定位及其与 DNA 结合，使得 *CUC1* 突变体不能形成茎顶端分生组织。NAC 转录因子中 TRR 基序对一个特定的 NAC 亚家族是保守的，但在不同的亚家族中存在差异。研究还发现一些 NAC 转录因子 C 端区域含有能够锚定到质膜或内质网的跨膜基序，在植物发育阶段或胁迫条件下，其被蛋白水解切割后转移至细胞核。

二、NAC 转录因子在植物生长发育过程中的作用

NAC 转录因子基因在植物生长发育过程中的作用被人们广泛研究，通过正向遗传筛选实验证明了 NAC 转录因子家族基因是植物生长发育过程中的关键调节因子，在调控植物纤维素合成、次生壁形成、细胞扩增、叶片衰老、果实成熟等生长发育过程中起重要调控作用。

1. NAC 转录因子在植物纤维发育及次生壁形成中的作用

植物纤维（Plantfibre）是植株生长发育过程中的主要厚壁组织细胞，这种细胞细长、两端尖锐，是植物主要的保护组织。植物纤维是由纤维素和各种营养物质结合生成的丝状或絮状物，对植株具有支撑、连接、包裹、填充等作用，广泛存在于植株根茎叶中。纤维素不仅对植株生长发育有重要作用，也是一种重要的工业产品原料。长期以来人们针对植物纤维素合成调控机制进行了广泛研究，但其合成的基本机制仍不十分明确。在水稻的研究中发现 GA 信号的 della 抑制因子 ricel（slrl）和二次壁形成的顶层转录因子 NACS 相互作用会抑制水稻纤维素发育，而植物叶片中的赤霉素可以缓解两者的相互作用，进而促进植株纤维素的形成。不仅如此，还发现多种方式可以做到改变纤维素合成酶基因（CESA）的转录能力，如：基因突变、生理处理等方式；CESA 转录水平的改变能够调节植株纤维素合成，保证植株生长发育。在水稻中还发现水稻基因 NAC29/31 和 MYB61 产物为 GESA 调节因子，其调控途径为：NAC29/31 直接调控 MYB61，进而激活 GESA 因子表达，该调控途径被 SLR1 - NAC29/31 相互作用所阻断且受多种因素协同调控。而对拟南芥 NAC 家族中 SND1 基因的研究发现其在纤维发育中特异表达，抑制该基因表达则植株纤维壁厚度显著降低，异位超量表达 SND1 基因促进植株次生壁形成；SND1 基因是调控纤维次生壁合成的调控开关。不仅如此，近年来研究发现多个 NAC 转录因子对植株次生壁形成起到正调控作用。拟南芥中有多个 NAC 基因参与调控次生壁形成，其中包括 SND2/3、MYB103/85/52/69/42/43/20 和 KNAT7 等 11 个 SND1 转录因子。抑制 SND1 转录因子的表达能够降低植株细胞次生壁厚度；过表达 SND2/3 和 MYB103 基因可提高细胞次生壁厚度。通过双敲除拟南芥 NST - 1 和 NST - 3 基因发现，会抑制将叶片维管束间纤维和木质部次生壁增厚，进而抑制叶片生长发育。对杨树的研究发现将 NAC 基因在拟南芥 SND1、NST1 双突变体中表达能促进纤维、木质部增厚，而在杨树中过表达 PtrWND2B 和 PtrWND6B 基因则能够促进纤维素、木质素和木聚糖的积累。进一步深入研究证明，杨树 SND2/3 的同源物 PopNAC105/154/156/157 也能够显著增加纤维素、木质素积累，促进植物次生壁形成。拟南芥的研究还发现其次生壁发育与 NST 类基因存在密切关系。当拟南芥体内 NST1 基因表达受抑制和出现缺失时，其次生壁发育就会受到抑制，表明 NST1 基因能调控次生壁发育。苜蓿 NAC 转录因子基因 MtNST1 与拟南芥 NST1/2/3 属同源基因，该基因也能调控植物细胞次生壁发育。在拟南芥中还发现了 VND7 基因调控根系木质部导管的分化。VND7 基因还能激活下游转录因子基因、参与细胞壁修饰、细胞壁形成和细胞凋亡等非转录因子基因的表达。NAC 转录因子也能抑制

细胞次生壁形成，如拟南芥 XND1 基因被敲除后，植株矮小、导管缩短，而 XND1 过表达引起细胞次生壁增厚，植株矮小，这可能和木质部导管缺失有关，说明 XND1 能通过调节次生壁和细胞凋亡进一步调控木质部导管生长发育。拟南芥 ANAC012 基因在茎和根的形成层特异表达，过表达 ANAC012 基因显著抑制拟南芥纤维层中次生壁的形成，增加导管的细胞壁厚度。在毛果杨的研究中也鉴定到 NAC 基因 PtrWND1B 在植株木质部细胞中发生可变剪接，其两个亚型在调控木质部纤维细胞次生壁过程中起拮抗作用。

2. NAC 转录因子在植物细胞扩增中的作用

细胞的生长需要细胞分裂和扩增之间的精确协调，细胞扩增能够促进植株生长发育，是植物生长的关键。研究发现，植物激素乙烯在植物生长发育过程中起关键作用，但是其具体作用还不清楚。利用转录组测序分析对玫瑰研究发现，玫瑰花瓣中有 2 189 个乙烯反应转录物。其中 NAC 转录因子基因 RHNAC100 易被乙烯诱导。将 RHNAC 转至拟南芥中过表达会抑制花瓣生长，缩小花瓣面积，而抑制其表达会促进花瓣增大。通过对基因表达量分析表明，有 22 个基因在 RHNAC100 沉默的花瓣中产生表达变化，其中 RHCE-SA2、RHPIP1、RHPIP2 为 RHNAC100 的靶基因。

3. NAC 转录因子在植物叶片衰老和果实成熟中的作用

近年来的研究表明 NAC 家族基因在拟南芥和其他植物叶片衰老过程中起关键作用。如番茄中 S1NAP2 基因通过直接控制衰老相关基因 SLSAG113、叶绿素降解基因 SLS-GRI 和 SIPAO 的表达而调节植株体内 ABA 含量，进而调控叶片生长发育和果实成熟，该调控机制在单子叶、双子叶植物中高度保守。在水稻中 NAC 家族基因 OsNAC2 直接调控叶绿素降解基因 OsSGR 和 OsNYC3，进而调控植物体内 ABA 含量，加速叶片衰老。拟南芥中有 1/5 的 NAC 基因与植株叶片衰老有关，如拟南芥 NAC 家族 AtNAP 可调控叶片衰老，过表达该基因加速植物衰老；而 NTMI 基因能够抑制植物体内蛋白 H4 合成，进而延长拟南芥生长期。其中 ANAC092 过表达株系中发现有 170 个基因上调表达且与植株衰老相关。NAC 转录因子 OREI 也调控植株叶片衰老过程。当 EIN2 基因诱导叶片衰老时，MIR1 表达量降低；OREI 基因在 MIRI64 基因负调控时上调表达；当缺失 ORE1 基因时，EIN2 基因促进细胞衰老死亡。在甜橙果实的研究也发现，CitNAC 基因与植物器官衰老基因 AtNAC 和 PeNAP 关系密切。

三、NAC 转录因子与植物抗逆性的关系

植物的生存环境复杂多变，容易遭受干旱、低温、高盐和病虫害等逆境的胁迫，严重制约植株正常生长发育和作物产量。不同作物可以通过自身基因的表达调控抵御逆境的侵害。研究表明，NAC 转录因子在植物应对低温、高盐、干旱的过程中具有重要的调节作用。

1. NAC 转录因子在植物应对温度胁迫中的作用

大量的研究已证实，当植株受到低温胁迫时，可以通过改变植物的组织结构、生物膜系统组成、蛋白代谢、渗透调节等作用来提高植株细胞对寒冷的抗性。通过 Northern blot 启动子活性分析方法研究水稻 NAC 家族 SNAC2 基因，发现 SNAC2 基因能够通过正向调控过氧化氢酶、热激蛋白、苯丙氨酸脱氨裂解酶、鸟氨酸转氨酶、钠氢交换蛋白等

基因的表达，进而提高水稻抗冷性。将小麦 NAC 家族 *TaNAC* 基因转入拟南芥后，转基因株系抗寒性较野生型显著增加，证明该基因能够提高作物对低温胁迫的耐受性。近年来，研究还发现 NAC 家族基因可通过参与植物的 CBF-COR 途径来调节耐寒相关基因 COR 的活性，改变植物耐寒性。如大豆 *GmNAC20* 能够结合 DREB1A 启动子，抑制其表达，从而调节 CBF-COR 途径。在香蕉研究中发现，*MaNACl* 和 *MaCBFl* 间存在相互作用，通过植物体内信号级联响应、传递，进而提高植株耐寒性。有关 NAC 转录因子家族中参与植物高温胁迫的基因也有所报道，如小麦 *TaNAC* 基因能够调节应激反应基因的表达，进而提高小麦植株耐热性。在水稻中报道 NAC 转录因子 *SNAC3* 能够靶向 ROS 相关酶基因的启动子，通过调节活性氧清除机制来提高植株耐热性。

2. NAC 转录因子在植物应对高盐胁迫中的作用

转录因子在植物体内能够与其他转录因子或其他相关蛋白相互作用，激活或抑制植物体内基因的转录，调控植物体内耐盐信号转导，如植物接收胁迫信号后可引起细胞内 Ca^{2+} 浓度、磷脂酶等变化，通过过表达该类转录因子诱导耐盐基因表达，提高植株耐盐性。在番茄中已鉴定表明 NAC 转录因子 *SlNAC1* 和 *SlNAM1* 基因为盐敏感基因，在番茄花、果实等器官中高水平表达，能够提高植株耐盐性。在菊花中发现 NAC 转录因子家族 *DgNAC1* 基因过表达可显著提高植株耐盐性。TsVPl 是一种重要的质子转运蛋白，它能在对盐芥的研究发现 NAC 转录因子 *TsNACl* 能靶向激活质子运转蛋白 *TsVP1* 基因，TsVP 运转蛋白可利用 PPi 水解的能量启动 $H^+ - ATPase$ 将 H^+ 移除细胞体内，通过改善植物细胞内离子状态来提高植株耐盐性。研究还证实 NAC 转录因子可与乙烯作用来提高植株耐盐性，在苹果中发现 NAC 家族 *MdNAC047* 与乙烯的启动子 vIdERF3 结合，促进植株体内乙烯合成并同时提高了植株耐盐性。

3. NAC 转录因子在植物应对干旱胁迫中的作用

干旱对于植物生长发育的影响非常显著，NAC 转录因子在干旱胁迫中差异表达，是干旱胁迫关键调控基因之一。目前发现植物 NAC 转录因子可通过结合顺式作用元件激活相关转录因子、增加渗透调节物维持体内渗透平衡、抑制水分外流以保持较高含水量、调节基因表达减少胁迫损伤等途径来提高植物的耐旱性，这些途径通过依赖 ABA 或不依赖 ABA 方式直接或者间接调控逆境应答基因表达。在拟南芥研究中发现过量表达 ANAC019、ANAC05 和 ANAC072/RD26 三个基因，能显著提高植株的抗旱能力，其作用机理是通过与 ERD1 基因的启动子结合，调控 ERD1 及其下游基因的表达，从而参与抗旱胁迫反应的应答；过量表达 ANAC072/RD26 的转基因植株对 ABA 高度敏感，证实 ANAC072/RD26 基因通过依赖 ABA 抗逆信号途径调控腐胺相关的活性氧动态平衡来正向调控抗旱胁迫反应。拟南芥 ANAC096 可通过与 ABF2 和 ABF4 直接互作，激活体内 ABA 诱导的基因的表达提高拟南芥对干旱和渗透的抗性，使其在干旱和渗透逆境下得以存活。而拟南芥中 ANC016 则通过抑制 AREB1 的转录负调节植物对干旱的耐性。

在水稻中过量表达 *OsNAC6*，可改变水稻根系数量、直径以及烟草胺的合成，从而提高水稻对干旱的抗性。在水稻繁殖阶段根特异性过量表达 OsNAC10 可增强对干旱的抗性。大量的研究还发现，拟南芥和水稻中部分 NAC 转录因子会同时参与对多个逆境反应的调控。在水稻中发现至少有 5 个 NAC 基因同时正调控抗旱和抗盐胁迫反应，并受 ABA 的调控。在水稻中过量表达 SNAC1 基因通过使气孔运动、渗透调节、细胞膜稳定性、脱毒等胁迫相关基因的表达，不仅提高水稻对干旱的耐受性，而且还能提高在田间干旱条件下水稻结实率，同时该基因的下游基因 OsSRO1C 和 OsPP18 也在水稻抗旱方面发挥重要作用。OsNAC9、OsNAC4、ONAC045 和 ONAC022 的过量表达转基因水稻植株可通过增强如 OsLEA3、OsPM1、OsDREB 和 PP2C 等胁迫相关基因的表达，来提高对干旱和高盐的耐受性。在水稻中，如 SNAC2、OsNAC5、OsNAC6、OsNAC10 和 OsNAP 等 NAC 基因过量表达后可通过调控逆境反应中下游靶标基因来实现对植物干旱、冷害和盐害的抗性提高，部分基因如 OsNAC10 还能在增强抗旱性的同时促进产量的提升。在番茄中发现一种抗旱转录调节因子 JUB1 基因，能够直接结合番茄 SLDREBI、SLDREB2 和 SLDELLA 基因的启动子，显著增加植株抗旱性。枸橘 NAC 转录因子 PtrNAC72 基因可以调节腐胺活性，对植株耐旱性具有负向调控作用。苜蓿在受到干旱胁迫时，MfNACsa 通过调节相关基因表达可维持植株体内谷胱甘肽库处于还原状态，保证植株在干旱胁迫下能够正常生长发育。

第二节　甜菜 NAC 转录因子家族成员鉴定及表达模式分析

　　甜菜是中国重要的糖料作物和经济作物之一，主要种植在水资源相对匮乏，伴随周期性或难以预期的干旱天气的北方地区，产量受水分胁迫制约（张木清，陈如凯，2005）。迄今为止，尽管在许多植物中 NAC 转录因子与抗旱相关的基因已被克隆并进行了相关功能的鉴定，但对甜菜抗旱相关的 NAC 转录因子研究还鲜见报道。因此，通过发掘干旱诱导的甜菜 NAC 转录因子，可为改造抗逆甜菜新材料和加速甜菜抗旱新品种培育提供理论依据。

一、甜菜 NAC 家族成员鉴定

1. 甜菜 NAC 家族基因分子特征分析

　　对在甜菜数据库检索到的 52 条 BvNAC 家族基因进行序列分析，表明 52 个 BvNAC 基因编码的蛋白质平均含有 353 个氨基酸。氨基酸数量最多的是 Bv_enjh 蛋白，编码一个含有 711 个氨基酸残基的假定蛋白，全长 cDNA 为 2 136bp，预测分子质量为 80.40kDa，理论等电点为 5.95；氨基酸数量最少的是 Bv_wkcm 蛋白，编码一个含有 48 个氨基酸残基的假定蛋白，全长 cDNA 为 669bp，预测分子质量为 5.63kDa，理论等电点为 3.61。52 条 BvNAC 编码的蛋白质等电点变化范围为 3.61（Bv_wkcm）～9.95（Bv_aktr），其中仅有 17 个编码氨基酸为碱性氨基酸，其余编码氨基酸均为酸性氨基酸；根据亲水性指数介于 -0.5～0.5 为两性蛋白（GRAVY 为负值表示亲水性，正值表示疏水性）的原则（王占军等，2014），发现仅有 Bv_ueac、Bv_guiw、Bv_tgus 与 Bv_znkf 为亲水性蛋白，其余均为两性蛋白（表 11-1）。

表 11 - 1　甜菜 NAC 家族基因分子特征

基因	登录号	基因长度 （bp）	氨基酸长度 （aa）	分子质量 （kDa）	理论等电点	亲水性指数
ekgh	LOC 104901118	1 167	388	43.55	5.25	−0.698
tdfd	LOC 104902338	1 530	509	57.61	6.46	−1.056
aktr	LOC 104903447	501	166	19.15	9.95	−1.028
hisu	LOC 104900619	540	179	20.87	9.62	−1.004
twpc	—	732	264	30.26	5.98	−0.895
ktgn	LOC 104901573	576	191	21.88	4.86	−0.694
wkcm	LOC 104895420	669	48	5.63	3.61	−0.846
wshi	LOC 104895419	627	208	24.71	4.91	−0.736
ndxy	LOC 104902625	1 236	411	46.30	6.44	−0.730
tzwj	LOC 104898318	1 203	282	32.95	5.57	−0.958
qoku	LOC 104902599	1 041	346	39.64	6.70	−0.973
zihs	LOC 104895537	1 077	358	40.39	8.12	−0.651
zfhk	LOC 104895551	1 086	361	40.88	7.24	−0.692
xrgj	LOC 104892637	1 068	355	40.90	5.97	−0.813
rapp	LOC 104903714	1 392	292	33.49	6.07	−0.800
strk	LOC 104893665	1 050	349	40.36	6.19	−0.940
cmip	LOC 104895128	1 206	401	45.71	5.23	−0.739
uozo	LOC 104888686	1 206	401	46.44	6.01	−1.101
fpfn	LOC 104892061	1 098	365	42.24	6.52	−0.834
dyzk	LOC 104883369	963	320	36.17	6.51	−0.592
yzgr	LOC 104900945	1 335	444	49.47	6.05	−0.551
pjnp	LOC 104894023	1 086	361	40.68	5.87	−0.782
cugw	LOC 104891476	1 215	404	43.94	7.13	−0.589
gzxk	LOC 104893997	1 017	338	38.48	6.09	−0.762
gcaa	LOC 104886693	1 008	335	37.19	8.68	−0.639
noyn	LOC 104906228	264	87	10.29	5.38	−0.991
hdfh	LOC 104897497	912	303	33.98	8.43	−0.891
pfso	LOC 104900768	1 026	341	38.46	8.36	−0.755
qejj	LOC 104891597	1 233	410	46.04	7.41	−0.926
twas	LOC 104891602	1 095	364	41.06	8.97	−0.737
hzcx	LOC 104890529	912	303	34.57	7.62	−0.639
esaw	LOC 104898084	1 287	428	48.63	5.66	−0.590
xzdt	LOC 104906205	1 164	387	43.81	7.99	−0.522
sgnn	LOC 104906153	1 011	336	38.85	7.63	−1.000

（续）

基因	登录号	基因长度 （bp）	氨基酸长度 （aa）	分子质量 （kDa）	理论等电点	亲水性指数
jkxz	LOC 104896989	1 557	518	58.50	6.68	−0.899
kjzy	LOC 104903839	897	298	33.99	7.10	−0.534
ueac	LOC 104905776	1 164	387	43.71	8.70	−0.447
nige	LOC 104885897	1 182	393	44.13	8.54	−0.519
usim	LOC 104888129	1 914	637	71.14	5.63	−0.535
gzwx	LOC 104892958	807	329	37.52	5.43	−0.573
ofji	LOC 104903965	1 056	351	40.13	5.26	−0.736
mhnx	LOC 104907698	1 809	496	55.76	5.16	−0.505
oxms	LOC 104907701	726	241	27.62	5.43	−0.684
guiw	LOC 104907296	1 623	540	59.95	4.57	−0.404
tgus	LOC 104890605	1 044	347	37.80	4.65	−0.432
znkf	LOC 104909031	1 557	518	57.86	4.78	−0.488
xiqu	LOC 104907290	1 206	401	45.05	5.44	−0.674

2. 甜菜 *NAC* 基因的生物信息学分析

（1）甜菜 NAC 家族基因的鉴定与系统发育分析 通过对甜菜基因组数据进行 NAC 保守性结构域的搜索，共得到 52 条仅包含有一条 NAC 保守性结构域的蛋白序列，即为甜菜 NAC 家族成员，命名为 *BvNAC* 基因家族。将 BvNAC 转录因子家族蛋白序列与拟南芥 105 个 NAC 转录因子家族蛋白序列用 NJ 法构建系统进化树（彩图 8），并根据 BvNAC 家族成员与拟南芥 NAC 家族成员的进化关系将 BvNAC 转录因子家族成员进行功能分类。

根据 Ooka 等（2003）对拟南芥和水稻 NAC 家族基因系统进化树分组的方法，将甜菜 NAC 家族按蛋白的 NAC 结构域序列相似性分成两大组，第 I 大组又分为 13 个亚家族，第 II 大组分为 5 个亚家族，且第 II 大组只有 3 个亚家族中含有 BvNAC 家族基因（彩图 8）。分入 I 大组第 II 亚家族的 BvNAC 家族基因最多，为 9 个；第 I 大组第 Ic、If、Ig、Ii、Ik 和 Im 6 个亚家族的 BvNAC 家族基因最少，均为 1 个。

（2）甜菜 NAC 家族保守域序列分析 对 BvNAC 蛋白序列进行保守性模体预测，经分析共得到 13 个保守性模体，其中模体 2、4、1、5、6 分别代表 NAC 类转录因子 A、B、C、D、E 亚结构域。所有 BvNAC 家族成员均含有 3～8 个模体，且所有 BvNAC 家族成员均含有模体 5（图 11 - 1）。根据系统进化树的分组和保守型模体分析可将所有 BvNAC 家族基因分成两大组：第 I 大组基因序列相对保守，除 Bv_mhnx、Bv_noyn 和 Bv_tzwj 外的基因蛋白序列均含有模体 1、模体 2、模体 3、模体 4、模体 5、模体 6。而分析显示第 II 大组基因序列不保守，模体 8 仅存在于第 II 大组的 Bv_rpmu、Bv_ekgh、Bv_hisu 和 Bv_detz 中，模体 9 仅存在于第 I 大组 Bv_jkxz、Bv_twas、Bv_zihs、Bv_zfhk 和第 II 大组 Bv_tdfd、Bv_enjh 中，模体 10 仅存在于第 II 大组的 Bv_rpmu、Bv_ekgh 和 Bv_tdfd 中，模体 12 仅存在于第 I 大组 Bv_zihs 和 Bv_zfhk。上述结果与系统进化树的分组结果相互验证，且与拟南芥和水稻中的分组类似（Ooka et al.，2003）。

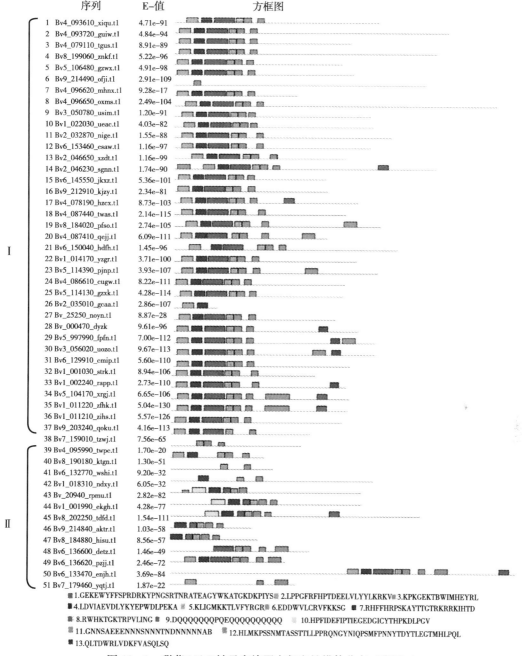

图 11-1　甜菜 NAC 转录家族蛋白保守性模体分布（彩图 9）

(3) 甜菜 NAC 家族基因染色体定位分析　染色体定位（图 11-2）发现，52 个 *BvNAC*
成员中的 50 个在甜菜 9 条染色体均有分布。其中第Ⅵ条染色体上分布最多，分布有 10 个基因；其次为第Ⅰ条和第Ⅳ条，分别分布有 8 个和 9 个基因；在第Ⅲ条和第Ⅶ条染色体上分布的基因最少，分别只有 2 个基因。除此之外，*Bv_dyzk* 和 *Bv_twpc* 尚未明确定位。

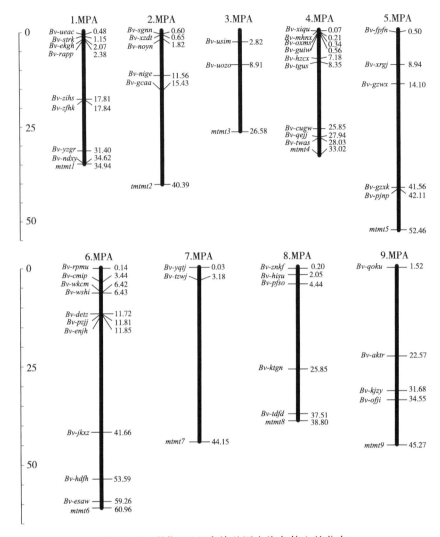

图 11-2　甜菜 NAC 家族基因在染色体上的分布

（4）甜菜 NAC 家族内含子和外显子结构分析　甜菜 NAC 家族基因外显子和内含子数目具有高变异性（1～7 个外显子）（彩图 10）。52 个 $BvNAC$ 成员中含有 3 个外显子的最多，为 31 个，占 59.6%；其次为含有 4 个外显子有 11 个 $BvNAC$ 成员，占 21.2%；而含有 2 个外显子和含有 7 个外显子的 $BvNAC$ 成员最少，均为 1 个，分别是 Bv_twpc 和 Bv_tdfd。位于同一分支的基因普遍具有相似的外显子—内含子组织结构，但仍有部分分支上基因外显子—内含子数量变异性较大。

二、甜菜 NAC 家族基因的表达模式分析

通过对 52 个 BvNAC 家族基因在干旱胁迫条件下 RNA-seq 分析（彩图 11），表明 A 组中大部分基因对干旱胁迫有响应，但表达量变化不大；B 组中基因随干旱胁迫时间增加表达量显著降低甚至不响应；C 组中大部分基因随干旱胁迫时间增加表达量显著增加。为

进一步分析 BvNAC 家族基因在干旱胁迫条件下的响应情况，通过 RNA-seq 分析结果表明，干旱胁迫下 NAC 家族成员有 23 个基因表达量上调，9 个基因表达量下调，20 个基因表达无显著变化（图 11‑3）。

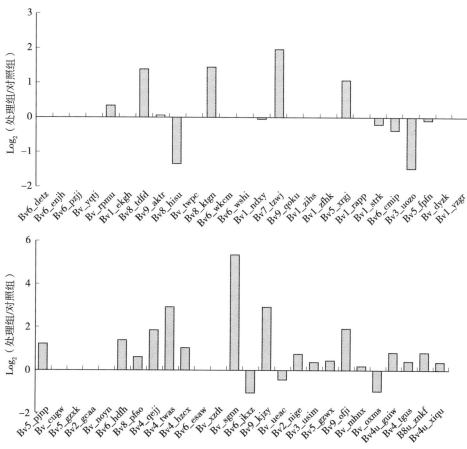

图 11‑3　干旱胁迫下甜菜 NAC 基因的表达谱

为了进一步明确 23 个上调表达基因在干旱胁迫下表达情况的准确性，选取了其中 6 个基因利用 qRT-PCR 进行进一步验证其在干旱胁迫下的表达情况，结果（图 11‑4）表明，Bv_twas、Bv_hdfh、Bv_sgnn、Bv_guiw、Bv_hzcx 和 Bv_kjzy 随干旱胁迫时间的增加表达量均有不同程度增加，其中 Bv_hdfh 与 Bv_sgnn 表达量增加最为显著；Bv_guiw 与 Bv_twas 在干旱胁迫 4d 时表达量显著增加，而在干旱胁迫 6 和 10d 时表达量又出现降低趋势，但仍高于对照；而 Bv_hzcx 与 Bv_kjzy 在干旱胁迫处理下表达量出现先升高后降低的趋势，复水处理后表达量降为最低。qRT-PCR 的检验结果与 RNA-seq 的结果基本一致，从而验证了 RNA-seq 结果的可靠性，23 个上调表达基因初步认定为抗旱相关候选基因。

三、甜菜 NAC 转录因子家族成员与抗旱性的关系

NAC 转录因子是目前发现的植物中最大的转录因子家族之一，其家族成员数量庞大，

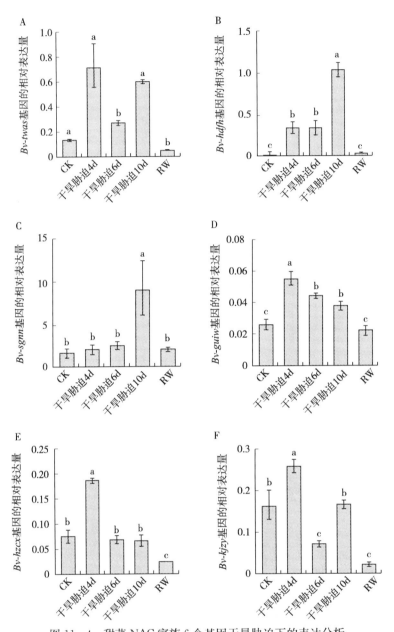

图 11 - 4　甜菜 NAC 家族 6 个基因干旱胁迫下的表达分析

最初由 Souer 等（1996）人在矮牵牛中发现，接着在拟南芥、水稻、玉米、棉花和白菜（Nuruzzaman et al.，2010；Shiriga et al.，2014；Shang et al.，2013）中分别发现含有117、151、152、145 和 204 个 NAC 转录因子基因，其中在模式植物拟南芥和水稻中的研究较多。已发现 NAC 家族在多种生物学过程中起作用，包括茎尖分生组织的形成（Takada et al.，2001）、花发育（Sablowski，Meyerowitz，1998）、细胞分裂（Kim et al.，2007）、叶衰老（Breeze et al.，2011）、次生壁的形成以及生物和非生物胁迫响应等（Christianson et al.，2010；Nakashima et al.，2012）。Huang 等（2012）对菊花的 44 个

NAC 基因进行了表达模式分析，发现有 32 个基因对 2 种逆境胁迫处理产生应答，10 个基因对 5 种逆境胁迫产生应答，其中 *ClNAC*17 和 *ClNAC*21 对 6 种胁迫产生应答。Liu 等（2014）对蓖麻的 32 个 *NAC* 基因进行了分析，发现部分基因对非生物胁迫产生反应，一些则在次生生长组织中表达。小麦 *TaNAC*67 基因对干旱、高盐、ABA 和低温胁迫产生应答，超量表达的 *TaNAC*67 基因提高转基因拟南芥对干旱、盐胁迫和冷冻胁迫的抗性（Mao et al.，2014）。胡杨 *NAC* 基因能够被干旱和高盐胁迫诱导，而对 ABA 的响应较弱，超量表达的 *NAC* 基因提高转基因拟南芥的抗旱能力（Wang et al.，2013）。华中农业大学熊立仲教授研究小组克隆了一个水稻抗旱耐盐基因 *SoNAC*1，该基因是 NAC 类型的转录因子，其主要在气孔的保卫细胞中被诱导表达，干旱胁迫时促进气孔关闭，但是并不影响光合速率，因而抗旱性大为提高，在生殖生长期严重干旱的情况下，超量表达 *SoNAC*1 的转基因植株坐果率较对照提高 22%～34%；在营养生长期，转基因植株也表现出很强的抗旱性（Hu et al.，2006）。

本节通过构建系统进化树研究表明 52 个 *BvNAC* 基因被分成 16 个亚家族，根据各亚家族分支长短我们推测第 Ⅱ 亚家族为原始祖先。根据基因的保守性模体分析及染色体定位分析结果推测基因重组可能在 *BvNAC* 基因家族的扩增和进化中发挥了重要作用，最终导致 *BvNAC* 基因在数量上、结构上和功能上的多样性。通过 RNA-seq 分析，发现 52 个 BvNAC 家族成员中有 23 个在干旱胁迫处理后上调表达，占 44.2%，其中 *Bv-pfso*、*Bv-qejj*、*Bv-twas*、*Bv-hzcx*、*Bv-sgnn* 和 *Bv-jkxz* 集中分布于 *ATAF*1 和 *ONAC*022 亚类，该亚类目前发现和植物抗逆性密切相关；此外 *Bv-guiw*、*Bv-tgus*、*Bv-znkf* 和 *Bv-xiqu* 属于 *NAC*2 亚类，该亚类相关基因目前也发现和植物抗逆性密切相关，由此推测 BvNAC 家族成员在甜菜应对干旱胁迫中发挥着重要作用。通过 qRT-PCR 验证分析发现，被挑选出的 6 个 BvNAC 家族基因在干旱胁迫中均表现出明显上调表达，与 RNAseq 结果基本一致，初步推测 BvNAC 家族 23 个上调表达基因可能参与了甜菜干旱胁迫下生长发育的调控，其中 *Bv-twas* 与拟南芥中调控抗旱性的 *ANAC*019、*ANAC*055 和 *ANAC*072 基因亲缘关系较近，推测 *Bv-twas* 可能与提高甜菜对干旱胁迫的耐受性关系更为密切，可作为改良甜菜耐旱性的候选基因。

第三节 甜菜 NAC 转录因子基因的克隆与功能验证

甜菜是我国重要的糖料作物和经济作物。甜菜主要种植区的地域特点使得非生物胁迫特别是干旱胁迫成为严重影响甜菜产量和品质的主要因素之一。NAC 转录因子是植物中最大的转录因子家族之一，大量的前期研究已发现，NAC 转录因子与植物应答干旱、盐碱、温度等非生物胁迫存在高度关联性，但目前在甜菜中明确的参与抗旱过程的 NAC 转录因子却鲜见报道。通过前期研究已经对甜菜 NAC 转录因子进行了比较全面的鉴定及生物信息学分析，通过转录组测序构建了甜菜 NAC 转录因子基因在干旱胁迫下的表达图谱，分析推测 BvNAC 家族 23 个上调表达基因可能参与了甜菜干旱胁迫下生长发育的调控。其中 *Bv _ twas*、*Bv _ hdfh* 与拟南芥中调控抗旱性的 *ANAC*019、*ANAC*055 和 *ANAC*072 基因亲缘关系较近，同时干旱胁迫下在转录水平呈高度上调表达，基于此推测

Bv_twas、Bv_hdfh 可能与提高甜菜对干旱胁迫的耐受性存在密切关联。

本节主要介绍基于上述甜菜 NAC 转录因子家族成员 Bv_twas、Bv_hdfh 的功能鉴定研究，包括从甜菜中获得 Bv_twas、Bv_hdfh 基因全长 cDNA 克隆，构建植物表达载体并通过浸花法转化拟南芥，对转化的拟南芥进行表型鉴定和生理相关指标测定，分析基因的功能及其与抗旱性的关系。其中：SOD 活性测定采用氮蓝四唑（NBT）法；POD 活性测定采用愈创木酚法；CAT 活性测定采用紫外吸收法；Pro 含量的测定采用磺基水杨酸法；膜透性采用相对电导率测定。

一、甜菜 NAC 转录因子基因的克隆

利用高保真酶进行 PCR，扩增到 2 条长度分别为 1 232bp 和 1 223bp 的产物，分别包含 Bv_twas 和 Bv_hdfh 基因的完整 CDS 区（图 11-5）。Bv_twas 和 Bv_hdfh 基因克隆引物的 5′ 和 3′ 端分别加有 $BamH$ I 和 Kpn I 的特异性识别位点。琼脂糖凝胶电泳回收后与克隆载体 ToPo pBoLn-Blunt 连接，转化 E. coli 然后进行测序（彩图 12）。

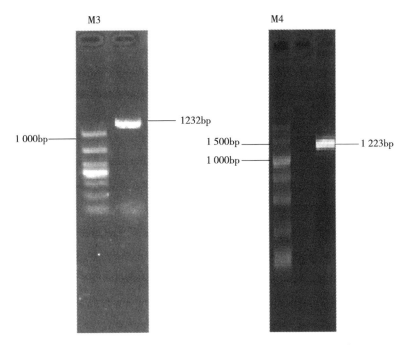

图 11-5 Bv_twas、Bv_hdfh 基因 CDS 区 PCR 扩增电泳图

对 3 个 PCR 产物进行测序，测序结果显示 Bv_twas 基因 CDS 区序列与已发表的参考基因组中的 Bv_twas_ref 序列相比相似性为 99.18%，有 9 个碱基存在差异，序列全长均为 1 095bp，编码 364 个氨基酸碱基（彩图 11）。其中这 9 个碱基的突变导致了三个氨基酸的突变，即异亮氨酸（I）突变为苏氨酸（T）；谷氨酰胺（G）突变为组氨酸（H）；苯丙氨酸（P）突变为亮氨酸（L）（彩图 13）。

测序结果显示 Bv_hdfh 基因 CDS 区序列与已发表的参考基因组中的 Bv_hdfh_ref 完全相同，序列全长为 912bp，编码 303 个氨基酸（彩图 14）。

二、甜菜 NAC 转录因子基因植物表达载体构建

选测序正确的阳性菌落提取重组质粒，分别用 *BamH*Ⅰ/*Kpn*Ⅰ 双酶切 *Bv＿twas* 和
Bv＿hdfh，琼脂糖凝胶电泳回收酶切产物后，利用 T4 连接酶插入对应限制性内切酶切
开后的植物表达载体 pCAMBIA1 300∷35S∷EGFP 中，从而构建成功分别包含 *Bv＿
twas* 和 *Bv＿hdfh* 基因完整 CDS 区的植物表达载体。载体构建策略如彩图 15 所示，农杆
菌菌液 PCR 验证及酶切验证如图 11‐6 所示。图中 1 到 10 为基因 *Bv＿twas* 菌落 PCR 条
带，11 到 20 为基因 *Bv＿hdfh* 菌落 PCR 条带，从图中可以看出两基因的条带均在
1 000～1 500bp，长度即为目的基因的长度 1 232bp 和 1 223bp。

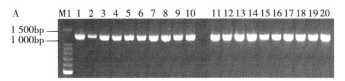

图 11‐6　*Bv＿twas* 和 *Bv＿hdfh* 基因植物表达载体菌液 PCR 鉴定

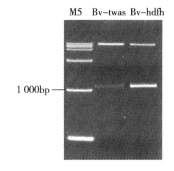

图 11‐7　*Bv＿twas* 和 *Bv＿hdfh* 基因植物表达载体酶切鉴定

三、转基因株系的获得

利用浸花法将前面构建好的植物表达载体 p1301‐35S∷*Bv＿twas* 和 p1301‐35S∷
Bv＿hdfh 分别转化野生型拟南芥中，用含有 25mg/L Kan 的 1/2MS 培养基平板培养 T1
代种子，对转基因植株进行筛选，将绿苗移植到含蛭石和营养土（2∶1）的营养钵中继续
培养（图 11‐15 A T1），对转基因幼苗进行 RT‐PCR 检测，对检测到的阳性植株进行继
续培养，待成熟后单株收取 T2 代种子。将 T2 代种子接种在含有 25mg/L Kan 的 1/2 MS
培养基上筛选，根据孟德尔分离规律，选取绿苗与黄苗的比例为 3∶1 的株系（彩图 16 A
T2），将绿苗移植到蛭石和营养土（2∶1）的营养钵中继续培养，待成熟后单株收取 T3
代种子；将 T3 代种子种植在含有 25mg/L Kan 的 1/2 MS 培养基上筛选，全为绿苗的株
系即为纯合体株系。对 T1 代阳性植株进行 RT‐PCR 鉴定（彩图 16B）。在 *Bv＿twas* 转基
因株系中，株系 57 表达水平最高，株系 65 表达水平最低；在 *Bv＿hdfh* 转基因株系中，
株系 76 和 8 表达水平最高，株系 11 表达水平最低，株系 16 没有表达。

四、甜菜 NAC 转录因子基因的功能鉴定

1. 干旱胁迫下转基因株系的表型分析

（1）干旱胁迫下转基因植株的根系表型分析　高浓度甘露醇渗透压大，植物无法正常吸收水分，所以多用其模拟干旱胁迫。本研究通过在培养基中加入不同浓度（0mmol/L、100mmol/L、200mmol/L、300mmol/L）甘露醇处理来模拟干旱胁迫，选取 35S∶∶Bv_twas-57 和 35S∶∶Bv_hdfh-8 过表达株系在不同浓度甘露醇的 1/2MS 培养基中培养，2 周后统计转基因株系根系变化。如彩图 17A、彩图 17B 所示，在 1/2MS 培养基上 Bv_twas 转基因植株根长较野生型植株根长增加 0.81％，而 Bv_hdfh 转基因植株根长较野生型植株长度增加 8.87％；当甘露醇浓度为 100mmol/L 时，过表达 Bv_twas 和 Bv_hdfh 拟南芥植株的根长较野生型植株根长分别增加 38.71％和 24.73％，在甘露醇浓度为 200mmol/L 时，Bv_twas 和 Bv_hdfh 转基因拟南芥植株的根长较野生型植株根长分别增加 28.92％和 26.51％；随着甘露醇浓度增加到 300mmol/L 时，过表达 Bv_twas 和 Bv_hdfh 拟南芥植株与野生型植株相比，根长分别增加 26.87％和 2.99％。

经甘露醇处理 4 周后观察，转基因植株与野生型植株地上部长势如彩图 18 所示。随着甘露醇浓度的增加，植株地上部萎蔫程度增大，但在不同浓度甘露醇处理下 Bv_twas 与 Bv_hdfh 转基因植株的地上部长势均优于 WT 植株，其中在 100mmol/L 甘露醇处理下，Bv_twas 与 Bv_hdfh 转基因植株较 WT 植株地上部长势旺盛，而在 200mmol/L 和 300mmol/L 甘露醇处理下，转基因植株较 WT 植株地上部长势更旺盛，并且其萎蔫程度较 WT 植株轻。此外，在 300mmol/L 甘露醇处理下 WT 地上部基本全部枯黄，而 Bv_twas 与 Bv_hdfh 转基因植株多数叶片仍保持绿色。说明转基因植株通过促进植株及植株侧根数量从而提高植株的抗旱性。

如图 11-8 所示，在 1/2MS 培养基上 Bv_twas 和 Bv_hdfh 转基因植株侧根数较野生型植株分别增加了 30.77％和 84.62％；当甘露醇浓度为 100mmol/L 时，过表达 Bv_twas 和 Bv_hdfh 拟南芥植株的侧根数较野生型植株侧根数分别增加 38.46％和 53.85％；在甘露醇浓度为 200mmol/L 时，Bv_twas 和 Bv_hdfh 转基因拟南芥植株的侧根数较野生型植株侧根数分别增加 45.45％和 72.73％；随着甘露醇浓度增加到 300mmol/L 时，过表达 Bv_twas 和 Bv_hdfh 拟南芥植株与野生型植株相比，侧根数分别增加 44.44％和 100.00％。如图 11-9 所示，在 1/2MS 培养基上 Bv_twas 转基因植株鲜重低于野生型植株，而 Bv_hdfh 转基因植株鲜重较野生型植株增加了 5.66％；当甘露醇浓度为 100mmol/L 时，过表达 Bv_twas 拟南芥植株鲜重较野生型植株增加了 3.13％，但 Bv_hdfh 转基因植株鲜重较野生型植株并未发生变化；在甘露醇浓度为 200mmol/L 时，Bv_twas 和 Bv_hdfh 转基因拟南芥植株的侧根数较野生型植株侧根数分别增加 18.18％和 59.09％；随着甘露醇浓度增加到 300mmol/L 时，过表达 Bv_twas 和 Bv_hdfh 拟南芥植株与野生型植株相比，侧根数分别增加 21.05％和 47.37％。

（2）转基因植株的生理指标分析

①干旱胁迫下游离脯氨酸含量变化。脯氨酸在植物体内的降解基本上是合成过程的逆过程，这一过程首先发生在线粒体中，脯氨酸在线粒体中由脯氨酸脱氢酶（ProDH）催

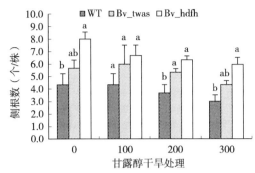

图 11 - 8 过表达 Bv_twas、Bv_hdfh
拟南芥株系侧根数量情况

注：图中小写字母表示差异显著（$P<0.05$）。

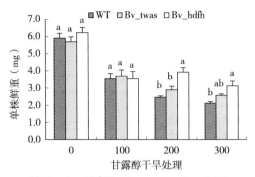

图 11 - 9 过表达 Bv_twas、Bv_hdfh
拟南芥株系单株根重情况

注：图中小写字母表示差异显著（$P<0.05$）。

化，生成 P5C，P5C 在吡咯啉 - 5 - 羧酸脱氢酶（$P5CDH$）作用下生成谷氨酸。在植物受到渗透胁迫时，氧化降解的过程受到抑制，这样细胞中脯氨酸含量增加，植物复水，此过程又会被诱导，导致脯氨酸含量下降。由图 11 - 10 可知，干旱胁迫后拟南芥叶片 Pro 含量显著增加，野生型 WT 叶片游离脯氨酸含量显著高于转 Bv_twas、Bv_hdfh 基因拟南芥。干旱胁迫处理后转 Bv_twas、Bv_hdfh 基因植株 Pro 含量较 WT 降低，降幅分别为 26.28% 和 50.05%。

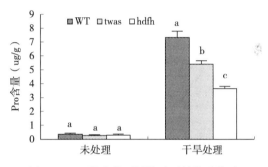

图 11 - 10 拟南芥不同株系干旱胁迫前后
叶片 Pro 含量变化

注：图中小写字母表示同一时期不同处理间差异显著（$P<0.05$）；WT：野生型拟南芥、twas：转 Bv_twas 基因拟南芥、hdfh：转 Bv_hdfh 基因拟南芥，下图同。

②干旱胁迫下保护酶系活性变化。超氧化物歧化酶（SOD）、过氧化物酶（POD）、过氧化氢酶（CAT）是植物体内的重要抗氧化保护酶系统，是保护酶系统清除活性氧自由基过程中的核心成员，其活性高低决定了植物体内 O_2^- 和 H_2O_2 的浓度。保护酶系统活性增加能有效抑制膜脂过氧化的发生，减少活性氧对膜系统的伤害，从而对细胞起保护作用。如图 11 - 11 所示，在正常水分状况下，转 Bv_twas 和 Bv_hdfh 基因拟南芥叶片 SOD 活性显著高于野生型 WT；经干旱胁迫 8d 处理后，所有植株叶片 SOD 活性显著增加，但转 Bv_twas 和 Bv_hdfh 基因植株较 WT 增幅分别为 74.07% 和 64.81%；转 Bv_twas 基因植株 SOD 活性高于转 Bv_hdfh 基因植株，但差异不显著。上述结果表明，转 Bv_twas、Bv_hdfh 基因较野生型拟南芥植株可显著提高叶片 SOD 活性，缓解干旱胁迫对叶片造成的危害，促进植株生长。从图 11 - 12 的结果表明，在正常水分状况下野生型和转基因拟南芥植株叶片 POD 活性均较低，且无显著差异。在干旱处理后 POD 活性显著提升，转基因拟南芥 POD 活性较 WT 略有增高，增高幅度分别为 2.67% 和 4.01%，但差异不显著。

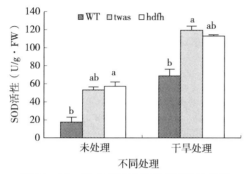

图 11-11　拟南芥不同株系干旱胁迫前后
叶片 SOD 含量变化

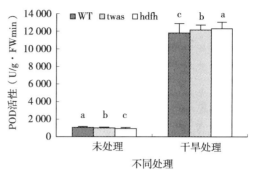

图 11-12　拟南芥不同株系干旱胁迫前后
叶片 POD 含量变化

　　由图 11-13 的研究结果显示，在正常水分状况下转 Bv_twas、Bv_hdfh 基因的拟南芥植株叶片 CAT 活性高于野生型；干旱胁迫后所有植株叶片内 CAT 活性均不同程度增强，但转基因拟南芥植株叶片 CAT 活性增强幅度大于野生型，较 WT 相比活性增幅分别达到 56.91% 和 86.74%。结果表明，转基因拟南芥中 CAT 活性高于野生型，在植株受到干旱胁迫，转基因能通过促进叶片中 CAT 活性增加，降低体内 H_2O_2 的毒害作用来缓解干旱胁迫的伤害。

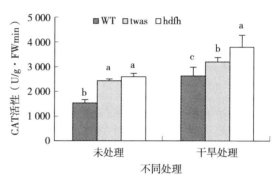

图 11-13　拟南芥不同株系干旱胁迫前后
叶片 CAT 活性变化

　　③干旱胁迫下叶片相对电导率变化。相对电导率是植物细胞质膜完整性的标志指标之一，也是植物抗逆程度的反映。从图 11-14 干旱胁迫下野生型和转基因拟南芥叶片相对电导率测定结果表明，干旱胁迫下 WT 相对电导率为 42.27%，显著高于转 Bv_twas、Bv_hdfh 基因拟南芥相对电导率（31.52%、30.56%）。从电导率的变化情况说明野生型拟南芥其细胞质膜破坏程度相对较高，而转基因拟南芥

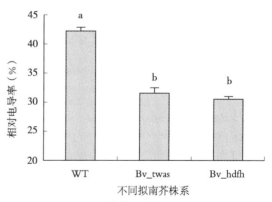

图 11-14　拟南芥不同株系干旱胁迫后
叶片相对电导率变化

相对较低的电导率表明其细胞质膜较为完整，受干旱胁迫的伤害程度较轻。

五、部分甜菜 NAC 转录因子在抗旱中的作用

　　NAC 转录因子是目前为止在植物体内发现的最大的转录因子家族之一，其家族成员数量庞大。NAC 转录因子最初是由 Souer 等于 1996 年在矮牵牛中发现的，接着在拟南

芥、水稻、玉米、棉花、白菜等植物中被相继发现，目前在模式植物拟南芥和水稻中研究较多。NAC 家族在多种生物学过程中起着直接或间接的调控作用，包括茎尖分生组织的形成、花发育、细胞分裂、叶衰老、次生壁的形成等方面，近年来发现 NAC 转录因子参与植物生物和非生物胁迫响应，一度引起了众多学者对其的研究兴趣。目前已在拟南芥、水稻、菊花、蓖麻、小麦、胡杨等植物中相继发现不同数量的 NAC 转录因子基因对逆境胁迫产生应答，但在甜菜中的相关研究尚属首次。

在本研究中从甜菜克隆了 NAC 转录因子 Bv-twas 和 Bv-hdfh 基因全长 CDS 区并将其转化模式植物拟南芥进行功能验证。通过对纯合转基因株系的表型验证，发现转基因植株在干旱胁迫条件下地上部长势优于野生型植株，且根长较长，推测该基因可能通过调节根长提高植株吸水能力，从而提高抗旱性。通过对转基因植株干旱胁迫条件下保护酶分析，发现 SOD、CAT 活性显著高于野生型植株，研究结果表明 Bv-twas 与 Bv-hdfh 基因可增强抗氧化能力，从而缓解干旱对细胞膜的破坏，提高植株对干旱的耐受性。

第四节　小结与展望

NAC 转录因子是植物特有的转录因子之一，其家族成员多，在植物生长发育及抗逆胁迫中具有重要的作用。本专题首次就甜菜 NAC 转录因子与其抗旱性的关系进行了初步探讨。通过 RNA-seq 和系统进化分析，发现甜菜 NAC 转录因子家族 52 个成员中有 23 个在干旱胁迫处理后上调表达，且分布于 Ie、If、Ig、Ih 分支，属 ATAF1、NAC2 和 ONAC022 亚类，与植物抗逆性密切相关，推测其在甜菜应对干旱胁迫中发挥着重要作用。对差异显著表达成员 Bv-twas 和 Bv-hdfh 基因全长 CDS 区进行克隆、载体构建并转化模式植物拟南芥，通过对转化株系的表型与功能验证，发现其可通过调节根系发育、增强保护酶活性来提高甜菜植株对干旱胁迫的耐受性，进而提高甜菜抗旱性。

目前，NAC 转录因子已在多种植物中发现并开展研究，但相比而言研究较为深入的还是模式植物拟南芥、番茄和水稻，在其他植物上的研究还比较肤浅，大部分 NAC 转录因子尚处于基因克隆、鉴定和功能初步分析层面。鉴于前期研究发现 NAC 转录因子所具备的强大功能和广阔的应用前景，有必要在其他非模式植物尤其甜菜上进行更深入的研究，以期为甜菜的抗逆性遗传改良提供理论依据和基因资源。今后应继续挖掘鉴定更多甜菜 NAC 功能基因，并使用组织特异启动子（如根特异启动子等）或胁迫诱导启动子（如干旱诱导性启动子）来驱动多个强抗逆基因的共同表达，有望实现在稳产保质的前提下使甜菜的抗旱性得到提高。另外，研究重点还应关注甜菜抗旱相关 NAC 转录因子下游（直接或间接调控的基因）或上游（如信号分子）的遗传组分间关系，这将有助于提供 NAC 转录因子参与多种信号转导途径的更多证据，为全面认识其调控网络奠定基础。此外，为了使甜菜 NAC 蛋白质在抗旱中发挥其作用优势，研究蛋白质—蛋白质互作将为阐明其在干旱胁迫下调控生理、生化过程的分子机制提供新的线索和切入点。

参考文献

代婷婷，姚新转，吕立堂，等，2018. 烟草 NAC4 基因的克隆及其抗旱功能分析 [J]. 农业生物技术学报，26（5）：764-773.

段俊枝，李莹，赵明忠，等，2017. NAC 转录因子在植物抗非生物胁迫基因工程中的应用进展 [J]. 作物杂志（2）：14-22.

孔祥生，易现峰，2008. 植物生理学实验技术 [M]. 北京：中国农业出版社.

李文，万千，刘风珍，等，2015. 花生转录因子基因 NAC4 的等位变异分析 [J]. 作物学报，41（1）：31-41.

柳展基，邵凤霞，唐桂英，2007. 植物 NAC 转录因子的结构功能及其表达调控研究进展 [J]. 西北植物学报，27（9）：1915-1920.

孙利军，李大勇，张慧娟，等，2012. NAC 转录因子在植物抗病和抗非生物胁迫反应中的作用 [J]. 遗传，34（8）：993-1002.

王芳，孙立娇，赵晓宇，等，2019. 植物 NAC 转录因子的研究进展 [J]. 生物技术通报，35（4）：88-93.

王凤涛，蔺瑞明，徐世昌，2010. 小麦 3 个 NAC 转录因子基因克隆与功能分析 [J]. 基因组学与应用生物学，29（4）：639-645.

王瑞芳，胡银松，高文蕊，等，2014. 植物 NAC 转录因子家族在抗逆响应中的功能 [J]. 植物生理学报，50（10）：1494-1500.

王占军，金伦，徐忠东，等，2014. 麻风树 LEC1 基因的生物信息学分析 [J]. 生物学杂志，31（4）：68-72.

周立国，2010. 水稻水分胁迫相关基因克隆及功能验证 [D]. 华中农业大学，中国：武汉.

Abe H, Yamaguchi-Shinozaki K, Urao T, et al., 1997. Role of *Arabidopsis* MYC and MYB homologs in drought and abscisic acid regulated gene expression [J]. Plant Cell, 9：1859-1868.

Ana J P, Yaoa J F, Xub R R, et al., 2018. An apple NAC transcription factor enhances salt stress tolerance by modulating the ethylene response [J]. Physiologia Plantarum, 164（3）：279-289.

Balazadeh S, Siddiqui H, Allu A D, et al., 2010. A gene regulatory network controlled by the NAC transcription factor ANAC092/At NAC2/ORE1 during salt-promoted senescence [J]. Plant J, 62（2）：250-264.

Breeze E, Harrison E, McHattie S, et al., 2011. High-resolution temporal profiling of transcripts during *Arabidopsis* leaf senescence reveals a distinct chronology of processes and regulation [J]. Plant Cell, 23（3）：873-894.

Bu Q Y, Jiang H L, Li C B, et al., 2008. Role of the *Arabidopsis thaliana* NAC transcription factors ANAC019 and ANAC055 in regulating jasmonic acid signaled defense responses [J]. Cell Res, 18（5）：756-767.

Christianson J A, Dennis E S, Llewellyn D J, et al., 2010. ATAF NAC transcription factors：regulators of plant stress signaling [J]. Plant Signal Behav, 5（4）：428-432.

Duan M, Zhang R X, Zhu F G, et al., 2017. A lipid anchored NAC transcription factor is translocated into the nucleus and activates Glyoxalase I expression during drought stress [J]. The Plant Cell, 29（7）：1748-1772.

Ernst H A, Olsen A N, Skeiver K, et al., 2004. Structure of the conserved domain of ANAC, a member of the NAC family of transcription factors [J]. Embo. Reports, 5 (3): 297-303.

Fang Y, Liao K, Du H, et al., 2015. A stress responsive NAC transcription factor SNAC3 confers heat and drought tolerance through modulation of reactive oxygen species in rice [J]. Journal of Experimental Botany, 66 (21): 6803-6817.

Fujita M, Fujita Y, Maruyama K, et al., 2004. A dehydration-induced NAC protein, RD26, is involved in a novel ABA-dependent stress-signaling pathway [J]. Plant J, 39: 863-876.

Guo W W, Zhang J X, Zhang N, et al., 2015. The wheat NAC transcription factor *TaNAC2L* is regulated at the transcriptional and post translational levels and promotes heat stress tolerance in transgenic *Arabidopsis* [J]. PLoS One, 10 (8): e0 135667.

Guo Y F, Gan S S, 2006. AtNAP, a NAC family transcription factor, has an important role in leaf senescence [J]. Plant J., 46 (4): 601-612.

Grant E H, Fujino T, Beers E P, et al., 2010. Characterization of NAC domain transcription factors implicated in control of vascular cell differentiation in *Arabidopsis* and *Populus* [J]. Planta, 232 (2): 337-352.

Hao Y J, Wei W, Song Q X, et al., 2011. Soybean NAC transcription factors promote abiotic stress tolerance and lateral root formation in transgenic plants [J]. The Plant Journal, 68 (2): 302-313.

Hong Y, Zhang H, Huang L, et al., 2016. Overexpression of a stress-responsive NAC transcription factor gene ONAC022 improves drought and salt tolerance in rice [J]. Front Plant Sci, 7: 4.

Hu H H, Dai M Q, Yao J L, et al., 2006. Overexpressing a NAM, ATAF, and CUC (NAC) transcription factor enhances drought resistance and salt tolerance in rice. Proc Natl Acad Sci USA, 103 (35): 12987-12992.

Huang D B, Wang S G, Zhang B C, et al., 2015. A gibberellin-mediated Della-NAC signaling cascade regulates cellulose synthesis in rice [J]. The Plant Cell, 27 (6): 1681-1696.

Huang H, Wang Y, Wang S L, et al., 2012. Transcriptome wide survey and expression analysis of stress responsive *NAC* genes in *Chrysanthemum lavandulifolium* [J]. Plant Sci (3): 193-194.

Jeong J S, Kim Y S, Baek K H, et al., 2010. Root-specific expression of OsNAC10 improves drought tolerance and grain yield in rice under field drought conditions [J]. Plant Physiol, 153: 185-197.

Kaneda T, Taga Y, Takai R, et al., 2009. The transcription factor OsNAC4 is a key positive regulator of plant hypersensitive cell death [J]. EMBO J, 28: 926-936.

Kikuchi K, Ueguehi-tanaka M, Yoshida T K, et al., 2002. Molecular analysis of the NAC gene family in rice [J]. Mol Gen Genet, 262 (6): 1047-1051.

Kim S Y, Kim S G, Kim Y S, et al., 2006. Exploring membrane-associated NAC transcription factors in *Arabidopsis*: Implications for membrane biology in genome regulation [J]. Nucl Acids Res, 35 (1): 203-213.

Kim Y S, Kim S G, Park J E, et al., 2007. A membrane-bound *NAC* transcription factor regulates cell division in *Arabidopsis* [J]. Plant Cell, 18 (1): 3132-3144.

Ko J H, Yang S H, Park A H, et al., 2007. ANAC012, a member of the plant specific NAC transcription factor family, negatively regulates xylary fiber development in *Arabidopsis thaliana* [J]. Plant J, 50 (6): 1035-1048.

Lee D K, Chung P J, Jeong J S, et al., 2017. The rice OsNAC6 transcription factor orchestrates multiple molecular mechanisms involving root structural adaptions and nicotianamine biosynthesis for drought tolerance [J]. Plant Biotechnol J, 15 (6): 754-764.

Lee D K, Jung H, Jang G, et al., 2016. Overexpression of the *OSERF7* transcription factor alters rice root structure and drought resistance [J]. Plant Physiol, 172 (1): 575 – 588.

Li S, Wang N, Ji D D, et al., 2016. Evolutionary and functional analysis of membrane-bound NAC transcription factor genes in soybean [J]. Plant Physiology, 172 (4): 1804 – 1820.

Liu Y Z, Baig M N R, Fan R, et al., 2009. Identification and expression pattern of a novel NAM, ATAF, and CUC-like gene from *Citrus sinensis* Osbeck [J]. Plant Mol Biol Rep, 27 (3): 292 – 297.

Liu T M, Zhu S Y, Tang Q M, et al., 2014. Identification of 32 full-length NAC transcription factors in ramie (*Boehmeria nivea* L. Gaud) and characterization of the expression pattern of these genes [J]. Mol Genet Genomics, 289 (4): 675 – 684.

Liu Q L, Xu K D, Zhao L J, et al., 2011. Overexpression of a novel *Chrysanthemum* NAC transcription factor gene enhances salt tolerance in tobacco [J]. Biotechnol Lett, 33: 2073 – 2082.

Liu C, Wang B, Li Z, et al., 2018. TsNAC1 is a key transcription factor in abiotic stress resistance and growth [J]. Plant Physiology, 176 (1): 742 – 756.

Lu P L, Chen N Z, An R, et al., 2006. A novel drought-inducible gene, *ATAF1*, encodes a *NAC* family protein that negatively regulates the expression of stress-responsive genes in *Arabidopsis* [J]. Plant Mol Biol, 63 (2): 289 – 305.

Ma X M, Zhang Y J, Tureckova V, et al., 2018. The NAC transcription factor SlNAP2 regulates leaf senescence and fruit yield in tomato [J]. Plant Physiology, 177 (3): 1286 – 1302.

Mao X, Zhang H Y, Qian X Y, et al., 2012. TaNAC2, a NAC-type wheat transcription factor conferring enhanced multiple abiotic stress tolerances in *Arabidopsis* [J]. J Exp Bot, 63: 1 – 14.

Mao X G, Chen S S, Li A, et al., 2014. Novel *NAC* transcription factor TaNAC67 confers enhanced multi-abiotic stress tolerances in *Arabidopsis* [J]. PLoS ONE, 9 (1): e84359.

Mao C J, Lu S C, Lv B, et al., 2017. A Rice NAC transcription factor promotes leaf senescence via ABA biosynthesis [J]. Plant Physiology, 174 (3): 1747 – 1763.

Mitsuda N, Iwase A, Yamamoto H, et al., 2007. NAC transcription factors, NST1 and NST3, are key regulators of the formation of secondary walls in woody tissues of *Arabidopsis* [J]. Plant Cell Online, 19 (1): 270 – 280.

Mitsuda N, Seki M, Shinozaki K, et al., 2005. The NAC transcription factors NST1 and NST2 of *Arabidopsis* regulate secondary wall thickenings and are required for anther dehiscence [J]. Plant Cell Online, 17 (11): 2993 – 3006.

Nakashima K, Tran L P, Nguyen D V, et al., 2007. Functional analysis of a NAC-type transcription factor OsNAC6 involved in abiotic and biotic stress responsive gene expression in rice [J]. Plant J, 51 (4): 617 – 630.

Nakashima K, Takasaki H, Mizoi J, et al., 2012. NAC transcription factors in plant abiotic stress responses [J]. Biochim Biophys Acta, 1819 (2): 97 – 103.

Nieuwenhuizen N J, Chen X Y, Wang M Y, et al., 2015. Natural variation in monoterpene synthesis in kiwifruit: transcriptional regulation of terpene synthases by NAC and ETHYLENE-INSENSITIVE3-like transcription factors [J]. Plant Physiology, 167 (4): 1243 – 1258.

Nuruzzaman M, Sharoni A M, Kikuchi S. 2013. Roles of NAC transcription factors in the regulation of biotic and abiotic stress responses in plants [J]. Frontiers in Microbiology, 4: 248.

Nuruzzaman M, Manimekalai R, Sharoni A M, et al., 2010. Genome-wide analysis of NAC transcription factor family in rice [J]. Gene, 465 (1): 30 – 44.

Olsen A N, Ernst H A, Leggio L L, et al., 2005. NAC transcription factors: structurally distinct, functionally diverse [J]. Trends in Plant Science, 10 (2): 79 – 87.

Ooka H, Tatoh K, Doi K, et al., 2003. Comprehensive analysis of *NAC* family genes in *Oryza sativa* and *Arabidopsis thaliana* [J]. DNA Res, 10 (6): 239 – 247.

Orellana S, Yanez M, Espinoza A, et al., 2010. The transcription factor SlAREB1 confers drought, salt stress tolerance and regulates biotic and abiotic stress-related genes in tomato [J]. Plant Cell Environ, 33 (12): 2191 – 2208.

Pei H X, Ma N, Tian J, et al., 2013. An NAC transcription factor controls ethylene-regulated cell expansion in flower petals [J]. Plant Physiology, 163 (2): 77 – 791.

Pinheiro G L, Marques C S, Costa M D, et al., 2009. Complete inventory of soybean NAC transcription factors: sequence conservation and expression analysis uncover their distinct roles in stress response [J]. Gene, 444: 10 – 23.

Redillas M C, Jeong J S, Kim Y S, et al., 2012. The overexpression of *OsNAC9* alters the root architecture of rice plants enhancing drought resistance and grain yield under field conditions [J]. Plant Biotechnol J, 10 (7): 792 – 805.

Riechmann J L, Heard J, Martin G, et al., 2000. *Arabidopsis* transcription factors: genome-wide comparative analysis among eukaryotes [J]. Science, 290 (5499): 2105 – 2110.

Rushton P J, Bokowiec M T, Han S C, et al., 2008. Tobacco Transcription Factors: novel insights into transcriptional regulation in the *Solanaceae* [J]. Plant Physio, 147 (1): 280 – 295.

Rushton P J, Bokowiec M T, Laudeman T W, et al., 2008. TOBFAC: the database of tobacco transcription factors [J]. BMC Bioinformatics, 9: 53.

Sakuraba Y, Piao W, Lim J H, et al., 2015. Rice ONAC106 inhibits leaf senescence and increases salt tolerance and tiller angle [J]. Plant Cell Physiol, 56 (12): 2325 – 2339.

Sablowski R W M, Meyerowitz E M, 1998. A homolog of *NO APICAL MERISTEM* an immediate target of the floral homeotic genes *APETALA*3/*PISTILLATA* [J]. Cell, 92 (1): 93 – 103.

Shiriga K, Sharma R, Kumar K, et al., 2014. Genome-wide identification and expression pattern of drought-responsive members of the NAC family in maize [J]. Meta Gene, 2 (1): 407 – 417.

Shan W, Kuang J F, Lu W J, et al., 2014. Banana fruit NAC transcription factor MaNAC1 is a direct target of MaICE1 and involved in cold stress through interacting with MaCBF1 [J]. Plant Cell and Environment, 37 (9): 2116 – 2127.

Shang H H, Li W, Zou C S, et al., 2013. Analyses of the NAC transcription factor gene family in *Gossypium raimondii* Ulbr: chromosomal location, structure, phylogeny, and expression patterns [J]. J Integr Plant Biol, 55 (7): 663 – 676.

Souer E, Houwelingen A V, Kloos D, et al., 1996. The *NO APICAL MERISTEM* gene of *Petunia* is required for pattern formation in embryos and flowers and is expressed at meristem and primordia boundaries. Cell, 85 (2): 159 – 170.

Sperotto R A, Ricachenevsky F K, Duarte G L, et al., 2009. Identification of up-regulated genes in flag leaves during rice grain filling and characterization of OsNAC5, a new ABA-dependent transcription factor [J]. Planta, 230 (5): 985 – 1002.

Takada S, Hibara K, Ishida T, et al., 2001. The *CUP-SHAPED COTYLEDON*1 gene of *Arabidopsis* regulates shoot apical meristem formation [J]. Development, 128 (7): 1127 – 1135.

Thirumalaikumar V P, Devkar V, Mehterov N, et al., 2018. NAC transcription factor JUNGBRUN-

NEN1 enhances drought tolerance in tomato [J]. Plant Biotechnology Journal, 16 (2): 354 - 366.

Tran L P, Nakashima K, Sakuma Y, et al., 2004. Isolation and functional analysis of *Arabidopsis* stress-inducible *NAC* transcription factors that bind to a drought-responsive *cis*-element in the *early responsive to dehydration stress* promoter [J]. Plant Cell, 16 (9): 2481 - 2498.

Tran L P, Nishiyama R, Yamaguchi-Shinozaki K, et al., 2010. Potential utilization of NAC transcription factors to enhance abiotic stress tolerance in plants by biotechnological approach [J]. GM Crops, 1 (1): 32 - 39.

Wang J Y, Wang J P, Yuan H, 2013. A *Populus euphratica* NAC protein regulating Na^+/K^+ homeostasis improves salt tolerance in *Arabidopsis thaliana* [J]. Gene, 521 (2): 265 - 273.

Welner D H, Lindemose S, Grossmann J G, et al., 2012. DNA binding by the plant-specific NAC transcription factors in crystal and solution: a firm link to WRKY and GCM transcription factors [J]. Biochemical Journal, 444 (3): 395.

Wu H, Fu B, Sun P, et al., 2016. A NAC transcription factor represses putrescine biosynthesis and affects drought tolerance [J]. Plant Physiol, 172 (3): 1532 - 1547.

Wu Y R, Deng Z Y, Lai J B, et al., 2010. Dual function of *Arabidopsis ATAF*1 in abiotic and biotic stress responses [J]. Cell Res, 1279 - 1290.

Xiong Y, Liu T, Tian C, et al., 2005. Transcription factors in rice: a genome-wide comparative analysis between monocots and eudicots [J]. Plant Molecular Biology, 59 (1): 191 - 203.

Xu Z Y, Kim S Y, Hyeon D Y, et al., 2013. The *Arabidopsis* NAC transcription factor ANAC096 cooperates with bZIP-Type transcription factors in dehydration and osmotic stress responses [J]. The Plant Cell, 25 (11): 4708 - 4724.

Xu Z Y, Kim S Y, Hyeon D Y, et al., 2014. A special member of the rice SRO family, OsSRO1c, mediates responses to multiple abiotic stresses through interaction with various transcription factors [J]. Plant Mol Biol, 84 (6): 693 - 705.

Yamaguchi M, Kubo M, Fukuda H, et al., 2008. VASCULAR - RELATED NAC - DOMAIN7 is involved in the differentiation of all types of xylem vessels in *Arabidopsis* roots and shoots [J]. Plant J, 55 (4): 652 - 664.

Yang R, Deng C, Ouyang B, et al., 2010. Molecular analysis of two salt-responsive NAC family genes and their expression analysis in tomato [J]. Mol Biol Rep, 38: 857 - 863.

You J, Zong W, Hu H H, et al., 2014. A STRESS-RESPONSIVE NAC1-regulated protein phosphatase gene rice protein phosphatase18 modulates drought and oxidative stress tolerance through abscisic acid independent reactive oxygen species scavenging in rice [J]. Plant Physiol, 166 (4): 2100 - 2114.

You J, Zong W, Li X, et al., 2013. The SNAC1-targeted gene OsSRO1c modulates stomatal closure and oxidative stress tolerance by regulating hydrogen peroxide in rice [J]. J Exp Bot, 64 (2): 569 - 583.

Zhang R, Demura T, Ye Z H, 2006. SND1, a NAC domain transcription factor, is a key regulator of secondary wall synthesis in fibers of *Arabidopsis* [J]. The Plant Cell, 18 (11): 3158 - 3170.

Zhao C, Avci U, Grant E H, et al., 2008. XND1, a member of the NAC domain family in *Arabidopsis thaliana*, negatively regulates lignocellulose synthesis and programmed cell death in xylem [J]. Plant J, 53 (3): 425 - 436.

Zhao Q, Gallego G L, Wang H, et al., 2009. An NAC transcription factor orchestrates multiple features of cell wall development in *Medicago truncatula* [J]. Plant J, 63: 100 - 114.

Zhao Y J, Sun J Y, Xu P, et al., 2014. Intron-mediated alternative splicing of WOOD-ASSOCIATED

NAC TRANSCRIPTION FACTOR1B regulates cell wall thickening during fiber development in *Populus* Species [J]. Plant Physiology, 164 (2): 765 - 776.

Zheng X N, Zhen B, Lu G J, 2009. Overexpression of a NAC transcription factor enhances rice drought and salt tolerance [J]. Biochem Biophys Res Commun, 379: 985 - 989.

Zhong R, Lee C, Zhou J, et al., 2008. A battery of transcription factors involved in the regulation of secondary cell wall biosynthesis in *Arabidopsis* [J]. Plant Cell Online, 20 (10): 2763 - 2782.

Zhong R, Lee C, Ye Z H. 2010. Global analysis of direct targets of secondary wall NAC master switches in *Arabidopsis* [J]. Mol Plant, 3 (6): 1087 - 1103.

Zhong R, Lee C, Ye Z H. 2010. Functional characterization of poplar wood-associated NAC domain transcription factors [J]. Plant Physiol, 152 (2), 1044 - 1055.

第十二章 基于 iTRAQ 技术的甜菜叶片干旱胁迫差异蛋白筛选

近年来，Science，Nature 及相关生物领域高水平杂志陆续刊登和评论了蛋白质组学的多篇相关文章，表明蛋白质组学成为后基因组学的研究重心，同时其研究技术手段和水平正在不断加强。目前，已经开始利用该技术在拟南芥、水稻、小麦、大豆、向日葵等多种植物开展抗旱机制的具体研究，发现了一系列关键分子并在一定程度上明确了其具体功能。如在甘蔗、大麦、大豆中发现了部分蛋白可通过调控光合作用来增强抗旱性；在大豆、豌豆、玉米、苜蓿中发现了胚胎发育后期富有蛋白（LEA）通过减少活性氧（ROS）对膜结构的破坏来增强抗旱性；在对玉米、水稻、大豆、向日葵抗旱研究中还发现一些蛋白可通过参与抗氧化代谢来降低干旱胁迫下的过氧化损伤，提高抗旱性。在抗旱机制研究中人们还发现脱落酸（ABA）可通过调控气孔来减少水分的散失，而许多参与脱落酸代谢的蛋白也通过蛋白质组学手段被相继发现。有关蛋白质组学技术在甜菜研究上的应用也有所涉及，如程大友等进行的甜菜雄性不育原因的探究、田庆斌等进行甜菜耐盐相关蛋白的筛选等。有关甜菜抗旱机制的研究，目前仅看到 Hajheidari（2005）等在利用该技术对甜菜叶片进行了抗旱蛋白质的初步分离鉴定，基于当时技术手段和生物信息学数据库的不完善以及甜菜基因组信息的未知，使得许多关键分子信息未被发现或不能被破解。因此，借助成熟的蛋白质组学技术，加之生物信息学数据库的日益完善和甜菜基因组信息的破译，能够快速准确地发现并分离参与甜菜抗旱的关键蛋白质分子，从蛋白质组学角度初步阐明甜菜抗旱分子机制。

本章节主要介绍了通过 iTRAQ 定量蛋白质组学技术分析比较了甜菜在响应不同干旱胁迫过程中蛋白质的差异表达情况，并通过生物信息学分析注释到重要的差异蛋白生物学功能，以期发现与甜菜抗旱相关的关键特异性蛋白，为解析植物抗旱的蛋白调控机制提供重要参考信息，为选育抗旱甜菜品种提供理论依据。

第一节　甜菜对干旱胁迫的生理应答分析

一、干旱胁迫下土壤含水量的变化

甜菜在生长发育过程中，绝大部分的水分来源于根部吸收的土壤水分。土壤水分的减少，是直接引起甜菜受到干旱胁迫的原因。在本研究中由图 12-1 结果可以看出，随着干旱胁迫处理时间的延长，土壤含水量逐渐降低。整个试验过程中，土壤含水量从 CK 的 18.7% 降到了 DS8 的 2.9%。本实验的结果表明，当胁迫处理第 8 天（DS8）土壤含水量降低到 2.9% 时，供试的甜菜幼苗出现了叶片萎蔫现象，表明供试材料已经产生了对干旱胁迫处理的应答。

二、干旱胁迫对甜菜叶片气孔阻力的影响

气孔阻力是影响蒸腾的主要因素之一。一般来说，在干旱胁迫条件下，气孔的响应更为敏感。随着干旱胁迫程度的加剧，植株叶片含水量开始降低，气孔打开程度也同步降低，气孔阻力加大，气孔导度逐步减小，有效阻止了植物体内水分因蒸腾作用而散失。因此，可通过对气孔阻力增大程度的直观评价来判断气孔对干旱胁迫的应答程度。在本研究中（图 12-2），随着干旱胁迫处理程度的加剧，甜菜幼苗叶片气孔阻力明显增大，复水后又恢复到较低水平；在干旱胁迫处理第 8 天时（DS8），其气孔阻力最大达到 45.9s/cm，是正常水分状况下的 11.2 倍。表明气孔阻

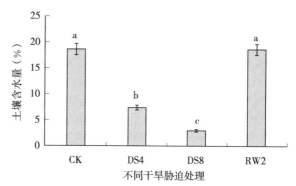

图 12-1　不同干旱胁迫对土壤含水量的影响

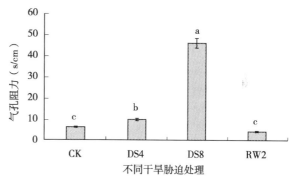

图 12-2　不同干旱胁迫对甜菜叶片气孔阻力的影响

力对干旱胁迫应答较为敏感，可有效地反映植株受胁迫程度的大小。

三、干旱胁迫对甜菜叶片 ABA 浓度的影响

在干旱胁迫下 ABA 一方面可通过调控叶片气孔开度，来实现植物体内的水分平衡；另一方面则可通过调控一系列响应胁迫的相关基因表达来增强细胞耐受功能。而在调节水分平衡方面表现为快速反应，往往可以在胁迫发生后的几分钟内完成。本研究结果表明（图 12-3），供试材料叶片 ABA 浓度随着干旱胁迫程度的增强而显著升高，在干旱胁迫处理第 8 天时（DS8），样品中 ABA 浓度达到了 52.9μmol/L，较对照提高了 2.1

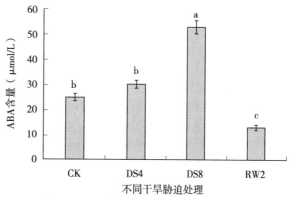

图 12-3　不同干旱胁迫处理对甜菜幼苗
叶片 ABA 浓度的影响

倍；在复水处理 2 天，当干旱胁迫信号解除后，样品叶片中 ABA 浓度明显降低，为 12.8μmol/L。研究结果也进一步明确了叶片中 ABA 浓度的变化趋势与植株受干旱胁迫程度基本一致，ABA 浓度的高低可有效反映出植株对干旱胁迫的应答程度。

四、干旱胁迫对甜菜叶片光合速率的影响

净光合速率大小可反应植物体内合成有机物能力的大小，是评价植物光合能力强弱的重要指标。植物在遭受干旱胁迫时，通常会导致光合能力下降，表现为净光合速率降低。本研究结果表明（图12-4），正常供水条件下，叶片净光合速率为 $15.6\mu mol/m^2 \cdot s^{-1}$，随着干旱胁迫时间的延续和程度的增强，各处理叶片净光合速率开始下降，在干旱胁迫第 4 天（DS4）降为

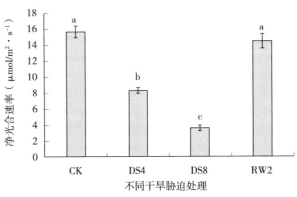

图 12-4　不同干旱胁迫对甜菜叶片光合速率的影响

$8.4\mu mol/m^2 \cdot s^{-1}$，到胁迫第 8 天（DS8）净光合速率显著降低到仅为 $3.6\mu mol/m^2 \cdot s^{-1}$，各处理间差异显著（$P<0.05$）。在复水 2d 干旱胁迫信号解除后，净光合速率快速恢复到 $14.6\mu mol/m^2 \cdot s^{-1}$，接近对照正常水平。叶片净光合速率的变化趋势与气孔阻力的变化趋势基本吻合，也进一步说明干旱胁迫对本研究中供试材料的正常生长产生了一定的影响，甜菜叶片通过增加气孔阻力，减少光合作用原料 CO_2 进入，达到叶片净光合速率的显著降低来反映出对干旱胁迫的适时应答。

五、干旱胁迫对甜菜叶片叶绿素荧光参数的影响

叶绿素荧光参数常用于反映植物光合作用机理和光合生理状况，被视为是研究植物光合作用与环境关系的内在探针。

初始荧光 Fo 是反应中心 PSⅡ（光系统Ⅱ）处于完全开放时的荧光产额，目前认为 Fo 值的大小与光强度以及作物叶片中叶绿素含量有关。在相同光照强度下，Fo 变高可表明 PSⅡ 反应中心活性受到一定程度抑制。在本研究中，由图 12-5 的结果可以看出，干旱胁迫引起甜菜幼苗叶片 Fo 值升高，推测胁迫可能导致了 PSⅡ 反应中心受到一定程度的抑制甚至损伤，进而表现出光合能力降低的应答性反应。

qN 值是非光化学猝灭系数，反映 PSⅡ 反应中心吸收的光是否可用于电子转换或是以热能形式损失的部分。非光化学淬灭是一种自我保护机制，对光合结构有一定的保护作用。在本试验中，由图 12-6 的结果可以看出，随着干旱程度的不断加剧，供试材料甜菜叶片的 qN 值表现为持续上升的趋势，在胁迫处理第 8 天（DS8）比 CK 增加了 0.014，在复水处理胁迫解除后，qN 值又回落到了与 CK 几乎一致的水平，表明在干旱胁迫复水后甜菜叶片的 PSⅡ 反应中心电子传递活性得到了改善。该结果也反映出供试材料具有一定的耐干旱胁迫能力，通过散失部分光能可以有效地避免过量光能对光合机构的损害。

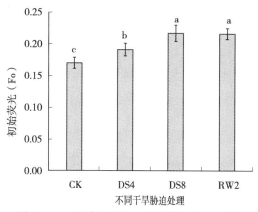

图 12-5 不同干旱胁迫下甜菜叶片 Fo 变化

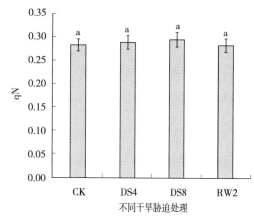

图 12-6 不同干旱胁迫下甜菜叶片 qN 变化

第二节 干旱胁迫下甜菜蛋白质组学分析

一、干旱胁迫下甜菜叶片蛋白质质量检测

为了深入研究甜菜抗旱响应的机制，笔者提取了不同处理植株的总蛋白。每一个处理 3 个生物学重复，总计获得 12 个蛋白样品。通过用 Biodrop 微量蛋白核酸检测仪对提取蛋白溶液浓度进行测定，结果如表 12-1，提取到各样品蛋白质浓度在 4.0～6.4mg/mL 之间。然后通过 SDS-PAGE 电泳检测了各个蛋白样品的质量。结果如图 12-7，结果表明叶片组织有较好均一性，所获得的蛋白样品没有出现大量的降解，可用于开展后续实验。

表 12-1 各处理蛋白质浓度测定结果

单位：mg/mL

浓度	CK	SD4	SD8	RW2
C1	4.6	6.4	6.1	4.1
C2	5.9	5.0	5.3	5.4
C3	5.4	5.7	5.5	4.0

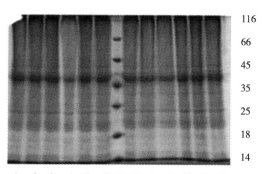

图 12-7 10%SDS-PAGE 胶图

注：1～6 分别是 CK-1、CK-2、CK-3、DS4-1、DS4-2、DS4-3；7～12 分别是 DS8-1、DS8-2、DS8-3、RW2-1、RW2-2、RW2-3。

二、干旱胁迫下甜菜蛋白质质谱鉴定

本研究共得到谱图 254 562 张，通过 Mascot 软件进行分析，共匹配到的谱图 24 443 张，匹配到的特有肽段图谱 25 285 张，最终鉴定到蛋白质 5 531 个（彩图 19 - A）。说明该技术得到的信息量大，鉴定到的蛋白质更加全面。

鉴定到的蛋白质中相对分子质量主要集中在 10～80kDa，大于 100kDa 的蛋白低于 10%（彩图 19 - B）。

由图（彩图 19 - C）可知，肽段长度 7～19 个氨基酸残基数为主要集中处，肽段长度多于 30 个氨基酸残基数的比率较低，且随着肽段长度越长，残基数的比率越小。

鉴定到的肽段序列的覆盖度如彩图 19 - D 所示，覆盖范围在 0%～5% 和 5%～10% 的蛋白质比例最大，覆盖范围在 35%～40% 的蛋白质比例最小。

鉴定到的蛋白所含肽段数量分布情况表明（彩图 19 - E）表明大部分被鉴定到的蛋白所含的肽段数量在 10 个以内，且蛋白数量随着匹配到的肽段数量增加而减少。

三、胁迫差异表达蛋白筛选

为进一步获得不同处理间显著变化的差异蛋白情况，将符合差异倍数为 1.2 倍（上下调）且 *P-value*<0.05 的蛋白质视为差异表达蛋白质；由图 12 - 8 差异蛋白筛选结果可知：与对照相比，胁迫 4d 后共有差异蛋白 68 个，其中上调表达差异蛋白 43 个，下调表达差异蛋白 25 个；胁迫 8d 后差异蛋白数量快速增加到 163 个，其中表达上调蛋白 90 个，

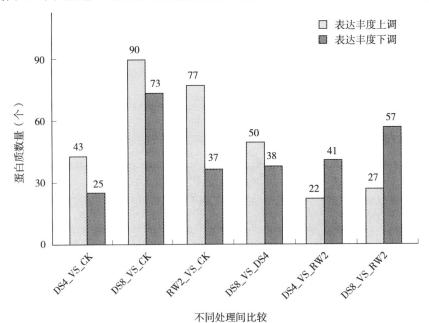

图 12 - 8　不同干旱程度处理下甜菜幼苗叶片差异蛋白上下调统计图

注：差异蛋白上下调频数统计用于判断不同实验条件下差异蛋白的个数。其中横坐标表示比较组信息，纵坐标表示上下调蛋白的数目，灰色代表上调蛋白，黑色代表下调蛋白，其中数字代表上下调蛋白的数目。

表达下调蛋白 73 个；复水 2d 胁迫信号解除后，差异蛋白数量有所下降，为 114 个，其中表达上调蛋白 77 个，表达下调蛋白 37 个，但未降低到接近对照水平。上述结果表明随着干旱胁迫程度的加剧，甜菜体内蛋白质水平的应答也逐步增强，胁迫解除后在短时间内体内应答蛋白质不能恢复到正常水平。从差异蛋白组间分布情况的韦恩图结果表明（彩图 20），干旱胁迫过程中，有共同上调的差异蛋白 22 个，共同下调的差异蛋白 16 个；胁迫解除后新出现的差异蛋白 40 个，其中上调差异蛋白 29 个，下调差异蛋白 11 个，这些蛋白质可能有利于促进植物的正常生理代谢活动。从蛋白质应答结果也表明，胁迫 8d 后体内的蛋白质应答程度最为剧烈，除共同上调的 22 个和共同下调的 16 个差异蛋白之外，新增上调差异蛋白 68 个，新增下调差异蛋白 57 个，共有 163 个差异蛋白参与应答，这些差异蛋白的应答可能在维持干旱胁迫下甜菜体内正常代谢、损伤修复、自由基清除等方面扮演重要角色，因此有必要对其进行下一步深入分析。

四、差异表达蛋白亚细胞定位预测

真核生物的细胞逐步进化形成由膜分隔而成的多个功能单元，具有不同的结构，承载不同的功能，共同为维持正常生命活动规律提供支撑。本研究通过蛋白亚细胞定位在线预测（http：//www.jci-bioinfo.cn/pLoc-mPlant/），对重度胁迫下的差异蛋白进行了亚细胞定位预测，结果如彩图 21 所示，163 个差异蛋白分布于细胞的 10 个不同的区域，其中差异蛋白分布最多的在叶绿体，占差异表达蛋白总数的 33%，其次差异蛋白主要分布在细胞质、细胞核和线粒体，分别占差异表达蛋白总数的 19%、10% 和 9%，这四个细胞器分布的差异蛋白占差异表达蛋白总数的 71%；其余 29% 的蛋白分别分布在细胞膜、细胞壁、内质网、过氧化物酶体、液泡和高尔基体。通过差异蛋白在细胞的分布表明，细胞在重度干旱胁迫下，其叶绿体中响应蛋白质最多，这些差异蛋白可能通过调控植物光合性能来增强植物对干旱胁迫的适应；分布于细胞质和线粒体的蛋白应主要通过参与物质代谢和能量代谢来调控植物对干旱胁迫的应答；同时也可通过调控核内相关基因的表达来对植物的抗旱起作用。

五、差异蛋白功能注释

1. 差异蛋白 GO 富集分析

基因本论（GO）是一个国际标准化的基因功能分类系统，可以提供更新的标准词汇表（controlled vocabulary），用于全面描述生物体中基因和基因产物的属性。蛋白的 GO 注释信息可由 Gene Ontology 等数据库提供。GO 总共有三个本体（ontology），分别描述分子功能（molecular function）、细胞成分（cellular component）和生物过程（biological process）。在本试验中，通过对 163 个差异蛋白进行 GO 注释，结果如彩图 22，差异蛋白参与生物过程的数量最多，涉及 26 个不同的生物学途径，其中水分亏缺响应（response to water deprivation）、脱落酸的响应（response to abscisic acid）、光合作用（photosynthesis）、过氧化氢响应（response to hydrogen peroxide）等生物学过程与植物抗旱胁迫密切相关，参与其中的差异表达蛋白质应进一步关注。从富集到的细胞成分看，差异蛋白富集功能最多的是叶绿体，涉及叶绿体基质、叶绿体被膜等部分，其次为细胞质、细胞核和细胞膜；参与分子功能的蛋白主要是结合蛋白，包括 ATP 结合蛋白、离子结合蛋白及蛋白结合蛋白等。

2. 光合作用相关差异蛋白分析

光合作用为植物的正常生长发育提供物质保障，同时也是绿色植物对各种内部和外部因素最敏感的一个生理过程。了解光合作用对胁迫因子的响应与适应机制，有助于我们对光合作用进行合理的调控。本研究对重度胁迫下的光合相关差异蛋白进行了进一步分析，共发现定位于叶绿体的差异蛋白 51 个，其中得到具体功能注释的有 36 个（表 12 - 2）。

表 12 - 2　光合作用相关差异蛋白情况

序号	蛋白质编号	表达情况	蛋白质名称	蛋白质功能预测
1	Bv4 _ 086590 _ utrq. t1	表达下调	原叶绿酸酯氧化还原酶 A	
2	Bv8 _ 184450 _ xadp. t1	表达下调	镁离子螯合酶亚基 - ChlI	
3	Bv3 _ 058080 _ xpzz. t1	表达下调	四吡咯结合蛋白	叶绿素、
4	Bv3 _ 066400 _ iiqg. t1	表达下调	镁原卟啉 IX 单酯环化酶	类胡萝卜素
5	Bv2 _ 042320 _ noss. t1	表达下调	cAMP 依赖性蛋白激酶调节亚基	生物合成
6	Bv5 _ 103030 _ qtix. t1	表达下调	类胡萝卜素裂解双加氧酶	
7	Bv9 _ 212850 _ msix. t1	表达下调	二磷酸合酶（HDS）	
8	Bv _ 22250 _ jikp. t1	表达上调	乙醇脱氢酶	
9	Bv _ 22010 _ cwwd. t1	表达下调	丙酮酸脱氢酶磷酸酶	
10	Bv1 _ 001710 _ jtza. t1	表达下调	腺苷酸激酶	
11	Bv2 _ 046480 _ auis. t1	表达下调	叶绿体噻唑合成酶	
12	Bv _ 14970 _ pddx. t1	表达下调	酰基载体蛋白硫酯酶	
13	Bv5u _ 123130 _ ruxq. t1	表达下调	乙酰乳酸合酶	
14	Bv3 _ 051280 _ fjwk. t1	表达下调	天冬氨酸激酶/高丝氨酸脱氢酶	叶绿体核酸代谢
15	Bv8 _ 188670 _ dpty. t1	表达下调	腺苷酰硫酸还原酶	
16	Bv _ 13320 _ pexn. t1	表达下调	GTP 结合蛋白（OBGL）	
17	Bv _ 00980 _ qkdi. t1	表达上调	Ca^{2+} 依赖型脂结合蛋白	
18	Bv _ 02640 _ zzqu. t1	表达下调	叶绿体核糖体结合蛋白	
19	Bv7 _ 162040 _ asem. t1	表达下调	叶绿体 RNA 结合蛋白	
20	Bv8 _ 186960 _ orco. t1	表达下调	三角状五肽重复结构蛋白	
21	Bv5 _ 103170 _ rsxd. t1	表达下调	尿苷激酶	
22	Bv2 _ 032100 _ tini. t2	表达上调	叶绿体核酸结合蛋白	
23	Bv8 _ 200300 _ sasq. t1	表达下调	铁硫蛋白结合体	光系统Ⅱ
24	Bv8 _ 188920 _ smue. t1	表达下调	ATP 合成酶复合体	电子传递参与光系统Ⅰ组装
25	Bv _ 23670 _ wnhu. t1	表达下调	铁还原蛋白	
26	Bv9 _ 222620 _ wffm. t1	表达下调	果糖—二磷酸醛缩酶（ALDO）	参与光合电子传递
27	Bv _ 39630 _ jftx. t3	表达下调	甘油醛磷酸脱氢酶（GAPA）	
28	Bv2 _ 025840 _ tzou. t1	表达下调	磷酸核酮糖激酶（PRK）	参与卡尔文循环
29	Bv7 _ 162980 _ koih. t1	表达下调	膜相关离子结合蛋白	
30	Bv6 _ 137270 _ qytc. t1	表达下调	叶绿体膜蛋白激酶	调节气孔关闭

（续）

序号	蛋白质编号	表达情况	蛋白质名称	蛋白质功能预测
31	Bv5_097450_sxsu.t1	表达上调	超氧化物歧化（SOD）	参与活性氧应答
32	Bv4_081060_zksa.t1	表达上调	脂质运载蛋白（CHL）	类囊体膜内抗氧化
33	Bv1_001610_oetf.t1	表达上调	热激蛋白 70（HSP70）	
34	Bv6_152170_furk.t1	表达上调	热响应结构蛋白	增强抗逆性
35	Bv7_164110_jmqz.t1	表达上调	泛素化蛋白连接酶	
36	Bv1u_023250_jpet.t1	表达上调	泛素化蛋白连接酶	蛋白质降解

这 36 个蛋白分别参与了光合色素合成、叶绿体基质代谢、气孔调控、光合作用过程、抗氧化、热激响应、蛋白质降解等生理过程。其中有 7 个蛋白参与叶绿素、类胡萝卜素的生物合成，均为表达下调。有 14 个蛋白参与了叶绿体基质相关代谢，包括基质内碳代谢，如丙酮酸脱氢酶磷酸酶（Bv_22010_cwwd.t1）、腺苷酸代谢，如腺苷酸激酶（Bv1_001710_jtza.t1）、氨基酸代谢，如天冬氨酸激酶（Bv3_051280_fjwk.t1）、核酸代谢，如尿苷激酶（Bv5_103170_rsxd.t1），这些蛋白有 3 个蛋白表达上调，1 个为碳代谢相关蛋白（Bv_22250_jikp.t1，乙醇脱氢酶），1 个为核酸代谢相关蛋白（Bv2_032100_tini.t2，核酸结合蛋白），以及 1 个 Ca^{2+} 依赖型脂结合蛋白，其余均为表达下调；有 6 个蛋白参与了光合作用过程，其中 1 个为光系统 I 组成成分、2 个参与光合电子传递、3 个参与光合碳同化，参与光合过程的蛋白均为表达下调；参与气孔调控的蛋白 1 个（Bv7_162980_koih.t1），表达下调，该蛋白研究发现与 Ca^{2+}、磷脂酰肌醇途径参与的信号转导有关；有 2 个表达上调蛋白参与抗氧化，其中 1 个为叶绿体内超氧化物歧化酶（SOD），另一个为脂质运载蛋白（CHL），均与防止类囊体膜脂过氧化有关；有 2 个表达上调的热响应蛋白，参与体内抗逆境应答；泛素化蛋白 2 个，为上调表达，与蛋白质降解相关联。

3. ABA 相关差异蛋白分析

作为一种胁迫激素，ABA 是植物应对干旱胁迫的重要调节因子。本研究在甜菜受到干旱胁迫下，共富集到响应 ABA 差异表达蛋白 6 个，其中检索到蛋白质注释的有 4 个（表 12-3）。其中 2 个表达上调，2 个表达下调。表达下调的其中 1 个为 RNA 结合蛋白，可能通过信号转导途径参与基因的表达调控来提高植物对逆境的适应能力，而另一个参与了糖代谢调控；表达上调的 2 个差异蛋白分别为脂质运载蛋白（Bv4_081060_zksa.t1）和非特异性脂转移蛋白（Bv7_156360_frrk.t1），在应答 ABA 后分别通过防止膜脂过氧化和增加表面蜡质化来提高植物抗逆性，在提高植物抗旱性方面具有较强的研究价值。

表 12-3　ABA 相关差异蛋白情况

序号	蛋白质编号	表达情况	蛋白质名称	蛋白质功能预测
1	Bv9_222620_wffm.t1	表达下调	果糖—二磷酸醛缩酶（FBA2）	糖代谢
2	Bv7_162040_asem.t1	表达下调	RNA 结合蛋白（CP29B）	RNA 剪接、加工
3	Bv4_081060_zksa.t1	表达上调	脂质运载蛋白（CHL）	防止膜脂过氧化
4	Bv7_156360_frrk.t1	表达上调	非特异性脂转移蛋白（IWF1′）	叶表面蜡质化

4. 水分亏缺应答相关差异蛋白分析

水分亏缺应答蛋白是在植物内受水分亏缺诱导的一类蛋白质。这类蛋白质通常在受到干旱胁迫时新合成或合成量增加，在细胞内起到保护作用。本试验中水分亏缺应答相关差异蛋白共有6个（表12-4），其中5个为干旱胁迫上调表达。上调表达蛋白中，脂质运载蛋白（Bv4_081060_zksa.t1）可通过防止膜脂过氧化来降低胁迫对细胞膜的伤害，维持细胞膜的正常功能；非特异性脂转移蛋白（Bv7_156360_frrk.t1）通过参与叶片表面蜡质化，降低蒸腾来减少细胞水分散失；这两个蛋白还可以对ABA产生应答，其所具备的增强植物适应干旱胁迫的功能可为我们植物抗旱能力的增强提供参考，有待于进一步研究和发掘；小橡胶颗粒蛋白（Bv6_150060_zenp.t1）上调表达具有调控逆境下植物生长发育的作用，但其具体作用还有待于后续明确；另外2个上调蛋白温度相关脂质运载蛋白和信号识别颗粒与1个下调蛋白质膜Ca^{2+}结合蛋白参与了逆境下的信号识别和传递，其参与的具体信号尚不明确。

表12-4　水分亏缺应答相关差异蛋白情况

序号	蛋白质编号	表达情况	蛋白质名称	蛋白质功能预测
1	Bv4_081060_zksa.t1	上调表达	脂质运载蛋白（CHL）	防止膜脂过氧化，应答胁迫
2	Bv7_156360_frrk.t1	上调表达	非特异性脂转移蛋白（IWF1′）	参与叶片表面蜡质化
3	Bv6_150060_zenp.t1	上调表达	小橡胶颗粒蛋白（REF/SRPP）	调控逆境下生长发育
4	Bv8_196790_huzg.t1	上调表达	温度相关脂质运载蛋白（TIL1）	逆境信号传递与调节
5	Bv9_230340_sscr.t2	上调表达	信号识别颗粒（SRP）	信号识别
6	Bv7_162980_koih.t1	下调表达	质膜Ca^{2+}结合蛋白（PCaP1）	参与信号转导

5. 生物合成相关差异蛋白分析

植物体正常的生长发育需要多种物质支撑，这些物质通过体内不同的生物合成过程来完成。物质的生物合成过程庞大而复杂，常受到外界环境因素的影响。本研究结果表明，干旱胁迫下共筛选到参与不同生物合成过程的差异蛋白18个（表12-5），其中参与氨基酸生物合成的差异蛋白6个，除合成丝氨酸的关键酶磷酸甘油酸酯脱氢酶（Bv8_192590_week.t1）为表达上调外，其余5个均表达下调，表明干旱胁迫下大部分氨基酸合成途径受到影响，氨基酸的变化可能会影响到蛋白质的进一步合成；参与类黄酮生物合成的差异蛋白1个（Bv_28070_jjst.t1），为表达上调，类黄酮物质近年来被发现在增强植物抗逆性方面有重要作用，该蛋白的上调表达可促进干旱胁迫下体内类黄酮物质的积累，有助于抗旱性的增强，后期应对其具体作用进一步关注；有3个差异蛋白参与了木质素生物合成，且表达均上调，木质素积累在增强植物抗逆性，特别是抗病性方面也有一定作用；2个差异蛋白分别参与了蔗糖、半乳糖的生物合成，其中淀粉合成酶表达上调；有1个差异蛋白（Bv9_216890_emrt.t1）参与神经酰胺生物合成，表达上调，合成细胞致死蛋白；其余5个差异蛋白分别参与了脂肪酸、硫胺素、抗坏血酸、NO、蝶呤的生物合成，且表达下调。

表 12-5　生物合成相关差异蛋白情况

序号	蛋白质编号	表达情况	蛋白质名称	蛋白质功能预测
1	Bv8_188670_dpty.t1	下调表达	天冬氨酸蛋白酶	
2	Bv3_051280_fjwk.t1	下调表达	天冬氨酸激酶/高丝氨酸脱氢酶	
3	Bv5u_123130_ruxq.t1	下调表达	乙酰乳糖合成酶	氨基酸生物合成
4	Bv3_065030_fsgp.t1	下调表达	谷氨酸合酶	
5	Bv2_042320_noss.t1	下调表达	胱硫醚-β-合成酶	
6	Bv8_192590_week.t1	上调表达	磷酸甘油酸酯脱氢酶	
7	Bv_28070_jjst.t1	上调表达	UDP 葡萄糖基转移酶	类黄酮生物合成
8	Bv9_216890_emrt.t1	上调表达	细胞致死蛋白	神经酰胺生物合成
9	Bv_14970_pddx.t1	下调表达	脂酰—酰基载体蛋白硫酯酶	脂肪酸生物合成
10	Bv2_046480_auis.t1	下调表达	硫胺素噻唑合酶	硫胺素生物合成
11	Bv4_082180_kkdp.t1	下调表达	GDP-D-甘露糖差向异构酶	抗坏血酸生物合成
12	Bv1_017640_ezxi.t1	上调表达	肉桂酰辅酶 A 还原酶	
13	Bv6_130670_hywz.t1	上调表达	肉桂醇脱氢酶	木质素生物合成
14	Bv9_230170_wcua.t1	上调表达	肉桂醇脱氢酶	
15	Bv1_000410_tgrr.t1	下调表达	硝酸还原酶	NO 生物合成
16	Bv7_164110_jmqz.t1	上调表达	淀粉合成酶	淀粉生物合成
17	Bv5_095700_jtjo.t1	下调表达	UDP-葡萄糖差向异构酶	半乳糖生物合成
18	Bv4_087840_ensx.t1	下调表达	蝶呤甲醇胺脱水酶	蝶呤生物合成

六、差异蛋白 KEGG pathway 富集分析

在生物体中，蛋白质并不独立行使其功能，而是不同蛋白质相互协调完成一系列生化反应以行使其生物学功能。因此，通路分析是更系统、全面地了解细胞的生物学过程、性状或疾病的发生机理、药物作用机制等最直接和必要的途径。KEGG 是基因组破译方面的公共数据库。该数据库常被用于基因分析，蛋白代谢通路注释、物质代谢分析等。在本研究代谢通路富集分析中，从彩图 23 的结果表明，163 个差异蛋白被成功注释到 63 条不同代谢途径。其中碳水化合物代谢途径、氨基酸代谢途径和能量代谢途径中差异蛋白参与最多，其次是次生代谢产物的生物合成途径、辅因子与维生素代谢以及蛋白质的翻译、加工与修饰。

1. 叶绿素代谢途径分析

叶绿素具有吸收传递转换光能的作用，是光合作用必不可少的。叶绿素的生物合成代谢过程是在一系列酶参与的复杂生化反应过程，其体内的合成代谢是不断进行的过程。逆境对叶绿素的生物合成代谢过程影响明显。从光合作用相关差异蛋白的分析结果已表明，有 4 个蛋白参与了叶绿素的生物合成，均表达下调；从叶绿素代谢途径分析结果

（图12-9）表明，富集到该途径上的蛋白共有3个，分别是镁离子螯合酶亚基-ChlI（6.6.1.1）、镁原卟啉Ⅸ单酯环化酶（1.14.13.81）和原叶绿素酸酯氧化还原酶A（1.3.1.33），这3个蛋白酶催化从原卟啉Ⅸ到叶绿素脂a的合成。干旱胁迫下导致该3个蛋白酶催化能力下降，使 Mg^{2+} 不能与原卟啉Ⅸ顺利螯合，引起原卟啉Ⅸ的积累而不能合成叶绿素。这也是干旱胁迫引起植物色素合成受阻，光合作用降低的主要原因之一，也为笔者今后研究如何提高逆境下植物光合作用提供了参考方向。

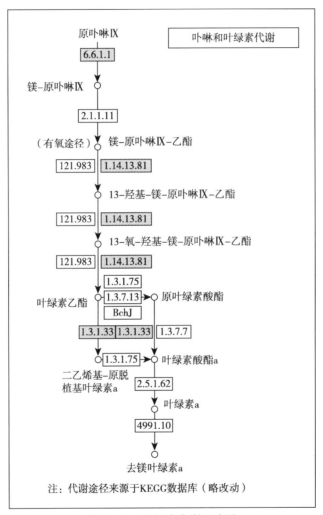

图12-9 叶绿素代谢通路图

2. 光合碳同化代谢途径分析

光合碳同化是植物利用光合同化力经过一系列酶促反应固定 CO_2 合成糖类的过程，其中 C_3 途径是所有植物光合碳同化的基本途径。而该途径也经常由于部分参与代谢的关键酶被逆境条件影响而受到抑制，导致植物光合碳同化能力降低，光合作用减弱。对光合作用相关差异蛋白的研究结果已表明，有3个蛋白对干旱胁迫较为敏感，胁迫下表达显著下调，且均与卡尔文循环密切关联；这3个蛋白在代谢途径中的具体作用如图12-10，干旱胁迫下甘油醛磷酸脱氢酶（1.2.1.13）表达下调抑制了还原阶段 3-磷酸甘油醛的正常合成，而果糖-二磷酸醛缩酶（4.1.2.13）和磷酸核酮糖激酶（2.7.1.19）表达下调则延缓了 RuBP 的合成速度，最终导致 CO_2 的固定和 RuBP 的再生受到影响，导致卡尔文循环受到影响，CO_2 不能被高效利用，是光合作用降低的另一个主要原因，这也为我们如何改善逆境胁迫下植物光合作用提供了另一个研究切入点。

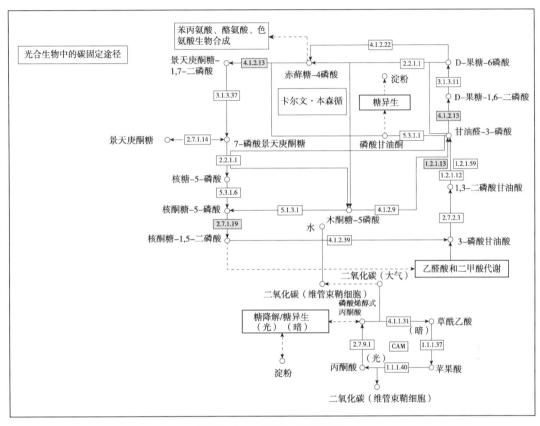

图 12-10 碳同化代谢通路图

第三节 甜菜干旱胁迫响应蛋白的功能分析与评价

干旱是对植物影响最为严重的胁迫因子之一。植物在进化过程中逐步形成了一套从基本形态到生理反应的完整响应干旱机制，最大程度降低干旱对植物体的伤害。干旱对甜菜的生长发育影响已有诸多报道，干旱胁迫下，甜菜生长发育受阻，光合作用减慢，长期干旱下甜菜幼苗萎蔫、死亡，同时干旱胁迫导致甜菜叶片中光合作用相关蛋白以及运输相关蛋白的表达量发生变化，同时也诱导产生一些抗逆相关蛋白来抵御外界胁迫。随着生物技术的飞速发展，越来越多的研究成果表明，蛋白质在植物抗逆过程中扮演者重要的角色，蛋白质不仅可以对植物的某一种性状或者某一生理过程进行调控，也可以对逆境下细胞的损伤进行修复或再生。因此，通过蛋白质组学技术进一步了解干旱胁迫下甜菜蛋白质的响应情况，对明确甜菜抗旱机制及有效抗旱措施的发掘有重要意义。

一、光合作用相关蛋白的响应

干旱胁迫是对植物生长发育影响最显著也是最频繁的逆境因子之一。光合作用对水分亏缺最为敏感，干旱胁迫下对光合作用的影响主要有直接和间接两个方面。直接影响主要是使光合电子传递链和碳同化受抑制，导致光合能力下降；间接影响主要是由于干旱胁迫引起气孔关闭，造成光合所需 CO_2 不能充足供应，降低光合速率。法国学者 Carmo-Silva 研究发现棉花在高温干旱等逆境胁迫下光合作用受到了明显限制；Ghotbi-Ravandi 在研究轻度干旱下大麦的光合作用时也发现在受到干旱胁迫的时候，大麦的光合作用被降低。Skirycz A 等在研究拟南芥蛋白质组学时发现，在受到干旱胁迫的时候，拟南芥大部分参与光合作用的蛋白质表达下调；Pour MP 等在研究植物受到干旱胁迫时蛋白质变化中发现大部分参与植物光合作用的蛋白质以及基因都明显下调。本试验也得到类似的结果，共注释到有 36 个差异蛋白与光合作用相关，其中 28 个下调蛋白分别参与了光合色素合成、叶绿体基质代谢、气孔调控、光合作用过程等的相关调节，这些蛋白的下调表达，降低了光合色素的合成，阻碍了光合电子传递和 CO_2 的固定，造成光合作用的下降。这也与本研究测定的光合生理指标相吻合：光合作用降低、叶绿素荧光参数反应的光合电子传递受阻。这些光合作用过程的关键调控蛋白也为我们今后明确甜菜抗旱机制、提高甜菜抗旱能力提供参考。

甜菜叶片中的主要色素包括叶绿素和类胡萝卜素，这两种色素在捕获光能和在光合作用中还原力的产生起着重要作用。其中叶绿素是由甲基赤藓糖醇磷酸和四吡咯途径产生的。类胡萝卜素的本质属于类异戊二烯分子，在植物参与光合作用的所有器官中都能从头合成。本实验中鉴定到了 7 个蛋白参与叶绿素、类胡萝卜素的生物合成，均为表达下调。Davison Paul 等（2005）的研究表明，镁离子螯合酶亚基 ChlH、ChlD 和 ChlI 催化镁离子嵌入到原吡啉 IX 生成镁原吡啉 IX 单酯环化酶，前者在中度干旱胁迫下下调，但是后者在重度干旱胁迫下下调，在本研究中，重度干旱下均鉴定到以上几种蛋白，并且均为下调蛋白，试验结果与前人一致。光合色素合成受阻是干旱胁迫诱导植物光合作用降低的原因之一，该研究结果可以为植物抗旱提供新的思路。

二、保护与修复相关蛋白的响应

热休克蛋白（Heat Shock Protein，HSP）是一种广泛存在各种生物体中的蛋白质，在植物的细胞膜、细胞质和叶绿体等各个部分广泛分布。目前分类主要是根据其分子量大小，分成了 HSP90、HSP70、HSP60、小分子量 HSP 这 4 个家族。热休克蛋白中最重要的部分是 HSP70，ROS、热环境、生物、物理和化学因素等多种条件均可以诱导其产生。在研究中发现植物一旦受到环境胁迫，HSP70 就会大量表达，其作用主要是用于维持蛋白质的空间构象，修复因环境变化而引起的蛋白错误折叠，以此稳定细胞的骨架，从而保护了细胞进行正常的生命活动。Ristic Z 等研究表明：玉米植株在受到干旱胁迫或高温胁迫时，玉米机体内会有不同种类的热休克蛋白，其可以起到保护机体免受该逆境的破坏。Sato Y 等的研究也表明，如果热休克蛋白在水稻机体里有过量表达，该水稻幼苗对干旱环境的耐受性比对照更高。植物遇到逆境时也会引起体内蛋白质合成速率降低，降解速度加快，而蛋白质的降解与蛋白质泛素化作用有关。泛素是 76 个氨基残基组成的小分子多肽，可以以共价结合的方式与蛋白质的赖氨酸相连而发生泛素化，然后进入蛋白酶体降解为肽段。蛋白质的泛素化修饰参与的是植物非生物胁迫响应和细胞信号转导等生理过程，本研究中也发现 2 个热激蛋白和 2 个泛素化蛋白的表达上调，热激蛋白可能有助于稳定和修复叶绿体失活蛋白质，在维持叶绿体正常代谢方面具有重要功能；而泛素化蛋白与蛋白质的降解有关，在增强抗旱性方面也有其积极意义，可通过对加快变性蛋白质降解速度，为新蛋白质的合成和渗透调节提供原料。

在干旱胁迫下，常引起植物体内活性氧积累而引发膜脂过氧化伤害，植物体可通过自身抗氧化系统对体内活性氧进行有效清除，使得植物细胞免受氧化损伤。Mittler 等在研究植物受到干旱胁迫时，发现胁迫下体内过氧化物和超氧自由基增多，但同时各种抗氧化酶表达量上调，抗氧化蛋白酶系统活性同步增强。在本研究中也发现了属于抗氧化系统的超氧化物歧化酶（SOD）和脂质运载蛋白在干旱胁迫下表达上调，通过及时清除体内活性氧积累而增强抗旱性。有关逆境抗氧化的研究，也有学者在研究葡萄糖 CBS 结构域蛋白调节氧化还原稳态时发现抗氧化蛋白 CBSX1 的表达量在干旱胁迫时下调，这表明在干旱胁迫下植物机体内抗氧化机制存在复杂性，有待于进一步研究。

三、干旱胁迫诱导蛋白的响应

当植物遭遇干旱胁迫时，通常体内大量基因会产生应激表达，因此体内常会出现新合成或合成量明显增加的蛋白质，通过这种增加蛋白质种类及数量的方式引发在生理、生化上的一系列应答反应，以维持在干旱胁迫环境下植物机体各种代谢的相对稳定与平衡。许多研究已表明，这类变化的蛋白质可以保护细胞骨架的完整性，同时在清除植物体内活性氧、渗透保护、信号转导等方面都具有重要的作用，因此这类蛋白被称之为水分胁迫诱导蛋白。在本研究中发现的胁迫诱导蛋白其功能注释也主要集中在提高抗氧化能力、增强保水性能以及参与信号转导等方面，与目前报道的研究结果基本一致。但是，目前关于干旱胁迫应答蛋白的结构、功能还未有报道，只能是基于同类植物的比较和推测，后期应进一步利用分子生物学技术，对其参与抗逆性的功能进行深入系统的研究，通过基因重组技术发掘出新的抗旱种质资源。

四、ABA 相关蛋白的响应

脱落酸（ABA）是一种具有倍半萜结构的植物激素，能够抑制种子萌发、促进叶片脱落，还能够调控植物气孔的开闭，从而提高植物的抗旱和耐盐力。ABA 在干旱胁迫下的生理功能主要表现在两方面：一是通过调控气孔开度来实现植物机体的水分平衡。二是通过一系列胁迫相关基因的表达增强其细胞耐受性。ABA 在实现水分平衡方面的作用速度较迅速，一般在胁迫发生后的几分钟之内即可以实现，而增强细胞的耐受功能相对慢一些。大量的研究表明在逆境（干旱、低温、高温、盐渍、病害等）胁迫下，植物体内的 ABA 和乙烯的含量会明显增加。而 ABA 含量增加，会通过信号转导的方式使得保卫细胞膨压降低，从而导致气孔迅速关闭，达到减少水分的散失、增加细胞膜稳定性、减少细胞内电解质渗漏，最终提高植物抗旱能力。本研究结果也表明干旱胁迫下甜菜幼苗叶片 ABA 含量增高，气孔阻力加大，也发现 1 个与调控气孔关闭有关的蛋白质，该蛋白质参与信号转导途径，可能与 ABA 的响应有关，后期对二者关系应进一步研究。

植物 ABA 可作为细胞外信号，通过信号转导方式将信号传导至细胞核或细胞质，通过最终调控一系列胁迫相关基因的表达，以获得适当的细胞反应，包括细胞分裂、分化、程序性细胞死亡和适应各种逆境。在植物中，病原感染、伤害、低温、干旱、渗透压变化、高盐度和活性氧等不同的生物和非生物胁迫刺激会引发多种级联反应。MAPK 通路在激素和发育信号等过程中也起着关键作用。由不同受体启动的多种功能通路通常共享相同的激酶成分，同时保持其信号转导的特异性。研究结果已表明，通过信号调控应答，可有效阻止 SOD、POD 和 CAT 活性的减弱，调节活性氧代谢的平衡；也可诱导依赖于内源 ABA 的脯氨酸合成过程中关键酶基因，诱导脯氨酸的积累，降低细胞水势，提高细胞的保水能力，维持细胞的正常代谢。另外，ABA 的存在活化了与抗旱诱导有关的 LEA 蛋白基因，LEA 蛋白作为一种调节蛋白而参与渗透调节，增强细胞耐脱水能力，保护细胞结构，从而增强了植物的抗旱性。本研究中发现，差异蛋白中共有 4 个蛋白直接与 ABA 相关，其中有 2 个蛋白质对脱落酸响应表达上调，上调表达的结果可能通过增加细胞的抗氧化能力和叶表面蜡质化程度来提高甜菜抗旱能力，这可能与 ABA 诱导胁迫相关基因的转录表达的结果有关。另外 2 个下调蛋白一个主要参与糖代谢，一个参与 RNA、mRNA 的合成，其调控机理有待于进一步明确。

五、生物合成代谢相关蛋白的响应

干旱胁迫是植物非生物胁迫中影响最为显著的类型之一。干旱胁迫会影响植物的胞内稳态平衡，最终通过某些特定蛋白基因的表达量、应激蛋白的表达量而影响一系列物质的生物合成过程。刘建兵通过试验证实了脯氨酸及游离氨基酸在马尾松苗木抵御干旱胁迫中积累并发挥作用，发现在干旱期脯氨酸和游离氨基酸含量远高于对照，从而证明干旱胁迫影响氨基酸的代谢。胡立群等研究表明 2 个结缕草品种在低温和干旱胁迫下氨基酸含量迅速积累。张林生等对小麦进行干旱处理，发现不同氨基酸对缺水的敏感程度不同，且缺水在拔节期比开花期对作物的氨基酸代谢影响更大。通过前人研究发现，氨基酸的代谢不仅与干旱程度相关，同时也与氨基酸的种类相关，在本研究中，甜菜幼苗受到干旱胁迫后其氨基酸代谢受到了很大的影响，在重度干旱中共注释到了 6 种蛋白质参与氨基酸的代谢，其中除了磷酸甘油酸酯脱氢酶外，其他参与氨基酸代谢的蛋白质均表达下调。这些蛋白在干旱胁迫响应过程中通过调控氨基酸代谢，进而影响蛋白质合成以及参与细胞渗透调节，对甜菜适应逆境具有重要作用。同时所参与蛋白质变化的多样性和各代谢途径的相互交错，也反映出甜菜抗旱机制的复杂性。

糖代谢在植物体内具有重要的意义，不仅能够为植物体提供生命活动所需的能量，同时糖酵解过程中一些中间代谢物也是脂类、氨基酸等合成的前体，在植物生命活动中起着至关重要的作用。孙雯等研究发现燕麦在缺水条件下会引起 β-葡聚糖的积累；对木薯研究发现干旱胁迫会造成木薯中柱与皮层中蔗糖降解成分子量更小的葡萄糖与果糖，使茎秆中果糖、葡萄糖含量增加，并新合成海藻糖；张建波等对烟草研究表明干旱胁迫下烟草幼苗会积累大量海藻糖参与渗透调节。本研究发现在重度干旱胁迫下叶绿体内淀粉合成酶活性增强，这可能与干旱胁迫影响叶绿体光合产物的输出，造成在叶绿体积累而合成淀粉有关。在本研究中仅注释到一种与糖代谢相关的蛋白质：果糖-二磷酸醛缩酶（FBA2），且表达下调，而前人研究发现大多数植物糖代谢趋势为先升高后降低，因此本研究结果可能仅表明植物受到干旱胁迫后，糖代谢变化趋势的下降阶段。

木质素是一类复杂的有机聚合物，其在维管植物和一些藻类的支持组织中形成重要的结构材料。木质素是交叉链接的酚聚合物。植物的木质部含有大量木质素，使木质部维持运送水和矿物质的能力，因此木质素的代谢被认为与植物的抗旱性具有某种关联。黄杰恒等研究干旱胁迫下油菜茎秆木质素基因的表达调控机制时发现，木质素可以提高油菜抗旱、抗倒能力；杨洪强等人研究了水分亏缺下不同甜茶根系木质素代谢的影响，发现木质素含量与水分输导能力有关；Fan Ling 等对玉米幼苗根系研究发现干旱胁迫下木质素生物合成的促进与肉桂酰辅酶 A 还原酶基因的表达增强有关。本研究中在甜菜受到重度干旱胁迫时发现木质素生物合成关键酶肉桂酰辅酶 A 还原酶和肉桂醇脱氢酶的表达量均上调，与目前报道的研究结果基本一致，表明甜菜在响应干旱胁迫过程中通过提高木质素的合成，可保证水分的高效长距离运输，有助于抗旱能力的增强。

类黄酮是一种广泛存在于植物体内的次生代谢产物，一般都带有较多的酚羟基，属多酚类物质，目前类黄酮在参与植物生长发育和抵抗胁迫的生物学功能受到广泛关注。由于类黄酮物质均具有抗氧化性，可通过酚羟基与氧自由基在相关氧化酶的催化下反应生成较稳定的半醌式自由基，从而达到降低干旱胁迫产生的活性氧自由基给植物带来的伤害。本研究的差异蛋白中，唯一参与类黄酮合成的蛋白质表达量上调，说明类黄酮物质在甜菜幼苗受到干旱胁迫时可能会大量积累，对甜菜幼苗应对干旱胁迫起到一定作用。

甜菜对干旱环境的适应主要是通过对其体内的光合作用、碳代谢与能量代谢、抗氧化、特殊蛋白质的合成、氧氰酸代谢和细胞骨架结构进行调节来实现的。从本研究的结果可以看出，甜菜抗旱品种在应答干旱胁迫中表现出了和其他植物类似的反应：如抗氧化能力的增强、能量代谢的调整以及光合作用强度改变等。研究结果也表明，干旱对植物的影响和植物对干旱的适应都是非常复杂的过程，植物在一定逆境条件下可通过调节自身的基因表达或蛋白质活性，产生与抗旱有直接或间接关系的活性物质，从而调节生理生化反应，使其适应逆境条件。

第四节　小结与展望

蛋白质组学能够在蛋白质水平上直接研究植物对逆境胁迫的反应机制。在干旱逆境胁迫下，利用蛋白质组学技术，鉴定差异表达的蛋白质，结合所涉及到的信号通路进行分析研究，可以初步确定甜菜响应干旱胁迫的相关因子，为甜菜逆境生理学研究奠定分子基础。甜菜的抗旱机制是一个十分复杂的过程，本章节通过蛋白质组学 iTRAQ 技术对抗旱甜菜品种在不同干旱胁迫下的蛋白质表达进行定量研究分析，共发现蛋白质 5 531 个；其中重度干旱胁迫下共得到差异表达蛋白 163 个，其中上调蛋白 90 个，下调蛋白 63 个，分别参与能量与蛋白质代谢、激素合成以及信号传导等途径；亚细胞定位预测表明差异蛋白主要分布在叶绿体、细胞质、细胞核和线粒体；Pathway 代谢通路注释得到 63 条不同代谢途径，其中碳水化合物代谢途径、能量代谢途径和氨基酸代谢途径中富集最多；发现 18 个与抗旱相关的重要差异蛋白，其中光合作用相关蛋白 13 个，ABA 相应蛋白 2 个，水分胁迫诱导蛋白 2 个，生物合成相关蛋白 1 个。

植物的抗逆响应是一个极其复杂的生理生化过程，在感受逆境信号后通过信号转导等途径调节胞内相关蛋白的表达，进而改变自身的生理状态以适应不利环境的影响。与玉米、水稻、小麦、大豆等大宗农作物相比，甜菜的生长周期更长，更易遭遇不利环境的胁迫。蛋白质组学已成为后基因组时代研究生命现象的重要工具，该方法引入甜菜响应干旱胁迫的研究，为从甜菜全基因组水平研究蛋白质和基因功能提供了有效的工具。通过以经典 2 - DE 技术和质谱鉴定技术为基础的甜菜抗逆蛋白质组学研究，已发现和鉴定了一大批干旱逆境响应蛋白，取得了一定的研究成果。

但鉴于甜菜对干旱胁迫的响应是一个非常复杂的体系，涉及一系列的信号转导、基因调控和蛋白表达的变化。因此，今后应加强多层次、多技术手段的联合研究，将蛋白质组学与转录组学、代谢组学、遗传学以及农艺性状结合起来进行综合分析研究。同时，在不断推进甜菜基因组测序和甜菜生物信息学数据库日益完善的基础上，为蛋白质的准确鉴定与功能预测提供必要的基础和保障。目前，大多数农作物包括甜菜的抗逆蛋白质组学研究正处于蓬勃发展阶段，相信随着科技创新和技术进步，将有更多的与甜菜响应干旱胁迫相关的蛋白或基因会被挖掘，蛋白质组学将会为甜菜抗旱理论研究和育种做出更大的贡献。

参考文献

柴薇薇，普晓俊，乔岩，等，2013. 蛋白质组学在植物逆境胁迫研究中的进展 [J]. 生物学杂志，30 (6)：70 - 75.

崔德周，樊庆琦，隋新霞，等，2017. 小麦响应逆境胁迫的蛋白质组学研究进展 [J]. 麦类作物学报，37 (1)：116 - 121.

黄杰恒，2013. 胁迫下油菜抗倒伏相关性状动态变化及木质素关键基因表达特性分析 [M]. 西南大学，56 (5)：45 - 69.

胡立群，徐庆国，胡龙兴，2014. 低温和干旱胁迫对结缕草游离氨基酸含量的影响 [J]. 作物研究，15 (9)：16 - 65.

刘建兵，2017. 干旱胁迫对马尾松苗木脯氨酸及游离氨基酸含量的影响 [J]. 湖南林业科技，123 (2)：12 - 14.

刘美珍，王文泉，赵超，等，2017. 干旱胁迫下木薯茎秆可溶性糖、淀粉及相关酶的代谢规律 [J]. 植物生理学报，25 (5)：42 - 63.

刘子会，张红梅，郭秀林，2008. ABA 诱导的玉米保卫细胞质钙离子浓度的变化 [J]. 中国农业科学，41 (10)：3357 - 3362.

鲁晓民，曹丽茹，张新，等，2017. PEG 胁迫下玉米自交系苗期抗旱性鉴定及评价 [J]. 河南农业科学，4 (5)：39 - 44.

任汇森，魏家绵，沈允钢，1994. 叶绿体 ATP 合成酶的结构、功能及调节的研究进展 [J]. 植物生理学通讯，30 (3)：161 - 169.

沈业杰，尹光华，佟娜，等，2012. 玉米抗旱相关生理生化指标研究及品种筛选 [J]. 干旱区资源与环境，26 (4)：176 - 180.

孙雯，王琦，刘景辉，等，2018. 水分和腐植酸对燕麦糖代谢、产量和 β-葡聚糖形成的影响 [J]. 中国作物学会学术年会，12 (4)：12 - 69.

王霞，侯平，伊林克，1999. 水分胁迫对怪柳植物可溶性糖的影响 [J]. 干旱区研究，16 (2)：1 - 10.

王宇，2018. 干旱胁迫下拟南芥多功能蛋白 PCaP2 的作用研究 [M]. 沈阳：沈阳农业大学，15 (2)：47 - 48.

吴耀荣，谢旗，2006. ABA 与植物胁迫抗性 [J]. 植物学通报，23 (5)：511 - 518.

杨洪强，侯广军，马方放，等，2005. 水杨酸和草酸对平邑甜茶根系木质素代谢的影响 [J]. 全国植物逆境生理与分子生物学研讨会，45 (11)：46 - 89.

张建波，2015. 温度和水分对烟草非结构性碳水化合物代谢的影响 [M]. 云南：云南师范大学，12 (5)：78 - 96.

张林生，汪沛，洪曹让，等，1998. 土壤干旱对不同生育期小麦叶片及种子氨基酸的影响 [J]. 西北农业学报，54 (3)：32 - 64.

赵超，2013. 胁迫下木薯茎秆中糖类物质的代谢变化 [D]. 海口：海南大学，32 (10)：56 - 59.

Alvarez S, Roy Choudhury S, Pandey S, 2014. Comparative quantitative proteomics analysis of the ABA response of roots of drought-sensitive and drought-tolerant wheat varieties identifies proteomic signatures of drought adaptability [J]. Journal of Proteome Research, 13 (3)：1688.

Bertoni G, 2011. CBS domain proteins regulate redox homeostasis [J]. The Plant Cell. 23 (10)：3 562.

Carmo-Silva A E, Gore M A, Andrade-Sanchez P, 2012. Decreased CO_2 availability and inactivation of Rubisco limit photosynthesis in cotton plants under heat and drought stress in the field [J]. Plant Physiological Communication, 83：1 - 11.

Davison P A, Schubert H L, Reid J D, et al., 2005. Structural and biochemical characterization of Gun4 suggests a mechanism for its role in chlorophyll biosynthesis [J]. Biochemistry, 44 (21)：7603 - 7612.

Fan L, Linker R, Gepstein S, 2006. Progressive inhibition by water deficit of cell wall extensibility and growth along the elongation zone of maize roots is related to increased lignin metabolism and progressive stelar accumulation of wall phenolics [J]. Plant Physiology. 15 (2)：23 - 98.

Fink A L, 1999. Chaperone-mediated protein folding [J]. Physiol Rev., 79：425 - 449.

Gething M J, 1992. Sambrook J. Protein folding in the cell [J]. Nature, 355：33 - 45.

Ghotbi-Ravandi A A, Shahbazi M, Shariati M, et al., 2014. Effects of mild and severe drought stress on photosynthetic efficiency in tolerant and susceptible barley (*Hordeum vulgare* L.) genotypes [J]. Journal of Agronomy and Crop Science, 200 (6)：403 - 415.

He D L, Han C, Yao J L, et al., 2011, Constructing the metabolic and regulatory pathways in germinating rice seeds through proteomic approach [J]. Proteomics, 11 (13)：2693 - 2713.

Liming X, Jian-Kang Z, 2003. Regulation of abscisic acid biosynthesis [J]. Journal of Biological Chemistry, 133 (1)：29 - 36.

Ma C C, Gao Y B, Guo H Y, et al., 2008. Physiological adaptations of four dominant Caragana species in the desert region of the Inner Mongolia Plateau [J]. Journal of Arid Environments, 72 (3)：247 - 254.

Manivannan P, Jaleel C A, Sankar B, et al., 2007. Growth, biochemical modifications and proline metabolism in *Helianthus annuus* L. as induced by drought stress [J]. Colloids and Surfaces B：Biointerfaces, 59 (2): 141 - 149.

Mittler R, Vanderauwera S, Gollery M, et al., 2004. Reactive oxygen gene network of plants [J]. Trends Plant Sci, 9 (10): 490 - 498.

Morimoto R I, 1993. Cell in stress: transcriptional activation of heat shock gene [J]. Science, 259: 1409 - 1410.

Mycko M P, Cwiklinska H, Walczak A, et al., 2008. A heat shock protein gene (Hsp70.1) is critically involved in the generation of the immune response to myelin antigen [J]. Eur J Immunol, 38: 1999 - 2013.

Pour M P, Nouri M Z, Komatsu S, 2012. Proteome analysis of drought-stressed plants [J]. Current Proteomics, 9 (4): 232 - 244.

Ristic Z, Yang G P, Martin B, et al., 1998. Evidence of association between specific heat-shock protein (s) and the drought and heat tolerance phenotype in maize [J]. Journal of Plant Physiology, 153 (3): 497 - 505.

Rizhsky L, Liang H, Mittler R, 2002. The combined effect of drought stress and heat shock on gene expression in tobacco [J]. Plant Physiol, 130: 1143 - 1151.

Sanchez F J, Manzanares M, Andres J L, et al., 1998. Turgor maintenance, osmotic adjustment and soluble sugar and proline accumulation in 49 pea cultivars in response to water stress [J]. Field Crops Research, 59 (1): 225 - 235.

Sato Y, Yokoya S, 2008. Enhanced tolerance to drought stress in transgenic rice plants overexpressing a small heat-shock protein, sHSP17.7 [J]. Plant Cell Reports, 27 (2): 329 - 334.

Schachtman D P, Goodger J Q D, 2008. Chemical root to shoot signaling under drought [J]. Trends in Plant Science, 13: 281 - 287.

Shao H B, Chen X Y, Chu L Y, et al., 2006. Investigation on the relationship of proline with wheat anti-drought under soil water deficits [J]. Colloids and Surfaces B: Biointerfaces, 53 (1): 113 - 119.

Skirycz A, Memmi S, De B S, 2011. A reciprocal 15N-labeling proteomic analysis of expanding *Arabidopsis* leaves subjected to osmotic stress indicates importance of mitochondria in preserving plastid functions [J]. Journal of Proteome Research, 10 (3): 1018 - 1029.

Souza T C, Magalhães P C, Castro E M D, et al., 2013. The influence of ABA on water relation, photosynthesis parameters, and chlorophyll fluorescence under drought conditions in two maize hybrids with contrasting drought resistance [J]. Acta physiologiae plantarum, 35 (2): 515 - 527.

Teng K, Li J, Lei L, et al., 2014. Exogenous ABA induces drought tolerance in upland rice: the role of chloroplast and ABA biosynthesis-related gene expression on photosystem II during peg stress [J]. Acta Physiologiae Plantarum, 36 (8): 2219 - 2227.

Xie T T, Su P X, Shan L S, 2010. Photosynthetic characteristics and water use efficiency of sweet sorghum under different watering regimes [J]. Pakistan Journal of Botany, 42: 3981 - 3994.

Yozo N, Keiichi I, Tomokazu K, et al., 2006. Effect of ABA upon anthocyanin synthesis in regenerated torenia shoots [J]. Journal of Plant Research, 119 (2): 137 - 144.

Zhang H T, Li J J, Yoo J H, et al., 2006. Rice Chlorina-1 and Chlorina-9 encode ChlD and ChlI subunits of Mg-chelatase, a key enzyme for chlorophy II synthesis and chloroplast development [J]. Plant Molecular Biology, 62 (3): 325 - 337.

Zhang M C, Duan L S, Tian X L, et al., 2007. Uniconazole induced tolerance of soybean to water deficit stress in relation to changes in photosynthesis, hormones and antioxidant system [J]. Journal of Plant

Physiology，164（6）：709－717.

Zhuo Y，Zhang Y F，Xie G H，et al.，2015. Effects of salt stress on biomass and ash composition of switchgrass（*Panicum virgatum*）［J］. Acta Agriculture Scandinavica，Section B-soil and Plant Science，65（4）：300－309.

CHAPTER 4 | 第四篇

甜菜抗旱功能研究展望

第十三章 甜菜抗旱功能研究趋势与展望

甜菜属藜科，甜菜属，包括 14 个野生种类和 4 个栽培种类。糖用甜菜起源于地中海沿岸，野生种滨海甜菜被认为是栽培甜菜的祖先。甜菜大约在 1500 年前从阿拉伯国家传入中国。叶用甜菜在我国种植历史悠久，而糖用甜菜是在 1906 年引进我国并开始种植至今。甜菜是世界主要糖料作物和经济作物之一，具有一定的耐盐碱性，种植区域主要分布在北温带范围。目前全球上有超过 40 多个国家和地区种植甜菜，主要分布在俄罗斯、乌克兰、中国、英国、荷兰、波兰、法国、意大利、德国、土耳其、西班牙、美国、加拿大等国家。近几年全球甜菜种植面积稳定在 780 万~850 万 hm^2，占全球糖料作物总面积的 35% 左右。

近年来，我国甜菜种植面积约 23 万 hm^2，种植区域主要分布在我国华北、西北和东北，主要集中在内蒙古、新疆、河北、甘肃、黑龙江等省区。甜菜主要种植区地处我国北部区域，这些区域水资源相对匮乏，气候环境多变，极端恶劣天气频现，部分种植区土地干旱、盐碱化等现象严重，严重影响甜菜产质量的提高，制约甜菜产业可持续高质量发展。有限的灌溉资源、多变的自然环境对甜菜不断适应环境变化提出新的要求，特别是在逆境下，只有通过改变自身的形态结构和代谢功能，增强对逆境的适应能力，才能在确保生存的基础上不断提高产质量水平。因此，研究甜菜在逆境下的形态结构和生命活动规律，探索抗逆性的细胞、生理学基础及分子机制，对选育出抗逆性强的甜菜品种以及优质抗逆品种推广均具有十分重要的理论和生产实践意义。

近年来，随着极端气候频发以及淡水资源短缺日益严重，干旱已成为目前制约农业发展的一个全球性问题，同时据世界气候变化系统预测未来这种趋势将会持续。据粗略统计，干旱对主要农作物造成的损失在所有非生物胁迫中居首位，其危害约相当于其他非生物胁迫之和。而干旱对甜菜的不良影响也呈加重趋势。在欧洲的甜菜主要种植国家干旱造成损失最严重的是乌克兰东部和俄罗斯南部，平均年产量损失超过 40%；在乌克兰中部、波兰西部、德国东部干旱也使甜菜年损失在 15%~30%；英国由于干旱造成甜菜年均减产约 10%，严重干旱年份产量损失可达 30% 以上；在美洲的加拿大因干旱造成的甜菜损失年均也超过 10%。目前内蒙古作为我国甜菜的最大种植区，地处祖国北疆，降水季节性差异大、降水分布不平衡、地下水资源匮乏、干旱或半干旱土地面积大等地域因素突显。其次，甜菜在我国与玉米、马铃薯等作物相比，在种植优势上还难以与之抗衡。为了进一步促进我国甜菜生产的发展，合理调整农民的种植结构，同时又避免甜菜与优势粮食作物争地这一矛盾，充分利用我国旱地资源，发展旱作甜菜是今后我国扩大甜菜种植面积、促进甜菜产业可持续发展的重要途径。因此在进入 21 世纪以来，对甜菜的研究开始从先前单纯的专注于产质量的提高逐步转移到提高抗逆性的领域上，特别是降低甜菜对水分亏缺的敏感度，提高甜菜抗旱性已成为当前甜菜研究的重要方向。但基于对甜菜抗旱遗传机制的较少了解和种间差异的不明确，难以建立有效地选择方法，使得一段时间以来以提高甜菜抗旱性作为育种主要研究目标的进展缓慢。随着 DNA 测序和生物信息学等技术的快速发展，在人类进入后基因组研究的大背景下，甜菜基因组信息于 2014 年测序完成并公布，加之一些新型的组学技术手段如基因组学、转录组学、代谢组学、蛋白质组学、蛋白质修饰组学、表观遗传组学等被用于解析植物抗旱分子机制，在明确甜菜抗旱生理基础的前提下，借助成熟的分子生物学技术和完善的基因工程手段，配合日益完善的生物信息学数据库，阐明甜菜抗旱分子机理，培育抗旱甜菜新品种也成为当前一段时间内发展我国甜菜生产亟待解决的问题。

在本书中，首先，研究团队通过对不同抗旱性甜菜水分代谢、渗透调节、光合作用、内源激素、抗氧化系统等生理代谢途径的系统研究，基本明确了甜菜抗旱的生理基础；研究团队利用高通量测序技术，获得了大量甜菜基因序列，为进一步深入发掘甜菜抗旱相关基因奠定基础。其次，建立了甜菜干旱胁迫下的表达图谱，通过对表达图谱的进一步分析，进一步明确了干旱胁迫下甜菜基因表达情况和涉及的抗旱相关代谢途径。同时，还发现了大量的响应干旱胁迫的功能基因和转录因子。通过将部分基因进行遗传转化拟南芥中，获得过表达转基因植株，并对转基因植株进行抗旱生理及分子生物学分析，鉴定了这些基因所调控的抗旱生理及分子机制。通过 iTRAQ 技术鉴定了大量的干旱胁迫差异表达蛋白，通过功能注释检索和通路富集分析，进一步明确了差异表达蛋白的主要功能和调控的代谢途径。今后将在上述研究的基础上，以转录因子抗旱调控机制为出发点，系统研究转录因子的转录激活调控过程、与顺式作用元件的识别方式以及如何调控下游靶基因和代谢途径等，系统阐明部分关键转录因子在甜菜抗旱过程中转录水平上所调控的基因表达模式。同时借助酵母双杂交、免疫共沉淀等蛋白质互作研究手段，进一步明确不同蛋白质间的相互作用关系以及在调控代谢途径中的作用机制；通过染色质免疫沉淀技术、DNA pull-down 等技术手段分析干旱胁迫差异表达蛋白与核酸间的相互关系，在此基础上完善甜菜目的基因的表达精准调控。

在明确甜菜抗旱生理及分子机制的基础上，加强甜菜抗旱型基因资源的发掘和利用。在保证甜菜丰产、高糖、抗病的前提下，根据甜菜的生产实际情况，利用现代生物技术，克隆与抗旱性有关的外源基因和构建相关载体，用于甜菜抗旱新品种的选育。应将传统的田间选育与现代化的生理学选育、生物技术结合起来，加快选育进程，提高选育质量，尽快选育出更多的抗旱型甜菜品种，推广应用于我国甜菜生产，提高甜菜的产质量，促进甜菜产业的可持续高质量发展。

参考文献

陈培元，1996. 作物对干旱逆境的反应和适应机理 [M]. 北京：北京大学出版社.

崔东辉，张登峰，贾冠清，等，2007. 强优势玉米杂交种雌穗均一化 cDNA 文库的构建与鉴定 [J]. 玉米科学（4）：6-8.

景蕊莲，1999. 作物抗旱研究的现状与思考 [J]. 干旱地区农业研究，17（2）：79-85.

李会勇，黄素华，赵久然，等，2007. 应用抑制差减杂交法分离玉米幼苗期叶片土壤干旱诱导的基因 [J]. 中国农业科学，40（5）：882-888.

马春泉，张莹，崔颖，等，2008. 甜菜 M14 品系花期 cDNA 文库的构建及特异表达基因的筛选 [J]. 植物研究，28（4）：408-411.

王心宇，杨恩东，戚存扣，等，2008. 油菜 cDNA 表达文库构建及核盘菌致病因子互作蛋白的筛选和鉴定 [J]. 作物学报，34（2）：192-197.

周建朝，邓艳红，姜芬，2003. 加强甜菜抗逆多样性研究 [J]. 中国甜菜糖业，1：30-32.

Boyer，J S，1982. Plant productivity and environment [J]. Science，218，443-448.

Jaggard，K W，Dewar，A M，Pidgeon，J D，1998. The relative effects of drought stress and virus yellows on the yield of sugarbeet in the UK，1980—1995 [J]. Journal of Agricultural Science，130：337-343.

Jones，P D，Lister，D H，Jaggard，K W，2003. Future climate change impact on the productivity of sugar beet (*Beta vulgaris* L.) in Europe [J]. Climatic Change，58：93-108.

Kikuchi S，Satoh K，Nagata T，et al.，2003. Collection，mapping，and annotation of over 28 000 cDNA clones from japonica rice [J]. Science，301（5631）：376-379.

McGrann G R，Martin L D，Kingsnorth C S，et al.，2007. Screening for genetic elements involved in the nonhost response of sugar beet to the plasmodiophorid cereal root parasite *Polymyxa graminis* by representational difference analysis [J]. Journal of General Plant Pathology（73）：260-265.

Ober E S，Luterbacher M C，2002. Genotypic variation for drought tolerance in Beta vulgaris [J]. Annals of Botany，89：917-924.

Ober E S，Clark C J，Le Bloa M，et al.，2004. Assessing the genetic resources to improve drought tolerance in sugar beet：Agronomic traits of diverse genotypes under droughted and irrigated conditions [J]. Field Crops Res.，90：213-234.

Ober E S，Le Bloa M，Clark C J，et al.，2005. Evaluation of physiological traits as indirect selection criteria for drought tolerance in sugar beet [J]. Field Crops Res.，91：231-249.

Pidgeon J D，Werker A R，Jaggard K W，et al.，2001. Climatic impact on the productivity of sugar beet in Europe，1961—1995 [J]. Agric. For Meteor.，109：27-37.

Sadeghian S Y，Mohammadian R，Taleghani D F，et al.，2004. Relation between sugar beet traits and water use efficiency in water stressed genotypes [J]. Pakistan Journal of Biological Sciences，7：1236-1241.

Seki M，Narusaka M，Kamiya A，2002. Functional annotation of a full-length *Arabidopsis* cDNA collection [J]. Science，296（5565）：141-145.

Way H，Chapman S，McIntyre L，et al.，2005. Identification of differentially expressed genes in wheat undergoing gradual water deficit stress using a subtractive hybridization approach [J]. Plant Sci，168（3）：661-670.

图书在版编目（CIP）数据

甜菜抗旱生理及分子基础研究 / 李国龙著. —北京：
中国农业出版社，2021.10
ISBN 978-7-109-28830-0

Ⅰ.①甜…　Ⅱ.①李…　Ⅲ.①甜菜－抗旱性－分子机
制－研究　Ⅳ.①S566.301

中国版本图书馆 CIP 数据核字（2021）第 203647 号

中国农业出版社出版
地址：北京市朝阳区麦子店街 18 号楼
邮编：100125
责任编辑：丁瑞华
版式设计：王　晨　　责任校对：吴丽婷
印刷：北京科印技术咨询服务有限公司
版次：2021 年 10 月第 1 版
印次：2021 年 10 月北京第 1 次印刷
发行：新华书店北京发行所
开本：787mm×1092mm　1/16
印张：12.5　　插页：8
字数：350 千字
定价：68.00 元

数据内容 (CK)
■ 1. 含有接头的数据（89556，0.17%）
□ 2. 含 N 比例高于 10% 的数据（127802，0.25%）
□ 3. 低质量数据（1267610，2.44%）
□ 4. 干净数据（50366550，97.14%）

数据内容 (DS10)
■ 1. 含有接头的数据（87056，0.17%）
□ 2. 含 N 比例高于 10% 的数据（122140，0.24%）
□ 3. 低质量数据（1229750，2.37%）
□ 4. 干净数据（50412840，97.22%）

数据内容 (RW)
■ 1. 含有接头的数据（113284，0.22%）
□ 2. 含 N 比例高于 10% 的数据（130568，0.25%）
□ 3. 低质量数据（1242072，2.4%）
□ 4. 干净数据（50365672，97.13%）

彩图 1　原始数据（Raw read）分类情况

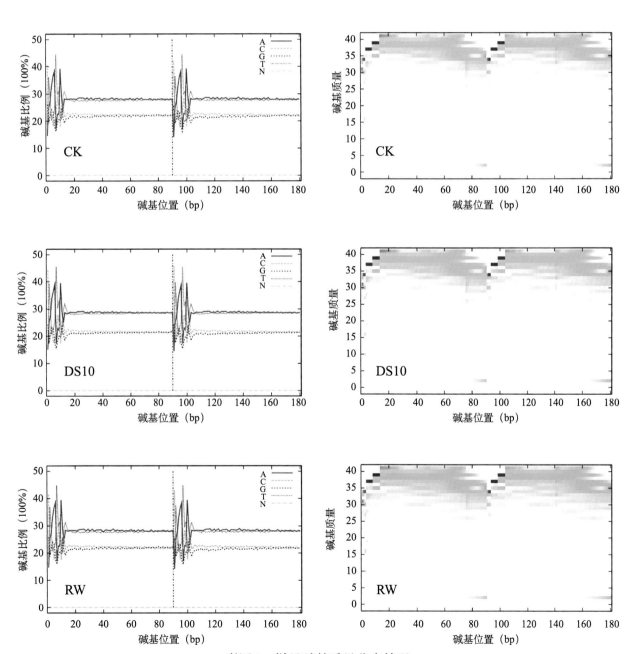

彩图 2　样品碱基质量分布情况

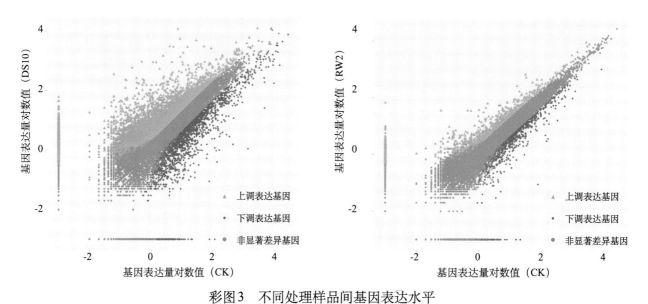

彩图3　不同处理样品间基因表达水平

图中：X、Y轴均表示基因表达量的绝对值，蓝色表示下调基因，橙色表示上调基因，褐色表示非显著差异基因。

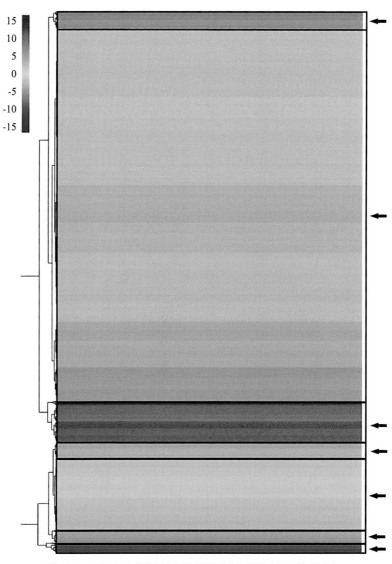

彩图4　不同处理样品间显著差异表达基因统计图

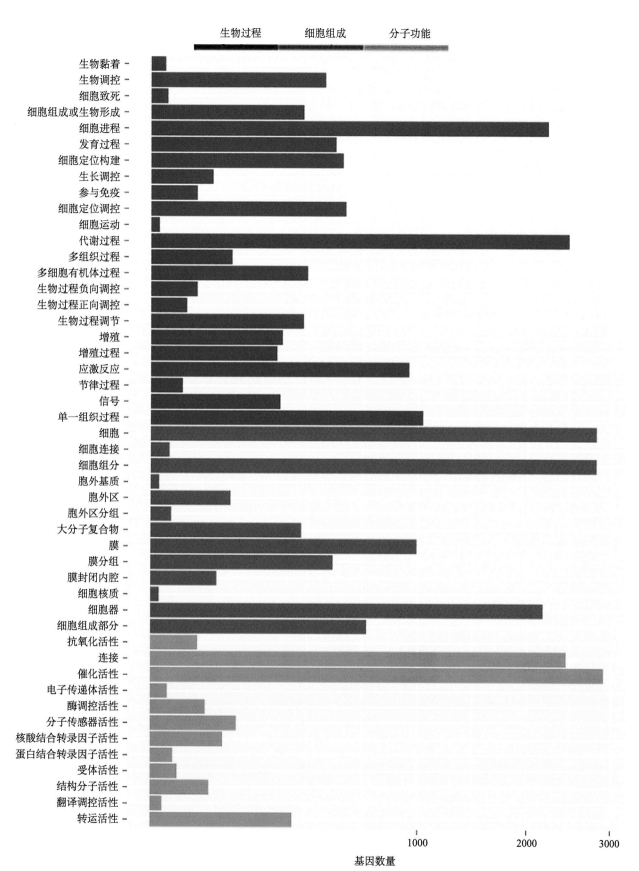

彩图5　不同处理样品间GO功能富集分析

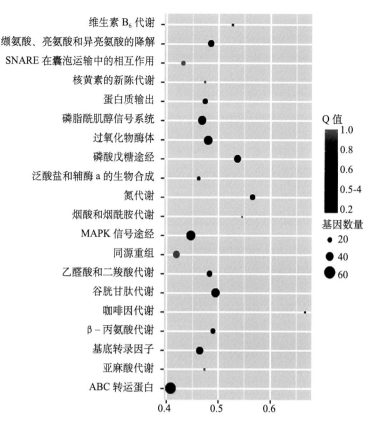

彩图 6　不同处理样品间 Pathway 富集分析

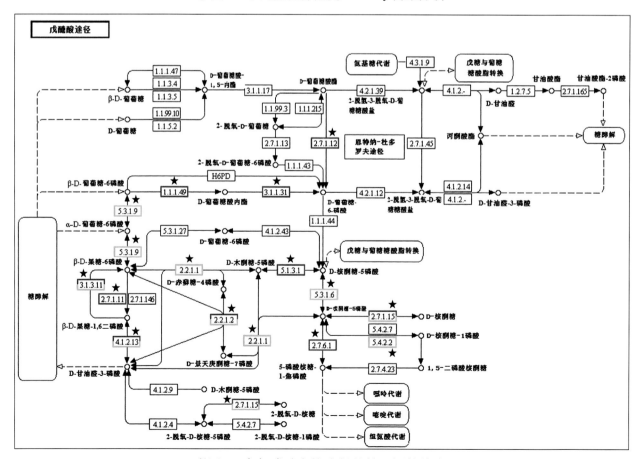

彩图 7　参与磷酸戊糖途径的基因调控位点

彩图 8　NAC 系统进化分析和分组

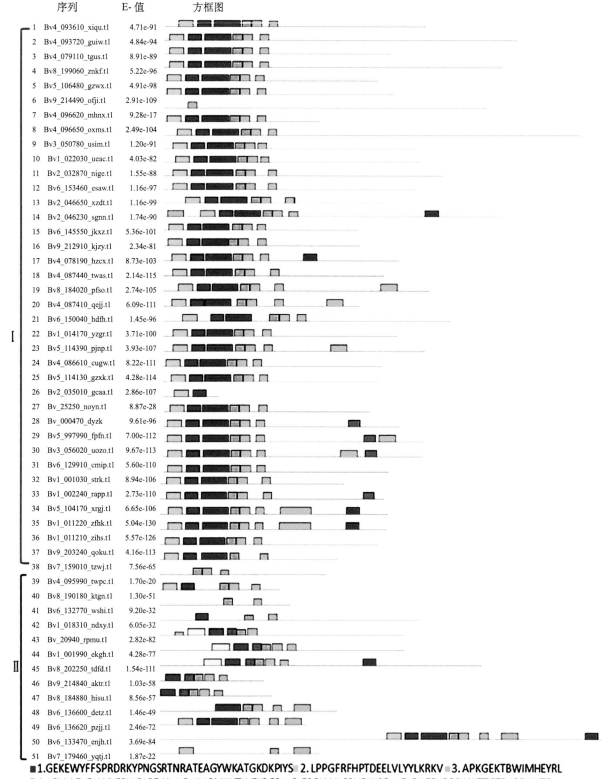

序列	E-值	方框图
1 Bv4_093610_xiqu.t1	4.71e-91	
2 Bv4_093720_guiw.t1	4.84e-94	
3 Bv4_079110_tgus.t1	8.91e-89	
4 Bv8_199060_znkf.t1	5.22e-96	
5 Bv5_106480_gzwx.t1	4.91e-98	
6 Bv9_214490_ofji.t1	2.91e-109	
7 Bv4_096620_mhnx.t1	9.28e-17	
8 Bv4_096650_oxms.t1	2.49e-104	
9 Bv3_050780_usim.t1	1.20e-91	
10 Bv1_022030_ueac.t1	4.03e-82	
11 Bv2_032870_nige.t1	1.55e-88	
12 Bv6_153460_esaw.t1	1.16e-97	
13 Bv2_046650_xzdt.t1	1.16e-99	
14 Bv2_046230_sgnn.t1	1.74e-90	
15 Bv6_145550_jkxz.t1	5.36e-101	
16 Bv9_212910_kjzy.t1	2.34e-81	
17 Bv4_078190_hzcx.t1	8.73e-103	
18 Bv4_087440_twas.t1	2.14e-115	
19 Bv8_184020_pfso.t1	2.74e-105	
20 Bv4_087410_qejj.t1	6.09e-111	
21 Bv6_150040_hdfh.t1	1.45e-96	
22 Bv1_014170_yzgr.t1	3.71e-100	
23 Bv5_114390_pjnp.t1	3.93e-107	
24 Bv4_086610_cugw.t1	8.22e-111	
25 Bv5_114130_gzxk.t1	4.28e-114	
26 Bv2_035010_gcaa.t1	2.86e-107	
27 Bv_25250_noyn.t1	8.87e-28	
28 Bv_000470_dyzk	9.61e-96	
29 Bv5_997990_fpfn.t1	7.00e-112	
30 Bv3_056020_uozo.t1	9.67e-113	
31 Bv6_129910_cmip.t1	5.60e-110	
32 Bv1_001030_strk.t1	8.94e-106	
33 Bv1_002240_rapp.t1	2.73e-110	
34 Bv5_104170_xrgj.t1	6.65e-106	
35 Bv1_011220_zfhk.t1	5.04e-130	
36 Bv1_011210_zihs.t1	5.57e-126	
37 Bv9_203240_qoku.t1	4.16e-113	
38 Bv7_159010_tzwj.t1	7.56e-65	
39 Bv4_095990_twpc.t1	1.70e-20	
40 Bv8_190180_ktgn.t1	1.30e-51	
41 Bv6_132770_wshi.t1	9.20e-32	
42 Bv1_018310_ndxy.t1	6.05e-32	
43 Bv_20940_rpmu.t1	2.82e-82	
44 Bv1_001990_ekgh.t1	4.28e-77	
45 Bv8_202250_tdfd.t1	1.54e-111	
46 Bv9_214840_aktr.t1	1.03e-58	
47 Bv8_184880_hisu.t1	8.56e-57	
48 Bv6_136600_detz.t1	1.46e-49	
49 Bv6_136620_pzjj.t1	2.46e-72	
50 Bv6_133470_enjh.t1	3.69e-84	
51 Bv7_179460_yqtj.t1	1.87e-22	

I

II

■1.GEKEWYFFSPRDRKYPNGSRTNRATEAGYWKATGKDKPIYS ■2.LPPGFRFHPTDEELVLYYLKRKV ■3.APKGEKTBWIMHEYRL
■4.LDVIAEVDLYKYEPWDLPEKA ■5.KLIGMKKTLVFYRGR ■6.EDDWVLCRVFKKSG ■7.RHFFHRPSKAYTTGTRKRRKIHTD
■8.RWHKTGKTRPVLING ■9.DQQQQQQQPQEQQQQQQQQQQQQ 10.HPFIDEFIPTIEGEDGICYTHPKDLPGV
■11.GNNSSAEEENNNSNNNTNDNNNNNAB ■12.HLMKPSSNMTASSTTLLPPRQNGYNIQPSMFPNNYTDYTLEGTMHLPQL
■13.QLTDWRVLDKFVASQLSQ

彩图9 甜菜NAC转录家族蛋白保守性模体分布

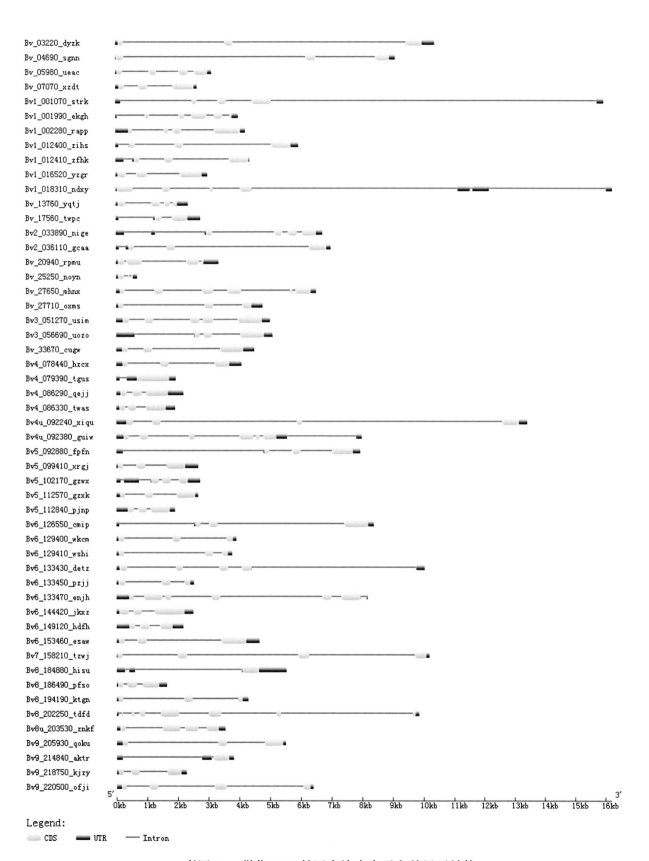

彩图10 甜菜NAC基因家族内含子和外显子结构

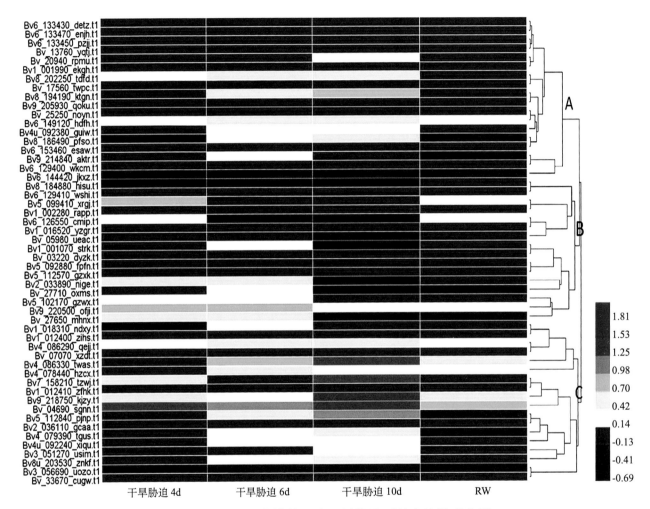

彩图11　BvNAC家族基因在干旱胁迫下的表达模式分析

图中不同颜色代表基因在不同干旱胁迫下的表达量

```
Bv_twas       ATGGGAGTTCAAGATAAAGATCCACTTGCTCAATTGAGTTTACCACCTGGTTTCAGATTTTACCCTACTGATGAA       75
Bv_twas_ref   ATGGGAGTTCAAGATAAAGATCCACTTGCTCAATTGAGTTTACCACCTGGTTTCAGATTTTACCCTACTGATGAA       75

Bv_twas       GAACTTTTAGTTCAATATTTGTGTCGAAAAGTTGCCGGTCATCAATTTTCTCTTCAAATTATTGCTGAAATTGAT      150
Bv_twas_ref   GAACTTTTAGTTCAATATTTGTGTCGAAAAGTTGCTGGTCATCAATTTTCTCTTCAAATTATTGCTGAAATTGAT      150

Bv_twas       CTTTATAAGTTTGATCCATGGGTTTTACCTAGTAAGGCGATGTTTGGAGAAAAAGAATGGTATTTCTTTAGCCCG      225
Bv_twas_ref   CTTTATAAGTTTGATCCATGGGTTTTACCTAGTAAGGCGATGTTTGGAGAAAAAGAATGGTATTTTTTTAGCCCA      225

Bv_twas       AGAGACCGAAAATACCCGAACGGGTCCCGACCCAATAGAGTAGCCGGGTCTGGGTATTGGAAAGCTACTGGAACT      300
Bv_twas_ref   AGAGACCGAAAATACCCGAACGGGTCCCGACCCAATAGAGTAGCCGGGTCTGGGTATTGGAAAGCTACTGGAACT      300

Bv_twas       GATAAGATAATTACAACACAAGGAAGAAAAGTTGGGATTAAAAAGCTCTTGTGTTTTATATTGGTAAAGCACCT      375
Bv_twas_ref   GATAAGATAATTACAACACAAGGAAGAAAAGTTGGGATTAAAAAGCTCTTGTGTTTTATATTGGTAAAGCACCT      375

Bv_twas       AAGGGTACAAAAACTAATTGGATTATGCATGAATATCGACTCACTGAACCAACTCGCAAATCCGGTAGCTCCAAG      450
Bv_twas_ref   AAGGGTACAAAAACTAATTGGATTATGCATGAATATCGACTCACTGAACCAACTCGCAAATCCGGTAGCTCCAAG      450

Bv_twas       TTGGATGATTGGGTGTTATGTAGAATCTACAAGAAAAATTCGAGTGCGGCGAAGCCTACAACAAGTAAAGAACAC      525
Bv_twas_ref   TTGGATGATTGGGTGTTATGTAGAATCTACAAGAAAAATTCGAGTGCGGCGAAGCCTACAATAAGTAAAGAACAC      525

Bv_twas       AGCACAGGTGGATCATCTTCCTCGTCATCATCACATCTTGATGATGTATTAGAATCTTTACCGGAAATTGATGAC      600
Bv_twas_ref   AGCACAGGTGGATCATCTTCCTCGTCATCATCACATCTTGATGATGTTTTAGAATCTTTACCGGAAATTGATGAC      600

Bv_twas       CGTTCATTTGCACTGCCACGTATGAACTCTTTGAAGAATAATGTGGGCCACCACCAACAACAACAAAATCAACAC      675
Bv_twas_ref   CGTTCATTTGCACTGCCACGTATGAACTCTTTGAAGAATAATGTGGGCCACCAACAACAACAACAAAATCAACAC      675

Bv_twas       CAACAACAAAATCAACAACAGCATCAAAATGACAAATTTAACCTTCAGCATCTCGGGTCGGGTAGTTTCGATTGG      750
Bv_twas_ref   CAACAACAAAATCAACAACAGCATCAAAATGACAAATTTAACCTTCAGCATTTCGGGTCGGGTAGTTTCGATTGG      750

Bv_twas       GCTGTGTTAGCCGGGTTGACATCGGGGCCCGAATTCGCTTTCAATGGATCAACTCAACCGCAACAAGGGCAAGTG      825
Bv_twas_ref   GCTGTGTTAGCCGGGTTGACATCGGGGCCCGAATTCGCTTTCAATGGATCAACTCAACCGCAACAAGGGCAAGTG      825

Bv_twas       AACAATAATAATAATGCAATGGACATGTTTATCCCTTCATTGCCACCCTTGTCACAAGTGGAATCTCCTGTTGAT      900
Bv_twas_ref   AACAATAATAATAATGCAATGGACATGTTTATCCCTTCATTGCCACCCTTGTCACAAGTGGAATCTCCTGTTGAT      900

Bv_twas       ACTAAAGTTCGTATTACATCTGGATTAGTGGATGATGAGGTTCAAAGTGGAATTACAAGTCATCGGGTTAATCCG      975
Bv_twas_ref   ACTAAAGTTCGTATTACATCCGGATTAGTGGATGATGAGGTTCAAAGTGGAATTACAAGTCATCGGGTTAATCCG      975

Bv_twas       AGTTATTACAATCACAACACGAACATGTTCACACAAAGCTATAATAATAGTAATTCGGTAGACCCGTTTGTGATG     1050
Bv_twas_ref   AGTTATTACAATCACAACACGAACATGTTCACACAAAGCTATAATAATAGTAATTCGGTAGACCCGTTTGTGATG     1050

Bv_twas       GGTCATCCAAATCAGTTTAGTTTTGGGTTTGGGTATAGACAGTA                                 1094
Bv_twas_ref   GGTCATCCAAATCAGTTTAGTTTTGGGTTTGGGTATAGACAGTA                                 1094
```

彩图 12　*Bv_twas* 基因测序序列与参考序列比对

```
Bv_twas       MGVQDKDPLAQLSLPPGFRFYPTDEELLVQYLCRKVAGHQFSLQIIAEIDLYKFDPWVLPSKAMFGEKEWYFFSP      75
Bv_twas_ref   MGVQDKDPLAQLSLPPGFRFYPTDEELLVQYLCRKVAGHQFSLQIIAEIDLYKFDPWVLPSKAMFGEKEWYFFSP      75

Bv_twas       RDRKYPNGSRPNRVAGSGYWKATGTDKIITTQGRKVGIKKALVFYIGKAPKGTKTNWIMHEYRLTEPTRKSGSSK     150
Bv_twas_ref   RDRKYPNGSRPNRVAGSGYWKATGTDKIITTQGRKVGIKKALVFYIGKAPKGTKTNWIMHEYRLTEPTRKSGSSK     150

Bv_twas       LDDWVLCRIYKKNSSAAKPTISKEHSTGGSSSSSSSSHLDDVLESLPEIDDRSFALPRMNSLKNNVGHQCCCCNQH     225
Bv_twas_ref   LDDWVLCRIYKKNSSAAKPTISKEHSTGGSSSSSSSSHLDDVLESLPEIDDRSFALPRMNSLKNNVGHHCCCCNQH     225

Bv_twas       QCCNQCCHCNDKFNLQHGSGSFDWAVLAGLTSGPEFAFNGSTQPQCQGCVNNNNNAMDMFIPSLPPLSQVESPVD     300
Bv_twas_ref   QCCNQCCHCNDKFNLQHGSGSFDWAVLAGLTSGPEFAFNGSTQPQCQGCVNNNNNAMDMFIPSLPPLSQVESPVD     300

Bv_twas       TKVRITSGLVDDEVQSGITSHRVNPSYYNHNTNMFTQSYNNSNSVDPFVMGHPNQFSFGFGYR               363
Bv_twas_ref   TKVRITSGLVDDEVQSGITSHRVNPSYYNHNTNMFTQSYNNSNSVDPFVMGHPNQFSFGFGYR               363
```

彩图 13　*Bv_twas* 基因编码蛋白序列与参考蛋白序列比对

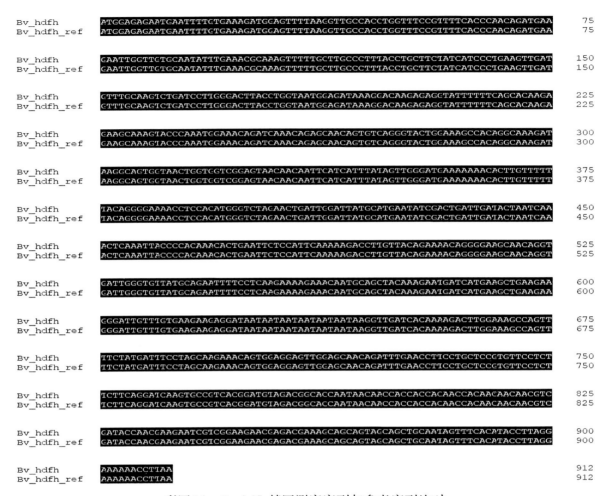

Bv_hdfh	ATGGAGAGAATGAATTTTCTGAAAGATGCAGTTTTAACGTTGCCACCTGGTTTCCGTTTTCACCCAACAGATGAA	75
Bv_hdfh_ref	ATGGAGAGAATGAATTTTCTGAAAGATGCAGTTTTAACGTTGCCACCTGGTTTCCGTTTTCACCCAACAGATGAA	75
Bv_hdfh	CAATTGGTTCTGCAATATTTGAAACGCAAAGTTTTTGCTTGCCCTTTACCTGCTTCTATCATCCCTGAAGTTGAT	150
Bv_hdfh_ref	CAATTGGTTCTGCAATATTTGAAACGCAAAGTTTTTGCTTGCCCTTTACCTGCTTCTATCATCCCTGAAGTTGAT	150
Bv_hdfh	CTTTGCAAGTCTGATCCTTGGGACTTACCTGGTAATGGAGATAAAGCACAAGAGAGCTATTTTTTTCAGCACAAGA	225
Bv_hdfh_ref	CTTTGCAAGTCTGATCCTTGGGACTTACCTGGTAATGGAGATAAAGCACAAGAGAGCTATTTTTTTCAGCACAAGA	225
Bv_hdfh	CAAGCAAAGTACCCAAATCGAAACAGATCAAACAGAGCAACAGTGTCAGGGTACTGCAAAGCCACAGGCAAAGAT	300
Bv_hdfh_ref	CAAGCAAAGTACCCAAATCGAAACAGATCAAACAGAGCAACAGTGTCAGGGTACTGCAAAGCCACAGGCAAAGAT	300
Bv_hdfh	AAGGCAGTGCTAACTGGTCGTCGGAGTAACAACAATTCATCATTTATAGTTGGGATCAAAAAAACACTTGTTTTT	375
Bv_hdfh_ref	AAGGCAGTGCTAACTGGTCGTCGGAGTAACAACAATTCATCATTTATAGTTGGGATCAAAAAAACACTTGTTTTT	375
Bv_hdfh	TACAGGGGAAAACCTCCACATGGGTCTACAACTGATTCGATTATGCATGAATATCGACTGATTGATACTAATCAA	450
Bv_hdfh_ref	TACAGGGGAAAACCTCCACATGGGTCTACAACTGATTCGATTATGCATGAATATCGACTGATTGATACTAATCAA	450
Bv_hdfh	ACTCAAATTACCCCACAAACACTGAATTCTCCATTCAAAAAGACCTTGTTACAGAAAACAGGGGAAGCAACAGGT	525
Bv_hdfh_ref	ACTCAAATTACCCCACAAACACTGAATTCTCCATTCAAAAAGACCTTGTTACAGAAAACAGGGGAAGCAACAGGT	525
Bv_hdfh	CATTGGGTGTTATGCAGAATTTTCCTCAAGAAAAGAAACAATGCAGCTACAAAGAATGATCATGAAGCTGAAGAA	600
Bv_hdfh_ref	CATTGGGTGTTATGCAGAATTTTCCTCAAGAAAAGAAACAATGCAGCTACAAAGAATGATCATGAAGCTGAAGAA	600
Bv_hdfh	CGGGATTGTTTGTGAAGAACAGGATAATAATAATAATAATAATAATAAGGTTGATCACAAAAGACTTGGAAAGCCAGTT	675
Bv_hdfh_ref	CGGGATTGTTTGTGAAGAACAGGATAATAATAATAATAATAATAATAAGGTTGATCACAAAAGACTTGGAAAGCCAGTT	675
Bv_hdfh	TTCTATGATTTCCTAGCAAGAAACAGTGGAGGAGTTGGAGCAACAGATTTGAACCTTCCTGCTCCGTGTTCCTCT	750
Bv_hdfh_ref	TTCTATGATTTCCTAGCAAGAAACAGTGGAGGAGTTGGAGCAACAGATTTGAACCTTCCTGCTCCGTGTTCCTCT	750
Bv_hdfh	TCTTCAGGATCAAGTGCCGTCACGGATGTAGACGGCACCAATAACAACCACCACCACAACCACAACAACAACGTC	825
Bv_hdfh_ref	TCTTCAGGATCAAGTGCCGTCACGGATGTAGACGGCACCAATAACAACCACCACCACAACCACAACAACAACGTC	825
Bv_hdfh	GATACCAACCAAGAATCGTCGGAAGAACGAGACGAAAGCAGCAGTAGCAGCTGCAATAGTTTCACATACCTTAGG	900
Bv_hdfh_ref	GATACCAACCAAGAATCGTCGGAAGAACGAGACGAAAGCAGCAGTAGCAGCTGCAATAGTTTCACATACCTTAGG	900
Bv_hdfh	AAAAAACCTTAA	912
Bv_hdfh_ref	AAAAAACCTTAA	912

彩图14　*Bv_hdfh* 基因测序序列与参考序列比对

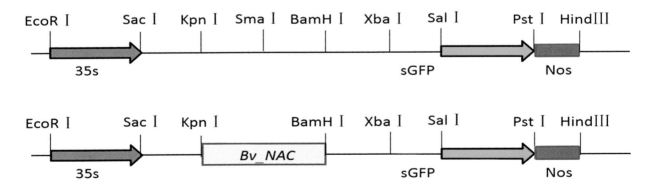

彩图15　植物表达载体构建策略

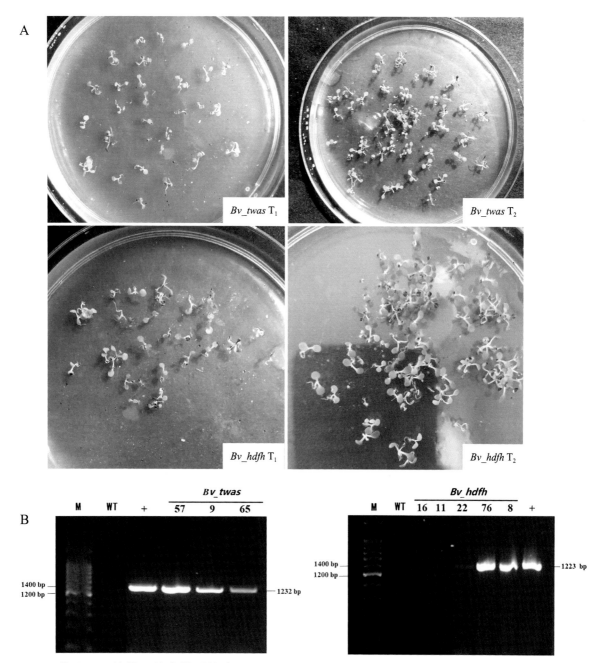

彩图 16　转基因纯合株系筛选及其拟南芥 T_2 叶片中 *Bv_twas* 和 *Bv_hdfh* RT-PCR 鉴定

注：A:转基因株系筛选，B:RT-PCR检测，+：重组质粒，WT：野生型拟南芥。

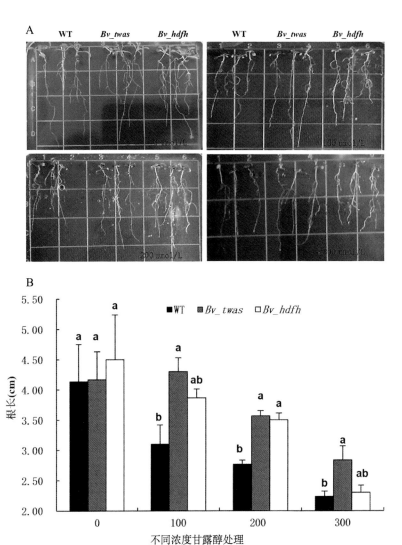

彩图17　过表达*Bv_twas*、*Bv_hdfh*拟南芥株系的根长变化

注：图B中小写字母表示同一浓度甘露醇处理下差异显著（P < 0.05）

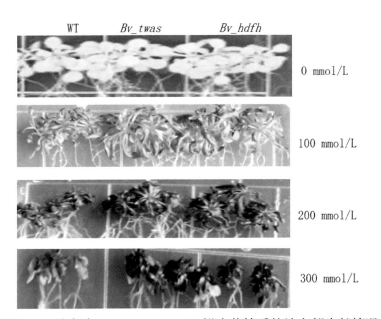

彩图18　过表达*Bv_twas*、*Bv_hdfh*拟南芥株系的地上部生长情况

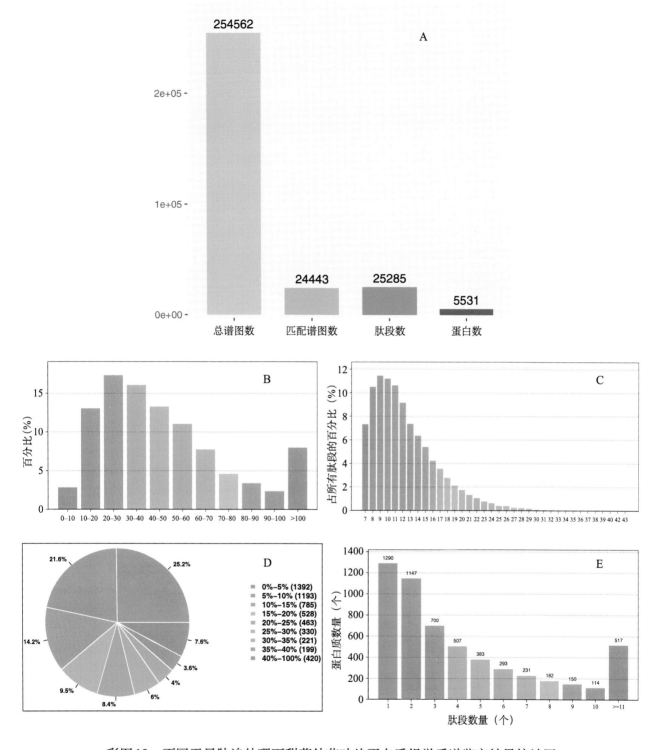

彩图19　不同干旱胁迫处理下甜菜幼苗叶片蛋白质组学质谱鉴定结果统计图

注：

A：蛋白质鉴定统计图。

B：鉴定到的所有蛋白质依据其相对分子质量所作的统计图。

C：肽段长度分布图，表示不同长度肽段占所有肽段的百分比。横坐标为肽段氨基酸残基数，纵坐标为该长度肽段占所有肽段的百分比。

D：肽段序列覆盖度饼状图。该图显示不同覆盖度的蛋白比例，不同颜色代表不同的序列覆盖度范围，饼状图百分比显示了处于不同覆盖度范围的蛋白数量占总蛋白数量的比例。

E：蛋白肽段数量分布图。该图显示鉴定到的蛋白所含肽段的数量分布情况，横坐标为鉴定蛋白的肽段数量范围，纵坐标为蛋白数量。图中显示的趋势表明，大部分被鉴定到的蛋白，其所含的肽段数量在10个以内，且蛋白数量随着匹配肽段数量的增加而减少。

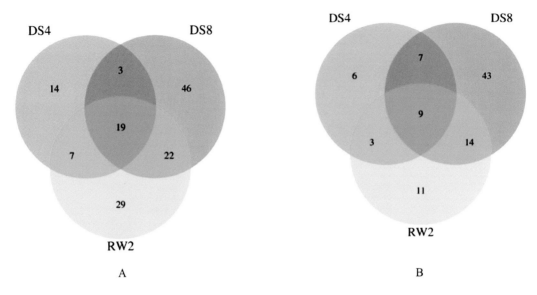

彩图20　不同干旱胁迫处理下各差异蛋白表达情况分析

注：A为上调；B为下调

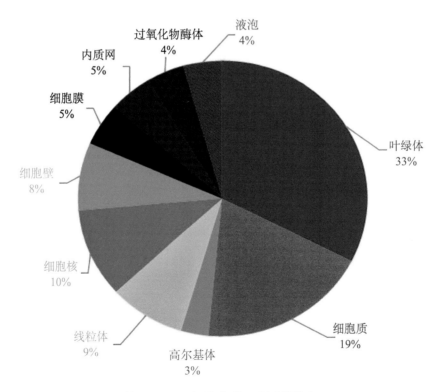

彩图21　亚细胞定位区域预测图

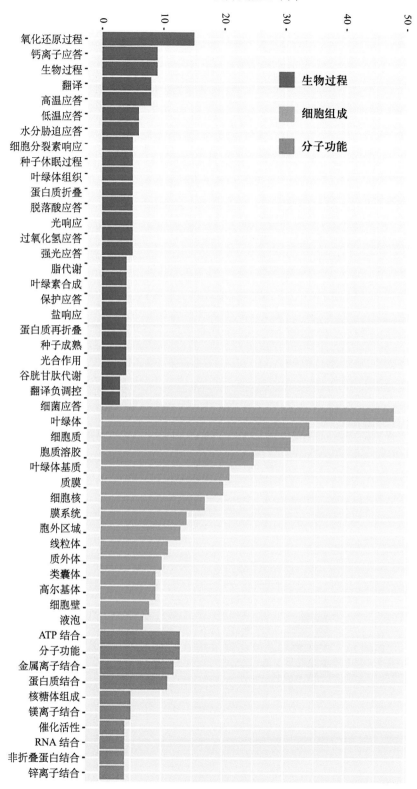

彩图22 不同干旱胁迫处理下甜菜幼苗叶片蛋白质GO富集分析

注：在所有的选定的差异蛋白中，我们将这些蛋白对应的GO注释按照分子功能Molecular Function、生物过程Biological Process和细胞组成Cellar Component分为三类，并且将每一类中的GO功能按照注释到的靶基因个数从高到低排序，并进行作图，横坐标是对GO的分类，纵坐标是对应差异蛋白特异GO个数。

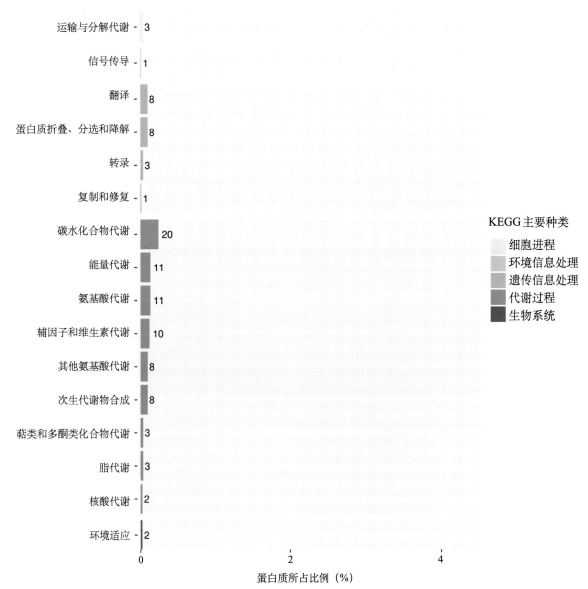

彩图23 不同干旱胁迫处理下甜菜幼苗叶片蛋白质富集分析